Peter C. Aichelburg und Roman U. Sexl (Hrsg.)

Albert Einstein

Peter C. Aichelburg und Roman U. Sexl (Hrsg.)

Albert Einstein

Sein Einfluß auf Physik, Philosophie und Politik

Mit Beiträgen von

Peter G. Bergmann, Hiroshi Ezawa, Walther Gerlach,
Banesh Hoffmann, Gerald Holton, Bernulf Kanitschneider,
Arthur I. Miller, André Mercier, Roger Penrose,
Nathan Rosen, Dennis W. Sciama, Joseph Weber,
Carl-Friedrich von Weizsäcker, John A. Wheeler und
Wolfgang Yourgrau

Publiziert unter dem Patronat
der „International Society on General Relativity and
Gravitation"

Friedr. Vieweg & Sohn   Braunschweig/Wiesbaden

Die Beiträge von H. Ezawa, B. Hoffmann, G. Holton, A. I. Miller, R. Penrose, D. W. Sciama und J. A. Wheeler wurden von den Herausgebern ins Deutsche übertragen.

Der Beitrag von A. Mercier wurde von Frau Dr. M. Svilar und der Beitrag von W. Yourgrau von Herrn Dr. M. Skopec und Frau M. Skopec übersetzt.

Die Übersetzung der Arbeit von „Einstein, Podolskj und Rosen", die auszugsweise in dem Beitrag von N. Rosen wiedergegeben wird, stammt von Herrn Becker-Bender.

Der Beitrag von R. Penrose ist eine Neufassung eines Artikels aus dem Buch "Cosmology Now" der British Broadcasting Corporation.

Prof. Dr. J. A. Wheeler behält sich das Copyright seiner Beiträge vor.

Die Zitate aus Einsteins Werk erfolgen mit freundlicher Genehmigung des Estate of Albert Einstein, Otto Nathan, Trustee, New York, N.Y., U.S.A.

1979
Alle Rechte vorbehalten
© Friedr. Vieweg & Sohn Verlagsgesellschaft mbH, Braunschweig, 1979

Die Vervielfältigung und Übertragung einzelner Textabschnitte, Zeichnungen oder Bilder, auch für Zwecke der Unterrichtsgestaltung, gestattet das Urheberrecht nur, wenn sie mit dem Verlag vorher vereinbart wurden. Im Einzelfall muß über die Zahlung einer Gebühr für die Nutzung fremden geistigen Eigentums entschieden werden. Das gilt für die Vervielfältigung durch alle Verfahren einschließlich Speicherung und jede Übertragung auf Papier, Transparente, Filme, Bänder, Platten und andere Medien.

Satz: Vieweg, Braunschweig

Umschlaggestaltung: Peter Morys, Salzhemmendorf

ISBN-13: 978-3-528-08424-0   e-ISBN-13: 978-3-322-84039-4
DOI: 10.1007/978-3-322-84039-4

Einleitung

> *Dort nun, bei den Helden, bei diesen wirklich vorbildhaften Menschen erscheint uns das Interesse für die Person, für den Namen, für Gesicht und Gebärde erlaubt und natürlich.*
>
> H. Hesse, „Das Glasperlenspiel"

Im Jahre 1979 feiert die Welt den 100. Geburtstag Albert Einsteins. Dies bietet Anlaß zu einem Rückblick auf sein Leben und sein wissenschaftliches Werk, zu einem Überblick über Einsteins Bedeutung für unsere Zeit und zu einer Vorausschau auf kommende Jahre naturwissenschaftlicher Entwicklung.

Einstein war zweifellos eine der Schlüsselfiguren der Geistesgeschichte unseres Jahrhunderts. Sein Einfluß auf Physik, Philosophie und Politik ist unübersehbar. Eine der großartigsten wissenschaftlichen Leistungen unserer Zeit, die Schöpfung der allgemeinen Relativitätstheorie, die wohl zugleich die Krönung von Einsteins Lebenswerk bildet, hat sich uns erst in den letzten Jahren in ihrer vollen Bedeutung für die Gesamtphysik erschlossen. Die Möglichkeiten der Weltraumforschung, die es uns gestatten, die Scheuklappen der Erdatmosphäre abzuwerfen und erstmals mit freiem Blick das All zu erforschen, haben zu bedeutenden neuen Erkenntnissen geführt und gezeigt, daß auch einige der weitreichendsten Folgerungen aus der Einsteinschen Theorie der Überprüfung standhalten. Die allgemeine Relativitätstheorie, die bis vor kurzem in ihrer mathematischen Schwierigkeit und Komplexität ein Außenseiter unter den physikalischen Theorien war, erweist sich aber auch immer mehr zu einem Vorbild, nach dem nunmehr auch Theorien der Elementarteilchenphysik und sogar der Festkörperphysik gestaltet werden.

Mit der Herausgabe dieses Bandes haben wir uns die Aufgabe gestellt, Einsteins Einfluß auf das Denken des 20. Jahrhunderts anhand von Beiträgen namhafter Wissenschaftler aufzuzeigen. Drei der Autoren sind ehemalige Mitarbeiter Einsteins, mehrere andere standen in regem Gedankenaustausch mit ihm. Die verschiedenen Beiträge zeigen die weitreichenden Einflüsse des Einsteinschen Werks und seiner Persönlichkeit auf die Physik, Philosophie, Wissenschaftstheorie und auch die Politik unserer Zeit auf.

Die ersten Artikel bringen einen Überblick über Einsteins Werk auf dem Gebiet der Relativitätstheorie und einige der Problemstellungen, die heute auf diesem Teilgebiet der Physik aktuell sind. Der Präsident des internationalen Komitees für allgemeine Relativitätstheorie und Gravitation, *Peter Bergmann*, einer der Mitarbeiter Albert Einsteins, eröffnet die Reihe der Artikel mit einer knappen und allgemein verständlichen Einführung in die Relativitätstheorie und ihre Bestätigung durch das Experiment. Von besonderem Interesse sind dabei wohl auch Bergmanns Bemerkungen zu den verschiedenen Versuchen, die Relativitätstheorie zu verallgemeinern, und vor allem die persönlichen Erinnerungen des Autors an die gemeinsame Arbeit mit Einstein. Die allgemeine Relativitätstheorie hat auch zu völlig neuen Antworten auf die Frage nach der Struktur des Universums geführt. Die relativistische Kosmologie, die ihren Ausgangspunkt von Einsteins „Kosmologischen Betrachtungen zur Allgemeinen Relativitätstheorie" nimmt, war jahrzehntelang durch das Fehlen geeigneten Beobachtungsmaterials in ihrer Entwicklung behindert. Die Entdeckung der Rotverschiebung der Galaxien durch Edwin Hubble in den Zwanzigerjahren führte zum Bild eines expandierenden Universums, das vor einigen Milliarden Jahren in einem Urknall entstanden ist. Aber erst mit der Auffindung der „kosmischen Hintergrundstrahlung" durch Penzias und Wilson im Jahre 1965 wurde ein weiterer und vielleicht entscheidender Hinweis auf die heiße und dichte Entstehungsphase des Universums gefunden. In seiner kurzen Einführung in die relativistische Kosmologie zeigt *Dennis Sciama*, wie sich heute das Mosaik der Daten allmählich zu einem stets genaueren Bild der kosmischen Entwicklung zusammenfügt.

Bereits 1920 zog Einstein aus den Grundgleichungen der Relativitätstheorie den Schluß, daß es auch wellenartige Anregungen des Feldes geben müsse, also Gravitationswellen, die sich mit Lichtgeschwindigkeit durch den Raum ausbreiten. Es schien damals allerdings vollkommen ausgeschlossen, diese Wellen experimentell aufzufinden. Alle bekannten Mechanismen für die Erzeugung und den Nachweis von Gravitationswellen ließen unmeßbar kleine Effekte erwarten. Als *Joseph Weber* um 1950 begann, zunächst theoretische Überlegungen zur Verbesserung von Gravitationswellenantennen anzustellen und dann zu ihrer praktischen Realisierung zu schreiten, billigte niemand seinen Versuchen irgendwelche Erfolgsaussichten zu. Die entscheidende Verbesserung der Empfindlichkeit von Gravitationswellenantennen, die ihm zu verdanken ist, führte dazu, daß derzeit rund 20 Forschungsgruppen an der Entwicklung und Verbesserung von Antennen arbeiten und quantitative Resultate in den nächsten Jahren zu erwarten sind. Weber schildert in seinem Beitrag, wie er den Stand der heutigen Entwicklung auf diesem Gebiet sieht.

Die wichtigste Quelle für die Emission von Gravitationswellen ist wohl im Gravitationskollaps von Sternen zu suchen. Je nach der Masse des Sternes kann dieser Kollaps entweder zu einem Weißen Zwerg, einem Neutronenstern oder einem Schwarzen Loch führen. Während Weiße Zwerge der beobachtenden Astronomie schon lange zugänglich waren, erfolgte die Entdeckung von Neutronensternen erst im Jahre 1967. Damals fand eine Forschergruppe der University of Cambridge periodische Radiosignale, die von Sternen ausgingen. Theoretische Überlegungen zeigten bald, daß nur Neutronensterne die Quelle dieser Strahlung sein konnten. Damit war auch der zweite der drei möglichen Endzustände des Gravitationskollapses eines Sternes gefunden. Nun galt es noch die dritte mögliche Form, nämlich Schwarze Löcher zu entdecken. Es war zunächst nicht sicher, ob sich derartige Singularitäten der Raum-Zeit beim Kollaps eines Sternes auch tatsächlich ausbilden würden. Theoretische Überlegungen von Stephen Hawking und Roger Penrose zeigten aber, daß die völlige Vernichtung der Materie beim Gravitationskollaps nicht nur in unwahrscheinlichen Idealfällen, sondern auch unter allgemeineren Bedingungen zu erwarten ist. Danach begann die Entwicklung von Methoden zur Suche nach Schwarzen Löchern. Heute sind bereits einige Himmelsobjekte bekannt, in denen man Schwarze Löcher mit großer Wahrscheinlichkeit vermutet, wie der Artikel von *Roger Penrose* zeigt. Leider konnte Einstein die Bestätigung dieser wohl extremsten Schlußfolgerung aus seiner allgemeinen Relativitätstheorie nicht mehr erleben. In einem phantasievoll gestalteten imaginären Dialog mit Einstein versucht *John Wheeler* zu rekonstruieren, wie Einstein auf diese Entdeckung vermutlich reagiert hätte.

Einsteins Beiträge zur Physik waren aber keinesfalls auf die Relativitätstheorie beschränkt. Auch zur Quantentheorie und zur Thermodynamik hat er Bedeutendes beigetragen. Die Schaffung der Lichtquanten-Hypothese im Jahre 1905 war einer der Schlüssel zur Schöpfung der Quantentheorie. Der „Dualismus Teilchen-Welle", der hier seinen Ausgangspunkt fand, erwies sich als eines der schwierigsten Probleme für die Deutung der Theorie. Die skeptische Haltung, die Einstein, wie auch mancher andere führende Physiker dieser Zeit, zur Quantentheorie einnahm, war Anlaß zu einer Auseinandersetzung mit der „Kopenhagener Deutung der Quantentheorie", die in dem berühmten Artikel „Kann man die quantenmechanische Beschreibung der physikalischen Wirklichkeit als vollständig betrachten?" von Einstein, Podolski und Rosen ihren Niederschlag fand. In seinem Beitrag diskutiert *Nathan Rosen* seine heutige Stellung zu den damaligen Überlegungen.

Eng mit der Quantentheorie verbunden sind Einsteins zahlreiche Beiträge zur Thermodynamik, deren Bedeutung von *Hiroshi Ezawa* analysiert wird. Dabei kommt das Forschungsprogramm Einsteins, das die grundlegende Einheit und Einfachheit des naturwissenschaftlichen Weltbildes zum obersten Prinzip hatte, als Motiv und Triebfeder von Einsteins Forschungsarbeiten zur Geltung. Dieses Motiv wird auch von *Arthur I. Miller* in seinem Beitrag zur Entstehung der speziellen Relativitätstheorie aufgegriffen und in *Gerald Holtons* Ausführungen über Einsteins Weg zur Theorienbildung fortgesetzt. Es ist interessant zu sehen, welche Parallelen und Unterschiede in der Behandlung eines Themas hier zum Ausdruck kommen: Ezawa ist als Physiker vor allem am Einfluß Einsteins auf den weiteren Verlauf der Thermodynamik interessiert, und zeigt, wie Einstein immer wieder versuchte, die Plancksche Strahlungsformel zu „verstehen", was schließlich zur Entstehung der Quantenmechanik entscheidend beigetragen hat. In ganz anderem Stil ist Millers Untersuchung zur Relativitätstheorie geschrieben. Die Methodik des Wissenschaftshistorikers, deren Akribie dem Fachphysiker vielleicht manchmal übertrieben erscheint, zeigt wie sehr Einsteins Arbeitsstil dem Zeittrend entgegengerichtet war und welche Vielfalt von Problemen durch die spezielle Relativitätstheorie gelöst wurden. Holtons Untersuchungen bilden dagegen den Übergang zu einer wissenschaftstheoretischen Analyse von Einsteins Werk. Anhand eines Briefes von Einstein an seinen Freund Solovine zeigt Holton Einsteins Weg zur Theorienbildung. Dabei kommt die Bedeutung des irrationalen Sprungs, der von der Erfahrungsebene zum Axiomensystem einer Theorie führt, voll zum Ausdruck: „Zu den elementaren Gesetzen führt kein logischer Weg, sondern nur die auf Einfühlung in die Erfahrung sich stützende Intuition."

Auch *Bernulf Kanitscheiders* Beitrag untersucht die wissenschaftstheoretischen Grundlagen von Einsteins Arbeiten. Hier wird deutlich, wie sehr sich Einstein in seiner wissenschaftlichen Praxis, aber auch in seinen methodischen Reflexionen, von der positivistischen Haltung der zeitgenössischen Wissenschaftstheorie entfernte. Einsteins wissenschaftstheoretische Grundeinstellung nahm in intuitiver Weise eine Entwicklung vorweg, welche die Wissenschaftstheorie erst einige Jahrzehnte später nachvollzog und die zu einer liberalen Einstellung gegenüber der Einführung theoretischer Größen in die Wissenschaft führte.

Der Beitrag *Carl-F. v. Weizsäckers* beschäftigt sich mit der Verbindung von Physik und Philosophie, die in Einsteins Werk zum Ausdruck kommt, aber auch mit seiner Bedeutung in der Politik. „Einstein war Physiker und nicht Philosoph. Aber die naive Direktheit seiner Fragen war philosophisch". Diese Naivität ist auch kennzeichnend für Einsteins Einstellung zur Politik, in die er in seinen späteren Jahren immer mehr verwickelt wurde. *Banesh Hoffmann* analysiert, wie Einstein um 1920 allmählich für die Idee des Zionismus gewonnen wurde und sich in der Folge immer wieder für die Anliegen des Judentums einsetzte. Die Sorge um das jüdische Volk und die Furcht vor einem Sieg Nazideutschlands im zweiten Weltkrieg waren auch ausschlaggebend für Einsteins berühmten Brief an Präsident Roosevelt, in dem er auf die Möglichkeit einer Atombombe aufmerksam machte. Dieser Brief vom August 1939 und ein zweites Schreiben Einsteins vom März 1940 waren mit entscheidend für die Bereitstellung der Mittel, die zur Auslösung der ersten kontrollierten Kettenreaktion und in der Folge zur Atombombe führten.

Wie sehr politische Entwicklungen sogar den Bereich reinster und abstraktester Wissenschaft, wie es die allgemeine Relativitätstheorie und die Kosmologie sind, beeinflussen kann, zeigt die Darstellung der Geschichte der GRG-Organisation von *André Mercier*. Das "International Committee for General Relativity and Gravitation", das sich die Koordination der internationalen Bemühungen auf dem Gebiet der allgemeinen Relativitätstheorie zur Aufgabe gestellt hat, stand immer wieder vor dem Problem, die Grenzen zwischen den internationalen Blocksystemen zu überwinden und eine echte weltweite Zusammenarbeit zu ermöglichen.

Einleitung   IX

Die letzten Beiträge des Buches behandeln persönliche Erinnerungen an Einstein. Für *Walther Gerlach* stand dabei der Beitrag Einsteins zur Quantentheorie im Vordergrund. Das Problem der Realität der Photonen war ein zentrales Anliegen der Anfangsphasen der Quantentheorie. In verschiedenen experimentellen Situationen war zu klären, ob die Emission und Absorption von Photonen als momentaner Prozeß vor sich ging, oder eher der kontinuierlichen Wellenaussendung entsprach, die die klassische Theorie postulierte. Die Gemüter der Physiker erhitzten sich daran so sehr, daß sogar gefälschte Daten vorgelegt wurden, um den jeweiligen Standpunkt zu erhärten.

In *John Wheelers* Erinnerungen an Einstein spielt dagegen die Relativitätstheorie eine zentrale Rolle. Ein Besuch bei Einstein im Jahre 1953 und Einsteins letzte Vorlesung vom 14. April 1954 zeigen, welche Hoffnungen Einstein damals mit seiner Suche nach einer verallgemeinerten Feldtheorie verband. Die ausführliche Mitschrift von Einsteins letzter Vorlesung gibt auch einen Einblick in seinen Vortragsstil, der eine große Synthese vieler Teilgebiete der Physik versuchte. *Wolfgang Yourgrau* berichtet schließlich über einige persönliche Begegnungen mit Einstein und gibt damit Einblick in die menschlichen Beziehungen zwischen Wissenschaftlern. Sein Artikel läßt auch die heitere Seite der Auseinandersetzungen mit den Gegebenheiten des akademischen Lebens erahnen.

* * *

Unser Dank gilt in erster Linie den Autoren, durch deren Beiträge die Herausgabe des vorliegenden Bandes ermöglicht wurde. Ferner sind wir Herrn Dr. O. Nathan für die Erlaubnis, aus dem Einstein-Nachlaß zitieren zu dürfen, verpflichtet. Für wertvolle Hilfe bei der Bearbeitung der Manuskripte danken wir Frau J. Aichelburg, sowie den Herren Dipl. Ing. E. Oberaigner und Doz. Dr. A. Wehrl; ferner für unermüdliche Schreibarbeiten Frau E. Klug und Frau F. Wagner. Besonders erwähnt sei auch die angenehme Zusammenarbeit mit dem Vieweg Verlag, der trotz Zeitknappheit stets bereit war, auf unsere Wünsche einzugehen.

Peter C. Aichelburg   *Roman U. Sexl*

Wien, im November 1978

Die Autoren des Buches

Peter G. Bergmann

Professor für Physik an der Syracuse University, USA; in Berlin geboren, kam 1936 nach den USA, wo er Assistent bei Einstein am Institute for Advanced Study wurde; zahlreiche Publikationen auf dem Gebiet der Relativitätstheorie, insbesonders erste Versuche einer Quantisierung des Gravitationsfeldes; Autor des Buches "The Riddle of Gravitation", Präsident der International Society of Relativity and Gravitation.

Hiroshi Ezawa

Professor für Physik an der Gakushuin University, Japan; arbeitet auf dem Gebiet der Quantenfeldtheorie und der Quantenstatistik; Autor des japanischen Schullehrbuches "Who has seen the Atom?".

Walther Gerlach

Professor (Emeritus) für Physik der Universität München, Bundesrepublik Deutschland; trug entscheidend zum Verständnis der Quantentheorie bei (Stern-Gerlach Versuch über die Richtungsquantelung); Arbeiten auf dem Gebiet der Strahlung, Spektroskopie und Magnetismus, sowie über Wissenschaftsgeschichte.

Banesh Hoffmann

Professor für Mathematik am Queens College, New York, USA; war enger Mitarbeiter von Einstein und Mitglied des Institute of Advanced Study; Arbeiten auf dem Gebiet der Gravitation, insbesonders der Teilchenbewegung im Gravitationsfeld, ferner der Quantentheorie; Anwendung der Tensoranalysis auf die Elektronik; Autor der Biographie „Albert Einstein".

Gerald Holton

Professor für Physik und Geschichte der Naturwissenschaften am Massachusetts Institute of Technology, USA; beschäftigt sich mit der Geschichte der Physik und naturwissenschaftlichen Erkenntnisproblemen; Autor der Bücher "Thematic Origins of Scientific Thought: Kepler to Einstein" und "The Scientific Imagination: Case Studies".

Die Autoren des Buches

Bernulf Kanitscheider

Professor für Philosophie der Naturwissenschaft an der Universität Gießen, Bundesrepublik Deutschland; befaßte sich eingehend mit dem Begriff der Geometrie und seiner Bedeutung in der Physik; Autor der Bücher „Geochronometrie und Wirklichkeit" und „Vom absoluten Raum zur dynamischen Geometrie".

Arthur I. Miller

Professor für Physik an der Lovell University, USA; betreibt interdisziplinäre Forschung auf dem Gebiet der Naturwissenschaften des 19. und 20. Jahrhunderts.

André Mercier

Professor (Emeritus) für theoretische Physik an der Universität Bern, Schweiz; Forschung und Publikationen auf dem Gebiet der speziellen mathematischen Methoden der theoretischen Physik, der Theorien über die Entstehung der Erde, sowie über das Problem der Zeit in Physik und Philosophie; vormaliger Generalsekretär der "International Society on General Relativity and Gravitation".

Roger Penrose

F.R.S., Rouse Ball Professor für Mathematik an der University of Oxford, England; zusammen mit S. Hawking formulierte er die ersten Singularitäten-Theoreme über die Entstehung Schwarzer Löcher in der allgemeinen Relativitätstheorie; Entwicklung neuer Methoden der Differential-Topologie.

Nathan Rosen

Professor für Physik am Israel Institute of Technologie, Israel; war Mitarbeiter von Einstein am Institute for Advanced Study in Princeton; sein Arbeitsgebiet umfaßt: Allgemeine Relativitätstheorie, verallgemeinerte Feldtheorie, Quantentheorie, thermische Diffusion, Teilchenphysik und Kosmologie.

Dennis W. Sciama

Fellow of All Souls College, Oxford, England; befaßt sich mit Astrophysik, Kosmologie und allgemeiner Relativitätstheorie; Autor mehrerer Bücher, u. a. "Modern Cosmology", "The Unity of the Universe".

Joseph Weber

Professor für Physik an der University of Maryland, USA; entwickelte in jahrelanger Arbeit die ersten Gravitationswellendetektoren; Publikationen auf dem Gebiet der allgemeinen Relativitätstheorie, der Mikrowellen-Spektroskopie und der Irreversibilität, Autor des Buches "General Relativity and Gravitational Waves".

Die Autoren des Buches

Carl-Friedrich von Weizsäcker

Professor und Direktor des Max-Planck-Institutes zur Erforschung der Lebensbedingungen der wissenschaftlich-technischen Welt; zahlreiche Publikationen auf dem Gebiet der Physik, Philosophie und Friedensforschung; besonders erwähnenswert sein Buch „Zum Weltbild der Physik", welches in zehn Sprachen übersetzt wurde; Träger der Max-Planck-Medaille und des Ordens Pour le mérite der Friedensklasse, sowie anderer Auszeichnungen.

John A. Wheeler

Professor für Physik an der University of Texas, Austin, USA; war jahrelang Professor in Princeton und mit Einstein befreundet; in den Kriegsjahren Berater von Atomenergie Projekten und Mitarbeiter am Manhattan Projekt; gilt als Schöpfer der „Geometrodynamik", in der Materie als topologische Eigenschaft des Raumes beschrieben wird; Träger der Einstein-Medaille und anderer Auszeichnungen; Autor mehrerer Bücher, u. a. "Geometrodynamics", "Gravitation" und "Einsteins-Vision".

Wolfgang Yourgrau

Professor für Physik an der University of Denver, USA; studierte in Berlin bei Schrödinger, Einstein und v. Laue; Arbeiten auf dem Gebiet der Quantentheorie und der Theorie des Meßprozesses; Autor mehrerer Bücher u. a. "Variation Principles in Dynamics and Quantum Theory" und "Treatise on Irreversible and Statistical Thermodynamics"; Herausgeber der Zeitschrift "Foundation of Physics".

Inhaltsverzeichnis

Peter G. Bergmann

Die Entwicklung der Relativitätstheorie 1

Dennis W. Sciama

Kosmologie 19

Joseph Weber

Gravitationsstrahlung 27

Roger Penrose

Schwarze Löcher 35

John Archibald Wheeler

Das Schwarze Loch: Eine imaginäre Unterhaltung
mit Albert Einstein 53

Nathan Rosen

Kann man die quantenmechanische Beschreibung der physikalischen
Wirklichkeit als vollständig betrachten? 59

Hiroshi Ezawa

Einsteins Beitrag zur statistischen Mechanik 71

Arthur I. Miller

Zur Geschichte der speziellen Relativitätstheorie 91

Gerald Holton

Einsteins Methoden zur Theorienbildung 111

Bernulf Kanitscheider

Einsteins Behandlung theoretischer Größen 143

Carl Friedrich v. Weizsäcker

Einsteins Bedeutung in Physik, Philosophie und Politik 165

Banesh Hoffmann

Einstein und der Zionismus 177

Andre Mercier

Entstehung und Rolle der GRG-Organisation und die Pflege internationaler Beziehungen unter Relativisten 185

Inhaltsverzeichnis

Walther Gerlach

Erinnerungen an Albert Einstein 1908–1930 199

John Archibald Wheeler

Mercer Street und andere Erinnerungen 211

Wolfgang Yourgrau

Einstein und der akademische Dünkel 223

Die Entwicklung der Relativitätstheorie

Peter G. Bergmann

Noch im ersten Weltkrieg hat Einstein selbst eine allgemeinverständliche Einführung in die Relativitätstheorie verfaßt, die damals von Vieweg verlegt wurde. Auch heute kann man dem interessierten Nichtspezialisten empfehlen, diese Darstellung zu studieren, die sich meines Erachtens kaum übertreffen läßt. Natürlich ist in den folgenden sechzig Jahren noch viel hinzugekommen, was vielleicht auch die Grundlagen der Theorie affiziert. Meine Bemerkungen hier müssen notwendigerweise relativ kurz sein, und basieren auf der Annahme, daß der Leser auch Einsteins und andere Darstellungen hinzuzieht.

Vom Äther zur Relativitätstheorie

Die klassischen Vorstellungen von Raum und Zeit wurden von Galilei und Newton geformt und stellen eine wesentliche Modifikation der mittelalterlichen Ideen dar. Der klassische Raumbegriff ist der einer dreidimensionalen euklidischen Mannigfaltigkeit, in der die Begriffe der geraden Linie und der Ebene grundlegend sind. Es wird angenommen, daß alle Punkte im euklidischen Raum im Prinzip äquivalent (gleichberechtigt) sind, und diese Annahme schließt den Übergang vom geozentrischen Weltbild des Mittelalters zum Universalmodell des Weltalls ein, in dem die Erde, unser Sonnensystem und selbst unsere Galaxie keineswegs ein ausgezeichnetes Zentrum des Weltalls ist, sondern nur Objekte, von denen man überzeugt ist, daß es unzählige ähnlicher Art gibt, die überall verstreut auftreten.

Ähnlich stellt die Zeit eine eindimensionale Mannigfaltigkeit dar, in der wiederum kein Punkt (Augenblick) vor anderen ausgezeichnet ist. Spezifisch wird ein Augenblick der Schöfpung des Weltalls ausgeschlossen.

Ein *Bezugssystem* ist eine Kombination von Raum und Zeit, in der die Begriffe der Ruhe und der Bewegung materieller Objekte wohl definiert sind. Eine spezielle Art von Bezugssystemen sind *Inertialsysteme*, in denen das *Trägheitsprinzip* gilt: Ein Körper, der gegen Wechselwirkung mit anderen physikalischen Objekten isoliert ist, verharrt in seinem Zustand der Ruhe oder gleichförmigen Bewegung. Daß es solche Inertialsysteme tatsächlich gibt, ist eine physikalische Hypothese, wie ja überhaupt alle Annahmen über den physikalischen Raum und die physikalische Zeit nicht

Postulate der reinen Mathematik oder Geometrie sind (diese lassen viele andere Modelle zu), sondern solche der Physik oder, allgemeiner gesagt, der Naturwissenschaften.

Bezeichnen wir ein Zeitintervall mit dem Symbol T, den Vektor, der von einem Ereignis zum anderen reicht, mit $\vec{S}$, und die vektorielle Geschwindigkeit des zweiten Bezugssystems gegenüber dem ersten mit $\vec{v}$, so stehen die Größen T' und $\vec{S}'$ des zweiten Systems zu denen des ersten Inertialsystems in der Beziehung:

$$T' = T,$$
$$\vec{S}' = \vec{S} - \vec{v}\,T. \tag{1}$$

Diese „klassische" Annahme wird als die *Galileische Beziehung* zwischen zwei Inertialsystemen bezeichnet.

Es läßt sich leicht zeigen, daß die Gesetze der Newtonschen Mechanik, falls sie in einem Inertialsystem erfüllt sind, unter der Annahme (1) auch in jedem anderen Inertialsystem gelten. Ferner haben die Beziehungen (1) die sogenannte Gruppeneigenschaft: Sie pflanzen sich von einem zweiten zu einem dritten Inertialsystem fort, und zwar so, daß sich die relativen Geschwindigkeiten $\vec{v}$, $\vec{w}$, ... als Vektoren addieren. Insofern stellen also die Newtonschen Gesetze der Mechanik und die Galileischen Beziehungen (1) ein logisch abgeschlossenes System dar.

Der Anlaß für eine Abänderung dieses Systems kam auch nicht von innen, sondern von außen, durch das wachsende Wissen um das elektromagnetische Feld, dessen Gesetze sich nicht denen der klassischen Mechanik einfügen.

Eine Konsequenz der Maxwellschen Gesetze ist, daß sich elektromagnetische Wellen im Vakuum mit einer universellen Geschwindigkeit gleichmäßig in allen Richtungen fortpflanzen, der Lichtgeschwindigkeit $c = 300\,000$ km/s. Angenommen, es gäbe ein Inertialsystem, in dem dies streng gilt, so folgt aus den Beziehungen (1), daß in einem anderen Inertialsystem die Fortpflanzungsgeschwindigkeit elektromagnetischer Wellen richtungsabhängig ist.

Man war also versucht zu postulieren, daß es unter allen Inertialsystemen eines gebe, das dadurch ausgezeichnet ist, daß die Fortplanzungsgeschwindigkeit richtungsunabhängig ist. Da die Erde strenggenommen *kein* Inertialsystem ist, wegen ihres Kreislaufs um die Sonne, mußte man annehmen, daß man mit genügend verfeinerten Beobachtungsmethoden die Richtungsabhängigkeit der Fortpflanzung elektromagnetischer Wellen gegenüber der Erde messen könne.

Das berühmte Experiment von Michelson und Morley versuchte diese Richtungsabhängigkeit zu bestimmen. Es erwies sich, wie Michelson später entäuscht feststellte, als Fehlschlag. Weder bei diesem, noch bei den folgenden Experimenten konnten Unterschiede in der Lichtgeschwindigkeit in verschiedene Richtungen festgestellt werden. Moderne Versionen des Michelson-Morley Experiments zeigen sogar, daß die Lichtgeschwindigkeit mit einer Genauigkeit von 3 cm/s in allen Richtungen gleich ist.

Selbstverständlich bemühen sich viele Theoretiker[1] dieser Sachlage gerecht zu werden. Lorentz und Poincaré nahmen an, daß die gemessene Lichtgeschwindigkeit (wie wir die Fortpflanzungsgeschwindigkeit aller elektromagnetischen Wellen nennen wollen) in allen Inertialsystemen richtungsunabhängig sei. Fitzgerald zeigte, daß dies der Fall sein würde, wenn in Bezugssystemen, die sich gegenüber dem Weltall mit der Geschwindigkeit v bewegen, alle Maßstäbe (und alle starren Körper) längs der Bewegungsrichtung im Verhältnis $\sqrt{1 - v^2/c^2}$ verkürzt werden, ohne ihre Dimensionen senkrecht zur Bewegungsrichtung zu ändern. Mit anderen Worten, es solle zwar ein Inertialsystem der „absoluten Ruhe" geben, aber alle anderen Inertialsysteme würden durch Deformation der mitbewegten Meßinstrumente experimentell von diesem ausgezeichneten System ununterscheidbar sein. Man würde also eine scheinbare Gleichwertigkeit aller Inertialsysteme haben, die aber nicht der geometrisch-dynamischen Wirklichkeit entspräche.

Der junge Albert Einstein fand diese Lage unbefriedigend. Er nahm in Übereinstimmung mit den meisten anderen Theoretikern an, daß durch Beobachtung kein Inertialsystem vor allen anderen ausgezeichnet werden könne, nahm zusätzlich (mit Poincaré, dessen Arbeiten auf diesem Gebiet er wahrscheinlich nicht kannte) an, daß diese Gleichberechtigung grundsätzlicher Natur sei, und fragte nach den physikalischen Konsequenzen. Im Jahre 1905 veröffentlichte er seine Arbeit „Zur Elektrodynamik bewegter Körper", in der er erstmalig darlegte, daß zwei Ereignisse, die in einem Inertialsystem gleichzeitig, obwohl an verschiedenen Orten, erfolgten, in einem anderen Inertialsystem nicht notwendig gleichzeitig stattfinden. Der Grund für die „Relativität der Gleichzeitigkeit" liegt darin, daß Gleichzeitigkeit nur durch Austausch von Signalen bestimmt werden kann, und es gibt keinerlei Signale, die sich mit einer größeren Geschwindigkeit als c fortpflanzen.

---

[1] Einen Überblick der damaligen Situation gab P. Ehrenfest in seiner Antrittsvorlesung in Leiden 1912: „Zur Kritik der Lichtäther-Hypothese".

Zur Krise der Lichtäther-Hypothese

Rede
gehalten beim Antritt des Lehramts
an der Reichs-Universität zu Leiden

von

Prof. Dr. P. Ehrenfest

Berlin
Verlag von Julius Springer
1913

Gestatten Sie, in einigen grellen Strichen das Bild zu skizzieren, das sich so ergibt: Der Ätherwind stört den Ablauf der Prozesse, mit denen der Experimentator operiert; derselbe Ätherwind verdirbt aber auch — wenn wir uns so ausdrücken dürfen — die Meßinstrumente des Experimentators: er deformiert die Maßstäbe, verändert den Gang der Uhren und die Federkraft in den Federwagen usw. Für alles das sorgen jene Grundhypothesen, insbesondere auch die Hypothese, daß die Bewegung durch den Äther die Anziehungskräfte zwischen den Molekülen verändert. Und wenn nun der Experimentator die durch den Ätherwind gestörten Prozesse mit seinen Instrumenten beobachtet, die derselbe Ätherwind verdorben hat, dann sieht er exakt das, was der ruhende Beobachter an den ungestörten Prozessen mit den unverdorbenen Instrumenten beobachtet.

. . . . . .

Die Grundhypothesen der 1904-Arbeit sorgen dafür, daß auch bei allen anderen Ätherwindexperimenten immer wieder die Wirkung des Ätherwindes vor dem Experimentator verborgen bleibt.

Sie sehen: die 1904-Arbeit von Lorentz zeigt einen möglichen Ausweg aus der Krise, in die die Ätherhypothese geraten war.

Aber nicht alle Physiker glaubten sich mit dieser Lösung der Krise zufrieden geben zu können.

Wir kommen damit an die beiden Standpunkte heran, die Einstein im Jahre 1905 und Ritz im Jahre 1908 publizierten. Leider müssen wir uns versagen im Rahmen dieser Rede, eine Besprechung dieser Standpunkte zu versuchen. Wir begnügen uns, jene Züge in ihnen hervorzuheben, die ihre Stellung innerhalb der Ätherkrise markieren.

Das negative Ergebnis aller Ätherwind-Experimente führt beide Autoren zur Überzeugung, daß es überhaupt keinen Äther gibt. Der Raum zwischen den Körpern sei leer. Die Elektronen der Körper werfen einander durch diesen leeren Raum hindurch die elektromagnetischen Impulse und das Licht zu. Kurz, beide Autoren betonen, daß im Gegensatz zur Äthertheorie von Lorentz ihre Theorien wieder an die Emissionstheorie von Newton anknüpfen.

Abb. 1
Im Jahre 1912 gab P. Ehrenfest einen glänzenden Vergleich von Äthertheorie und Relativitätstheorie

Die Entwicklung der Relativitätstheorie

Aus der Relativität der Gleichzeitigkeit folgt sofort, daß Zeitintervalle vom Inertialsystem abhängen, in dem sie gemessen werden, im Gegensatz zur Galileischen Beziehung (1), und auch die Längenbeziehung wird abgeändert. Für zwei Ereignisse, die durch einen Vektor verbunden sind, der parallel zur gegenseitigen Bewegung zweier Inertialsysteme liegt, lauten die neuen Formeln (die Lorentzschen Formeln, von Einstein so genannt):

$$T' = \frac{1}{\sqrt{1 - v^2/c^2}} \left(T - \frac{v}{c^2} S \right),$$
$$S' = \frac{1}{\sqrt{1 - v^2/c^2}} (S - vT). \tag{2}$$

Was Lichtsignale selbst anbelangt, wenn etwa die zwei Ergebnisse die Aussendung und der Empfang eines Lichtsignals sind, so impliziert die Beziehung $S = cT$ oder $S = -cT$ (je nachdem, ob das Signal in der Richtung v oder in der entgegengesetzten Richtung läuft) die identische Beziehung zwischen S' und T'. Die Lichtgeschwindigkeit ist also in beiden Inertialsystemen dieselbe, c, und unabhängig von der Fortpflanzungsrichtung.

Offensichtlich können nicht die Gleichungen (1) und (2) „richtig" sein, obwohl beide Systeme in sich logisch widerspruchsfrei sind. Die Entscheidung, wie sich nun die „wirkliche" Zeit und der „wirkliche" Raum verhalten, muß durch Beobachtungen und Experimente entschieden werden. Alle Versuche, die in der zweiten Hälfte des neunzehnten Jahrhunderts zur Entscheidung dieser Fragen angestellt wurden, gingen an die Grenze des experimentell möglichen heran. Da z.B. die Geschwindigkeit der Erde um die Sonne rund 30 km/sec beträgt, ist das Verhältnis dieser Geschwindigkeit zu der Lichtgeschwindigkeit 1 : 10000, oder 10^{-4}. Da in das Ergebnis des Versuchs von Michelson und Morley das Quadrat dieses Verhältnisses eingeht, muß die Mindestgenauigkeit des Versuchs 10^{-8} sein, oder ein Teil in hundert Millionen. Dies ist ein Grund, warum gerade dieses Experiment immer wieder, und mit stets raffinierteren Meßmethoden wiederholt worden ist. (Siehe das Diagramm über Ätherdrift Experimente)

Die spezielle Relativitätstheorie, die auf den Gleichungen (2) basiert, kann aber heutzutage auf ganz andere Weise geprüft werden. Alle Teilchenbeschleuniger, die heute in Gebrauch sind, basieren in ihren Grundentwürfen auf den Gesetzen der speziellen Relativitätstheorie. Sie könnten nicht funktionieren, wenn die alten Gleichungen (1) die physikalische Wirklichkeit darstellen würden. Das liegt daran, daß für die beschleunigten Teilchen, Elektronen oder Protonen, das Verhältnis v/c nicht sehr klein ist, wie das bei der Erdgeschwindigkeit der Fall ist, sondern nahe bei eins liegt, d.h. diese Teilchen haben nahezu die Geschwindigkeit des Lichts. Infolgedessen sind die zu erwartenden Unterschiede zwischen den Gleichungen (1) und (2) unübersehbar.

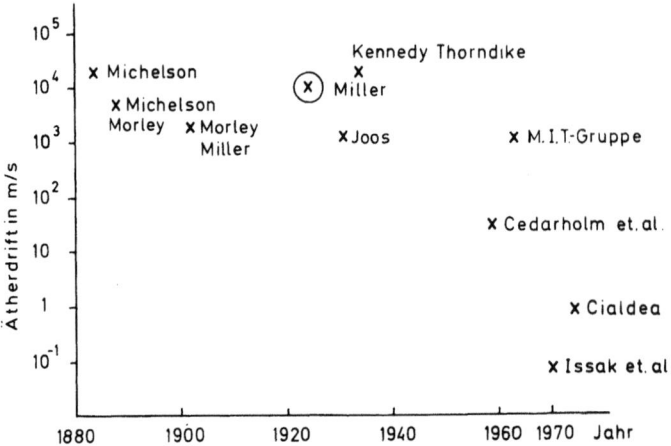

Abb. 2
Die oberen Schranken für die Geschwindigkeit der Erde relativ zum Äther wurden von 1880–1970 wiederholt bestimmt. Nur die mit ⊗ angedeutete Messung von Miller schien ein positives Ergebnis zu liefern. Es wurde später auf Temperaturschwankung in der Meßanordnung zurückgeführt.
(Nach R. Mausouri)

Zusammenfassend läßt sich sagen, daß die spezielle Relativitätstheorie einer wesentlichen Revision des Raum- und Zeitbegriffs entspricht, die Raum und Zeit noch intimer miteinander verquickt, als dies in der klassischen Physik geschah. Die spezielle Relativitätstheorie übernimmt aber von den früheren Auffassungen eine Reihe von Prinzipien intakt. Das wesentlichste ist, daß es unter allen denkbaren Bezugssystemen nach wie vor eine ausgezeichnete Klasse gibt, die Inertialsysteme, in Bezug auf die das erste der drei Newtonschen Gesetze gilt, daß in Abwesenheit äußerer Kräfte ein materieller Körper unbeschleunigt ist. Im Minkowskischen Raum-Zeit-Kontinuum spielen die Inertialsysteme eine ähnliche Rolle wie die kartesischen Koordinatensysteme in der euklidischen Geometrie.

Der Weg zur Allgemeinen Relativitätstheorie

Die allgemeine Relativitätstheorie geht wesentlich über sie hinaus; in mancher Beziehung negiert die allgemeine Relativitätstheorie die Prinzipien der speziellen. Während die spezielle Relativitätstheorie ihren Ursprung in den Problemen des Elektromagnetismus und der Fortpflanzung elektromagnetischer Wellen hatte, hängt die allgemeine Relativitätstheorie mit dem

Schwerefeld zusammen. Fundamental für Schwerekräfte ist, daß die Kraft, die ein materieller Körper im Gravitationsfeld erleidet, proportional seiner Masse ist. Mit anderen Worten, unter dem Einfluß eines Schwerefeldes erleiden alle materiellen Körper dieselbe Beschleunigung. Kein anderes wirkliches Kraftfeld hat diese Eigenschaft, wohl aber die sogenannten Trägheitsfelder.

Trägheitsfelder oder Trägheitskräfte sind die Beschleunigungen gegenüber Bezugssystemen, die nicht Inertialsysteme sind. Typische Trägheitskräfte sind die Zentrifugal- und die Corioliskräfte. Die normale Erklärung der Unabhängigkeit derartiger Beschleunigungen von den Eigenschaften der affizierten Körper ist, daß es sich hier um kinematische, nicht dynamische Effekte handelt, die beim Übergang zu einem Inertialsystem verschwinden.

Natürlich gibt es keinerlei Bezugssystem, in dem wahre gravitationelle Kräfte überall, d.h. in einem ausgedehnten Raum-Zeitgebiet, verschwinden. Insofern unterscheiden sich Schwerefelder von Trägheitsfeldern. Wohl aber gibt es Bezugssysteme, in denen die Schwerekraft *lokal* verschwindet. In dieser Beziehung hatte sich Jules Verne geirrt, der seine Weltraumreisenden im Innern eines Projektils Schwere fühlen ließ, obwohl ihre Hülle sich auf einer ballistischen Laufbahn befand. (Als einzigen schwerelosen Ort ließ er einen Punkt zwischen Erde und Mond zu, an dem die Anziehungskräfte seitens dieser zwei Weltkörper sich gerade ausglichen). Verne hätte voraussehen sollen, daß die Weltreisenden überall keinerlei Schwere fühlen konnten, weil ihre Umhüllung genauso beschleunigt wurde wie sie selbst. Daß dies so ist, ist natürlich in unserer Zeit von jedem Astronauten und Kosmonauten bestätigt worden.

Versucht man aber, ein solches frei fallendes Bezugssystem auszudehnen, so bemerkt man, daß diese Ausdehnung nicht in Bereichen erfolgreich sein kann, deren Größe vergleichbar mit dem Abstand von der Erde ist. Man kann also die Existenz eines Gravitationsfeldes beobachten, selbst wenn man kräftefrei im Weltraum schwebt und wenn man, von undurchsichtigen Wolken umgeben, keine optische Astronomie treiben kann. Aber das wesentliche ist, daß man dann nicht die gravitationelle Feldstärke messen kann (lokale Effekte reichen nicht aus, ein Inertialsystem zu bestimmen, nur ein frei fallendes System), sondern nur ihre raum-zeitliche Änderung, ihren Gradienten.

Es gibt eine Reihe alternativer Formulierungen dieser Eigenschaften der Gravitation. Eine Formulierung macht einen Unterschied zwischen der trägen Masse eines Körpers, dem Verhältnis zwischen angewandter Kraft und der resultierenden Beschleunigung eines Körpers, einerseits und seiner schweren Masse andererseits, das heißt der Stärke, mit der er andere Körper anzieht, bzw. von ihnen angezogen wird. Diese Formulierung besagt nun, daß universell diese zwei Arten von Masse für jeden Körper, wie immer auch geartet, gleich sind. Die Gleichheit von schwerer und träger Masse ist wegen ihrer universellen Bedeutung immer wieder nachgeprüft worden, mit wachsender Genauigkeit. Die jüngste Bestimmung stammt von R. Dicke und bestätigt die Gültigkeit dieses Gesetzes mit einer Genauigkeit von 10^{-12}. Dies ist eine der quantitativ genauesten Bestätigungen eines Naturgesetzes, die bis heute durchgeführt worden sind.

Eine andere Formulierung besagt, daß man zwar die Existenz eines Schwerefeldes feststellen kann (durch Beobachtung des Feldgradienten), aber nicht die relativen Beiträge des Schwerefelds und des etwaigen Trägheitsfelds voneinander trennen. Diese Formulierung läuft darauf hinaus, daß es eindeutig identifizierbare Inertialsysteme (in denen das Trägheitsfeld verschwindet) nur in Abwesenheit von Schwerefeldern gibt. Diese Formulierung ist wohl schwerer in ein genau ausführbares Experiment zu übersetzen als die erste, sie liegt aber näher an der begrifflichen Wurzel der allgemeinen Relativitätstheorie. Beide Formulierungen beschreiben eine gegenwärtig für richtig gehaltene Eigenschaft des Schwerefelds, die man als das *Äquivalenzprinzip* zu bezeichnen pflegt. Das Prinzip war Newton wohl bekannt, wurde aber von ihm nicht mit den Grundlagen der Mechanik verschmolzen. In· der Newtonschen Physik sind die Inertialsysteme die bevorzugten Bezugssysteme par exellence.

Das Ende der euklidischen Geometrie

Die mathematische Formulierung der allgemeinen Relativitätstheorie basiert auf der modernen Differentialgeometrie, deren Grundlagen von Gauß und von Riemann stammen. Diese beiden Mathematiker des neunzehnten Jahrhunderts entdeckten, daß eine Mannigfaltigkeit wesentlich in ihrer inneren Struktur von der euklidischen Geometrie abweichen kann, indem sie eine innere Krümmung aufweist. Dies erläutert man oft am Beispiel der Oberfläche einer Kugel. Man stelle sich etwa vor, daß zweidimensionale Lebewesen, die auf der Oberfläche einer glatten Kugel leben, sich die Aufgabe stellen, einen Vektor parallel zu sich selbst längs einer geschlossenen Kurve zu verschieben. „Vektor" bedeutet in dieser zweidimensionalen Geometrie einen Vektor, der keine aus der Kugeloberfläche herausragende Komponente hat. Sei die Kugeloberfläche durch die in der Geographie üblichen Länge- und Breitekoordinaten beschrieben. Fangen wir am Äquator mit einem Vektor an, der genau nach Osten weist und verschieben wir ihn längs des Äquators um θ Grade. Am Ende dieses Stücks zeigt der Vektor immer noch nach Osten. Verschieben wir ihn nun längs des Meridians zum Nordpol. Dort wird der parallel verschobene Vektor senkrecht zum Meridian stehen. Wir können nun längs eines neuen Meridians zum Anfangspunkt zurückkehren, bemerken aber, daß der neue Meridian mit dem ersten am Pol einen Winkel θ bildet und daß infolgedessen der Vektor mit dem neuen Meridian einen Winkel von $(90° + \theta)$ bildet. Wenn wir zum Anfangspunkt zurückkehren, so bildet der stets parallel verschobene Vektor mit seiner ursprünglichen Richtung einen Winkel von θ Graden. Gauß zeigte, daß ganz allgemein der Winkel dem Raumwinkel der umfahrenden Fläche (in unserem Beispiel ist dies ein sphärisches Dreieck) gleich ist. Dieser Winkel wird oft der sphärische Exzess genannt, weil dies auch der Winkel ist, um den die Summe der Winkel in einem sphärischen Dreieck 180° überschreitet.

Gauß baute die Differentialgeometrie gekrümmter Flächen aus. Riemann dehnte die Gaußschen Begriffe auf Mannigfaltigkeiten beliebiger Dimensionszahl aus. Hierbei stellte sich heraus, daß der Begriff der Gaußschen Krümmung anwendbar bleibt, vorausgesetzt, daß man umlaufene Flächenstücke beliebiger Orientierung zuläßt und auch nicht verlangt, daß der parallel verschobene Vektor in der umlaufenen Fläche liegt. Infolgedessen gibt es in vierdimensionalen Mannigfaltigkeiten an jedem Punkt nicht eine einzige Krümmung, sondern zwanzig Krümmungskomponenten.

Die wesentliche Idee Einsteins war, daß mathematisch gesprochen ein Schwerefeld der Krümmung des Raum-Zeitkontinuums äquivalent sei und daß man lernen müsse, die Eigenschaften des Schwerefelds als Eigenschaften der Gauß-Riemannschen Krümmung aufzufassen. Alle anderen physikalischen Phänomene spielen sich dann in dieser gekrümmten Raum-Zeit ab.

Die Ausführung dieses Programms kostete Einstein viele Jahre harter Arbeit. Seine grundlegende Arbeit über die spezielle Theorie ist 1905 datiert, die Ausarbeitung der wesentlichsten Züge der allgemeinen Theorie 1915 und 1916. In der allgemeinen Relativitätstheorie gibt es keine Inertialsysteme, jedes beliebige Bezugssystem, d.h. jedes (krummlinige) vierdimensionale Koordinatensystem, ist für die Beschreibung der Natur gleichwertig. Die Gesetze des Schwerefelds sind gewisse Beschränkungen des Krümmungsfelds, die qualitativ dahingehend charakterisiert werden können, daß von den 20 Komponenten der Krümmung nur noch 10 frei verfügbar bleiben. Die anderen 10 müssen den Quellen des Schwerefelds angepaßt werden; in erster Linie ist dies die Massendichte der gravitierenden Materie.

Genau, wie man zu einer gekrümmten zweidimensionalen Fläche an jedem Punkt eine Tangentialebene mit einem kartesischen Koordinatensystem konstruieren kann, so kann man auch zu vierdimensionalen gekrümmten Raumzeiten an jedem Raumpunkt zu einer gegebenen Zeit eine ebene tangentiale Raumzeit konstruieren, und dies ist das frei fallende Bezugssystem, das natürlich nur an einem Raum-Zeitpunkt der physikalischen Raumzeit entspricht. Deshalb die Unmöglichkeit der Ausdehnung auf beliebig große Raum-Zeitgebiete. Immerhin, in begrenzten Gebieten sind wirkliche Raumzeit und tangentiale Raumzeit nahezu identisch, und man kann dort „gewöhnliche" (d.h. speziellrelativistische) Physik betreiben.

Dies, in großen Zügen, ist der physikalische und geometrische Inhalt der allgemeinen Relativitätstheorie. Während in der speziellen Theorie die Maßeigenschaften von Raum und Zeit noch präexistierten und nurmehr die ewige Bühne für den Ablauf der Naturgeschehnisse lieferten, nehmen in der allgemeinen Relativitätstheorie Raum und Zeit und ihre geometrischen Eigenschaften selbst an der Abwicklung der Dynamik teil, werden von allem, was geschieht, beeinflußt und beeinflussen selbst alle Geschehnisse. In vieler Beziehung ist der Bruch zwischen der allgemeinen Relativitätstheorie und allen früheren Theorien von Raum und Zeit viel schärfer als der Bruch zwischen der speziellen Relativitätstheorie und der klassischen Physik. Geometrie und Dynamik werden zu einem ganzen verschmolzen, das Wheeler „Geometrodynamics" getauft hat.

Der Erfolg der Einsteinschen Theorie

Bereits in seiner ersten Arbeit gab Einstein Möglichkeiten an, die allgemeine Relativitätstheorie experimentell zu überprüfen. Eine der Folgerungen der Theorie ist, daß ein Lichtstrahl beim Durchlaufen eines starken Gravitationsfeldes von der geradlinigen Bahn abgelenkt wird. Diese Vorhersage wurde kurz nach dem ersten Weltkrieg experimentell bestätigt. Die Ergebnisse der von Eddington geleiteten Experimente haben Einstein in der Öffentlichkeit bekannt und berühmt gemacht, obwohl ihre Meßgenauigkeit nur bei ca. 30 % lag. Auch in den folgenden Jahrzehnten konnte diese Meßgenauigkeit nicht wesentlich erhöht werden.

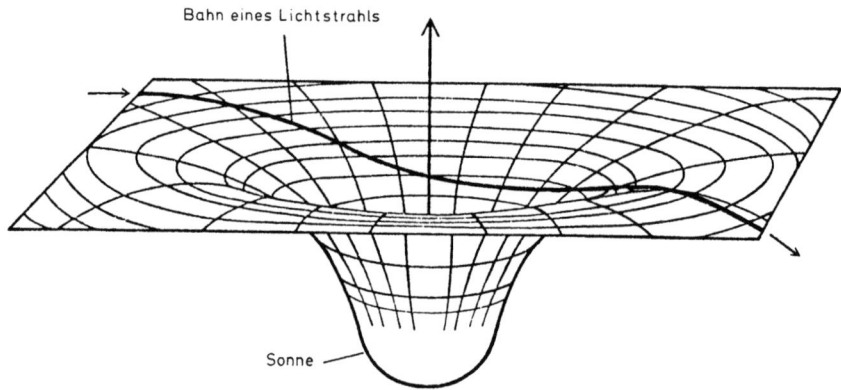

Abb. 3
Die Geometrie des gekrümmten Raumes in der Nähe der Sonne (zweidimensionale gekrümmte Fläche eingebettet in den euklidischen Raum). Ein Lichtstrahl der nahe der Sonne vorbeigeht erleidet durch die Raumkrümmung nicht nur eine Ablenkung sondern auch eine Verzögerung (siehe Shapiro-Experiment).

Die Entwicklung der Relativitätstheorie

Erst die verfeinerte Radartechnik, Satelliten und Atomuhren brachten um 1960 eine neue Ära der Meßgenauigkeit in der Überprüfung der allgemeinen Relativitätstheorie.

Rotverschiebung und Zeitdilatation. Ein im Gravitationsfeld aufsteigengender Lichtstrahl wird energieärmer und seine Frequenz verringert sich. Diese Rotverschiebung versuchte man zunächst an den Spektrallinien der Sonne und von weißen Zwergen zu messen. Aber erst der Mößbauer-Effekt brachte 1965 den Durchbruch: Pound und Snider konnten die Rotverschiebung von Spektrallinien im Gravitationsfeld der Erde messen. Eine relative Frequenzverschiebung $\Delta \nu/\nu = 10^{-15}$ wurde mit einer Meßgenauigkeit von etwa 1 % nachgewiesen.

Die Rotverschiebung hängt eng mit einer weiteren Vorhersage der Relativitätstheorie zusammen. Sie besagt, daß Uhren in der Umgebung schwerer Massen, wie der Erde, langsamer gehen. Die Entwicklung von Atomuhren mit einer Ganggenauigkeit 10^{-14} machte es möglich, diesen Effekt nachzuweisen (Tabelle 1).

Lichtablenkung. Die Entwicklung der Radiointerferometrie machte eine verbesserte Bestimmung der Lichtablenkung möglich. Die Beobachtung von Radiowellen, die von Quasaren oder Satelliten ausgehen, hat die Meßgenauigkeit auf etwa 1 % gesteigert.

Periheldrehung. Eine der wesentlichsten Vorhersagen der Relativitätstheorie ist die Verschiebung des sonnennächsten Punktes (Perihel) der Planetenbahnen. Es war bereits vor der Aufstellung der allgemeinen Relativitätstheorie bekannt, daß Merkur eine Perihelverschiebung aufweist, die nicht als Folge von Störungen der Merkurbahn durch andere Planeten erklärt werden kann.

Tabelle 1 Die Tabelle gibt die Genauigkeit an, mit der die Zeitdilatation der Relativitätstheorie überprüft wurde.

Autor	Messung	Genauigkeit
Brault (1962)	D_1 Linie der Sonne	5 %
Pound u. Snider (1965)	Mößbauereffekt (lokal) Co^{57}	1 %
Jenkins (1966)	GEOS-I Satellit (quasi lokal)	10 %
Hafele u. Keating (1972)	Cäsium Uhren im Flugzeug (lokal)	14 %
Alley (1975)	Cäsium u. Rubidium Uhren in Flugzeug (lokal)	1 %
Vessot (1975)	Maser in einer Scout-Rakete (lokal)	0,02 %
Bailey et al (1977)	Lebensdauer von μ-Mesonen	0,1 %

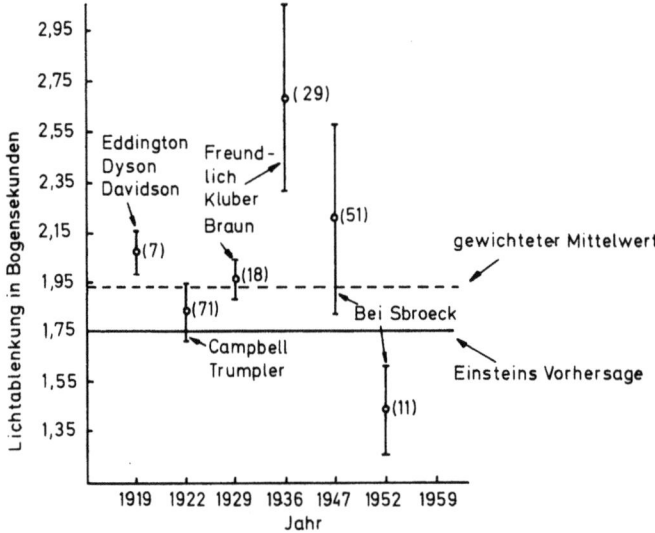

Abb. 4
Die Meßgenauigkeit für die Lichtablenkung an der Sonne betrug in den Jahren 1919–1952 rund 20 %. (Diagramme 4–7 nach J. P. Richard)

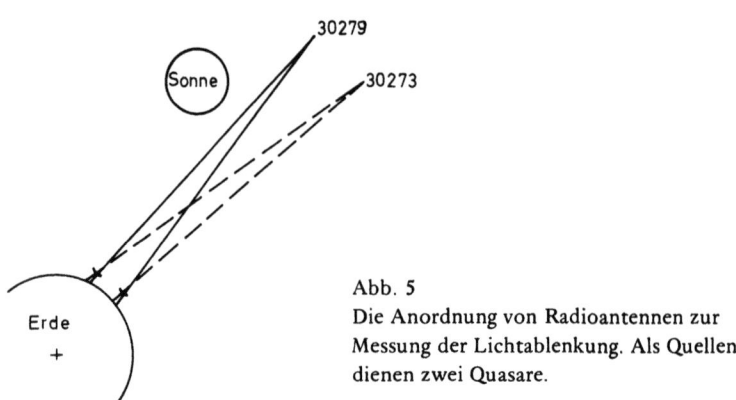

Abb. 5
Die Anordnung von Radioantennen zur Messung der Lichtablenkung. Als Quellen dienen zwei Quasare.

Auch bei der Messung dieses Effektes wurden in den letzten Jahren Fortschritte erzielt. Die Reflexion von Radarstrahlen an Planetenoberflächen und die Messung ihrer Laufzeit erlaubt es, die Planetenbahnen mit hoher Genauigkeit auszumessen. Damit konnte auch die Periheldrehung des Merkur erneut bestimmt werden und die Übereinstimmung von Theorie und Experiment ist besser als 1 %.

Die Entwicklung der Relativitätstheorie

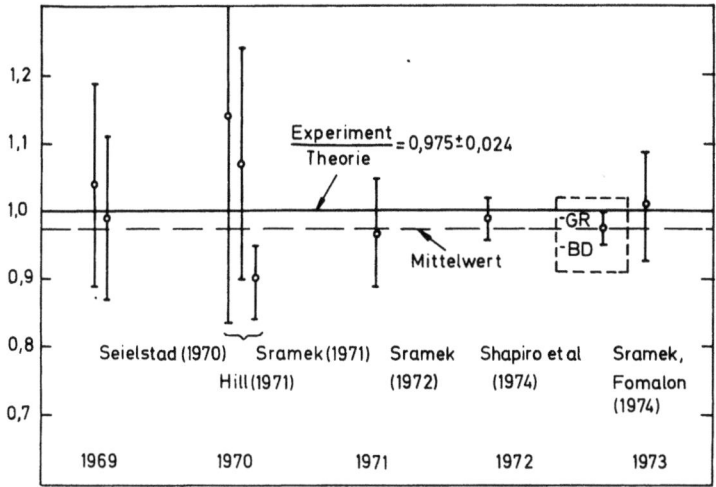

Abb. 6
Die Ergebnisse der Messung der Lichtablenkung mittels Radiointerferometrie

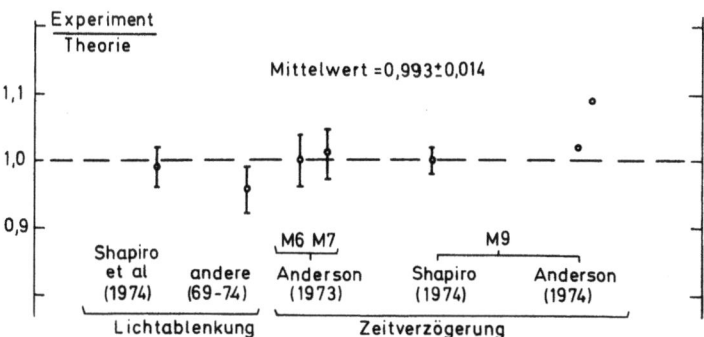

Abb. 7
Die Meßdaten zum Shapiro-Experiment. Die mit M bezeichneten Messungen wurden mit Mariner Satelliten durchgeführt.

Laufzeitverlängerung. Im Jahre 1965 schlug I. I. Shapiro einen neuen Test der allgemeinen Relativitätstheorie vor. Ein Radarstrahl wird von der Erde ausgesandt, an der Venus reflektiert und das Echo auf der Erde empfangen. Dabei ergibt sich eine Gesamtlaufzeit, die nach der allgemeinen Relativitätstheorie größer ist, als nach der Newtonschen Theorie. Dies hat zwei Gründe. Zunächst gehen Uhren in der Umgebung der Sonne langsamer als im freien Raum, so daß auch die Lichtgeschwindigkeit in der Sonnenumgebung verringert wird. Ferner muß der Radarstrahl den gekrümmten Raum in der Sonnenumgebung durchlaufen und erleidet auch dadurch eine Verzögerung.

Die Entwicklung der Radartechnik hat es ermöglicht, auch diesen Effekt mit einer Genauigkeit von 0,15 % nachzuweisen.

Nach jahrzehntelanger Ungewißheit sind damit heute die klassischen Tests der Relativitätstheorie mit einer Genauigkeit von etwa 1 % durch das Experiment bestätigt.

Alternativen zur Allgemeinen Relativitätstheorie

Einheitliche Feldtheorie. Durch die Formulierungen der allgemeinen Relativitätstheorie erscheint die Schwerkraft in geometrischem Gewande. Alle anderen Kraftfelder, die dem Physiker bekannt sind, behalten ihre ursprüngliche Form, die anscheinend mit Geometrie sehr wenig zu tun hat. Nicht nur Einstein, sondern manche der Zeitgenossen empfanden diese Dualität als ästhetisch unbefriedigend und suchten nach neuen Wegen, alle physikalischen Felder als Manifestationen der Geometrie zu deuten. Alle diese Programme werden als einheitliche Feldtheorie bezeichnet. Die historisch wichtigsten kann man etwa wie folgt charakterisieren.

a) Konforme Geometrien. Sowohl in der speziellen wie in der allgemeinen Relativitätstheorie gibt es eine invariante Maßbestimmung, die in der allgemeinen Relativitätstheorie allerdings streng genommen in der Tangentialmannigfaltigkeit definiert ist. Man kann diese Maßbestimmung insofern abschwächen, als man alle derartigen Ausdrücke, die sich nur um einen skalaren Faktor voneinander unterscheiden, als gleichwertig ansieht. Diese Abschwächung, oder Verallgemeinerung, wird als Konformgeometrie bezeichnet. Ihre Krümmung muß ein wenig anders definiert werden, als dies von Riemann getan worden war, und man kommt zu einer Bildung von Größen, die reichhaltiger sind als die Riemanns. Insbesondere der Mathematiker Weyl hat sich intensiv damit befaßt, eine neue physikalische Theorie auf die Konformgeometrie zu gründen, die sowohl das Schwerefeld wie das elektromagnetische Feld einschließen sollte. Weitere Fundamentalfelder waren damals (1918) nicht bekannt. Es gelang aber Weyl nie, Naturgesetze in überzeugender Weise zu formulieren, und sein Versuch hat sich nicht durchgesetzt.

b) Fünfdimensionale Geometrien. 1921 schlug Kaluza vor, die Geometrie dadurch zu bereichern, daß man eine weitere Dimension hinzunahm. Dadurch erhöht sich die Anzahl der Krümmungskomponenten auf 50. Die vierdimensionale Natur des beobachtbaren physikalischen Geschehens kann man versuchen dadurch zu verstehen, daß man von vornherein in die fünfdimensionale Geometrie eine Beschränkung einbaut, wonach keinerlei physikalische Felder in der fünften Dimension variabel sein sollen. Eine solche Beschränkung ähnelt in der gewöhnlichen Physik einer Beschränkung auf statische (also zeitunabhängige) Felder, nur soll es sich hier um eine generelle Einschränkung handeln.

Der ursprüngliche Kaluzasche Vorschlag ist im Laufe der neueren Geschichte der Physik vielfach abgewandelt worden, unter anderem von Einstein, Bargmann und dem Verfasser dieser Zeilen, die die Unabhängigkeit von der fünften Dimension durch eine Periodizitätsforderung ersetzen, in der Hoffnung, auf diese Weise Quantenphysik erfassen zu können. Diese Hoffnung hat sich als irrig erwiesen.

Schließlich stellen die sogenannten Skalar-Tensortheorien eine Variation des Kaluzaschen Themas dar. Die allgemeine Relativitätstheorie behandelt das Schwerefeld als einen Tensor, während das elektromagnetische Feld durch einen (vierdimensionalen) Vektor dargestellt wird, dessen Komponenten das elektrische und das Vektorpotential sind. Durch eine relative geringfügige Abänderung des Kaluzaschen Ansatzes kann man die fünfdimensionale Metrik (= Maßbestimmung) durch die Hinzufügung eines skalaren Felds vervollständigen, dem seine Anhänger eine kosmologische Bedeutung zugeschrieben haben. Gegenwärtig gibt es keinerlei Anzeichen für die physikalische Realität dieses zusätzlichen Felds, welches jedenfalls nichts mit irgendeinem der heute bekannten Elementarteilchenfelder zu tun hat.

c) Geometrie mit Torision. In der Riemannschen Geometrie ist die Parallelverschiebung von Vektoren, und demnach die Krümmung, aufs engste mit der Maßbestimmung verknüpft, dergestalt, daß Kenntnis der Maßbestimmung (der „Metrik") Parallelverschiebung und Krümmung vollständig bestimmt. Man kann diese Beziehung lockern und erhält dadurch eine reichhaltigere Geometrie. Dieser Vorschlag stammt ursprünglich von E. Cartan und ist neuerdings von Hehl, Trautman und mehreren anderen aufgegriffen worden. Man hofft, auf diese Weise dem „Spin" der Elementarteilchen auf einer tieferen Ebene gerecht zu werden als in konventionellen Theorien. Diese Versuche sind zu neuartig, um über ihre Ergebnisse eine endgültige Meinung zu bilden.

d) Supersymmetrien. Im Bestreben, die experimentell gefundenen Familien („Supermultipletts") der Elementarteilchen zu verstehen, hat man sogenannte innere Symmetrien postuliert, die zusätzlich zu den Symmetrien in Raum und Zeit (wie etwa Spiegelsymmetrie) bestehen sollen. In allerletzter Zeit haben eine Reihe von Forschern versucht, die „inneren" und die „äußeren" (d.h. raum-zeitlichen) Symmetrien miteinander in eine Gesamtsymmetrie, „Supersymmetrie", zu verschmelzen und diese dann mit den von der allgemeinen Relativitätstheorie postulierten Gesetzen der Schwerkraft zu vereinigen. Das Resultat wird als „supergravity" bezeichnet.

Auch diese Bestrebungen, die Mitte der Siebziger Jahre begannen, kann man gegenwärtig kaum als spruchreif ansehen.

Eine Gesamtbeurteilung aller einheitlichen Feldtheorien ist notwendigerweise subjektiv. Bei einer vollständigen und ausgereiften Theorie kann man im allgemeinen sagen, welchen Erfahrungstatsachen sie gerecht wird, welche ihr zu widersprechen scheinen und welche außerhalb des Gültigkeitsbereichs der gegebenen Theorie liegen. Bei Theorien, die relativ neu und spekulativ sind, ist dies nicht so leicht möglich, schon deshalb, weil die physikalische Deutung der formalen Aussagen der Theorie oft keineswegs eindeutig ist. Allen einheitlichen Feldtheorien liegt das Motiv zugrunde, daß trotz der offensichtlichen Vielfältigkeit der physikalischen Erscheinungen die Theorie aus einem Stück sein sollte, und ferner, daß diese Theorie aus den Beobachtungstatsachen nicht „ableitbar" (durch Induktion erhältlich) ist, sondern gewissen Grundprinzipien der begrifflichen Einheitlichkeit genügen muß und nur durch einen schöpferischen Gedankenakt erhalten werden kann. Selbstverständlich muß die so gewonnene physikalische Theorie a posteriori an den beobachtbaren Tatsachen erprobt werden und so ihre Gültigkeit unter Beweis stellen.

Auch wenn man dieser Haltung gegenüber eine sympathische Einstellung einnimmt, so muß man dennoch zugeben, daß der „schöpferische Akt", also die Erfindung einer neuen Theorie, von der bereits bekannten und mehr oder weniger gesicherten Physik Anhaltspunkte entlehnen muß, sollen die neuen Ideen nicht reine Hirngespinste sein. Mir erscheint nun, daß seit der Geburt der allgemeinen Relativitätstheorie der Ansturm neuer Beobachtungstatsachen, insbesondere auf dem Gebiet der Elementarteilchenphysik, so ungeheuerlich angeschwollen ist, daß es augenblicklich fast unübersehbar ist, welchen Tatsachen nun eigentlich eine einheitliche Feldtheorie gerecht werden muß. Sicher erscheint es, daß die Versuche, die in die Zwanziger- und Dreißigerjahre zurückgehen, in völliger Unkenntnis der uns heute bekannten Scharen von Elementarteilchen unternommen worden sind, und daß wir heute verstehen, warum diesen Versuchen kein Erfolg beschieden sein konnte. Gerade heute sieht es ein wenig so aus, als ob sich die Neuentdeckungen in zunächst rein empirische Regelmäßigkeiten anordnen lassen und daß eine neue und erfolgreiche Periode des Theorienschaffens noch in unserer Lebenszeit stattfinden möge. Mir persönlich kommt es aber so vor, daß Einsteins berühmter Ausspruch, „Raffiniert ist der Herrgott, aber boshaft ist er nicht", insofern berechtigt bleibt, als wir auf neue und grundlegende Erkenntnisse hoffen dürfen, daß aber die Natur genügend reichhaltig ist, daß es nie zu einer vollständigen und definitiven Enträselung kommen wird. Wie gesagt, dies sind persönliche Meinungen, die bestimmt nicht von allen Fachgenossen geteilt werden.

Einsteins philosophische Einstellung. Während der Jahre 1936–1941, als ich das Glück hatte, als junger Wissenschaftler einer von Einsteins Mitarbeitern zu sein, äußerte Einstein sich oft über seine Grundhaltung zur Physik. Er hat sich auch schriftlich hierzu geäußert, insbesondere in dem Band „Einstein, Philosopher-Scientist", der in der „Library of Living Philosophers" 1949 zur Ehrung seines siebzigsten Geburtstags veröffentlicht wurde. Dieses Buch ist auch ins deutsche übersetzt worden, außerdem sind auch in der sonst englischen Originalausgabe Einsteins „autobiographische Notizen" auf deutsch und auf englisch wiedergegeben. Da ich selbst keine Notizen über Einsteins mündliche Bemerkungen besitze, sondern mich völlig auf meine Erinnerungen von vor vier Jahrzehnten verlassen muß, kann und will ich keine Authentizität beanspruchen.

In seiner Jugend stand Einstein zweifelsohne stark unter dem Eindruck Machs. Als ich ihn kennenlernte, hatte er sich weit von Machs philosophischen Grundanschauungen entfernt. Er war damals von der objektiven Existenz des Weltalls überzeugt, also einer Existenz, die nicht von der Präsenz ihrer selbst bewußter Beobachter abhängt. Dieses Weltall zu durchforschen und zu verstehen, das ist die Aufgabe der Naturwissenschaften.

Sobald der Mensch sich mit der Außenwelt intellektuell auseinandersetzt, tut er dies im Rahmen eines Begriffssystems, das, wie primitiv auch immer, er selbst geschaffen hat. Ein Satz wie „Wenn der Ball losgelassen wird, so fällt er immer gegen die Erde" setzt voraus, daß wir wissen, was ein Ball ist, daß wir gewisse Arten möglicher Bewegung als separierbare Klassen des Verhaltens materieller Körper anerkennen und daß wir wissen, was wir unter „Erde" verstehen. Der obige Satz setzt dann diese bereits gebildeten Begriffe miteinander in Beziehung. Schließlich stellt die Behauptung „immer" eine Extrapolation einer notwendigerweise endlichen Reihe von Versuchen bzw. Beobachtungen dar. Daß solche Extrapolationen tatsächlich erfolgreich sind, ist eine von uns nur sehr teilweise verstandene Eigentümlichkeit des Weltalls, von Einstein so apostrophiert: „Der Wunder größtes ist, daß es keine Wunder gibt."

Diese Regelmäßigkeit der Natur, die Tatsache, daß es eine immer größere Anzahl von uns erkannter kausaler Verknüpfungen gibt („Wenn immer, ..., dann ...") macht systematische Erforschung erst möglich. Insofern ist die Existenz von Naturgesetzen eine unvermeidliche Voraussetzung für die Existenz der Naturwissenschaften. Statistische Gesetze, wie sie von der Quantentheorie postuliert werden, und an deren Entdeckung der junge Einstein führend beteiligt gewesen war, können nach ihm keine letztgültige Wahrheit beanspruchen, sie müssen seiner Ansicht nach auf mangelhafter Beschreibung oder Kenntnis des Zustands eines physikalischen Systems beruhen. Bis zu seinem Lebensende bemühte sich Einstein, vergeblich, über den statistischen Charakter der Quantengesetze hinauszukommen. Er war bereit, die logische Geschlossenheit der Quantentheorie zuzugeben, aber er bezweifelte ihre ultimative Wahrheit.

Einsteins hauptsächliche Bemühungen in den letzten vier Jahrzehnten seines Lebens galten der einheitlichen Feldtheorie. Er hat wahrscheinlich an fast allen Typen selbst gearbeitet, sein Ideenreichtum war schier unerschöpflich. Trotzdem war er keineswegs davon überzeugt, daß die Idee des stetigen und differenzierbaren Felds den entscheidenden Fortschritt in der theoretischen Physik bringen würde. Leidenschaftlich glaubte er an strenge (nicht statistische) Kausalität in der Natur. Aber er war gern bereit, die Möglichkeit von anderen Strukturen als Feldern zuzugeben, die etwa aus diskreten, nicht kontinuierlichen Elementen aufgebaut seien. Er empfand, daß seine Erfahrungen es ihm eher ermöglichen könnten, mit Feldbegriffen vorwärts zu kommen als mit irgendetwas anderem.

Zusammen mit Infeld und Hoffmann vervollkommnete Einstein die allgemeine Relativitätstheorie selbst, während der Jahre, die ich in Princeton verbrachte. Mit diesen Mitarbeitern zeigte er, daß in dieser Theorie die Feldgesetze die Quellen des Schwerefelds zwingen, sich längs streng vorgeschriebener Bahnen zu bewegen. Heute wissen wir, daß jede Feldtheorie, die keine bevorzugten Bezugssysteme zuläßt, diese Eigenschaft hat, aber speziell-relativistische Theorien nicht.

Es gibt noch eine Reihe weiterer Arbeiten aus Einsteins späten Lebensjahren, die wesentliche Beiträge zum Verständnis der allgemeinen Relativitätstheorie darstellen. Bis zu seinem Lebensende vereinigte er einen Blick für das wesentliche mit analytischer Brillianz und schöpferischer Kraft. Unter den großen Wissenschaftlern des zwanzigsten Jahrhunderts ragt Einstein empor als ein Theoretiker, der aus einer einheitlichen Sicht der Natur und der Forschung auf einer großen Anzahl von Gebieten grundlegend Neues geschaffen hat.

Kosmologie

Dennis W. Sciama

I. Einleitung

Man könnte behaupten, daß die rationale Beschreibung des Universums in seiner Gesamtheit die vielleicht bedeutendste wissenschaftliche Entdeckung des 20. Jahrhunderts ist. Denn was könnte wichtiger sein als alles zu verstehen, was es überhaupt gibt? Das entscheidende Werkzeug, welches eine solche rationale Beschreibung ermöglicht, ist Einsteins allgemeine Relativitätstheorie. Sie erlaubt es uns, den Aufbau des Universums in Raum und Zeit erstmals in dynamisch konsistenter Weise darzustellen. Die Newtonsche Theorie, welche von globalen Inertialsystemen ausging, war dazu nicht imstande. Zwar wurden in den Dreißigerjahren sogenannte Newtonsche Weltmodelle konstruiert, die eine große Ähnlichkeit mit den relativistischen Modellen aufwiesen, doch war dies nur unter der Verwendung von zueinander beschleunigten Bezugssystemen möglich, die der Newtonschen Begriffswelt widersprechen. Überdies war eine befriedigende Beschreibung der Lichtfortpflanzung in den Newtonschen Modellen nicht durchführbar. Da für den Astronomen Licht- und Radiowellen die wesentlichsten Grundlagen zur Erforschung des Universums darstellen, ist diese Unzulänglichkeit katastrophal.

Bereits kurz nach der Aufstellung der Feldgleichungen der allgemeinen Relativitätstheorie zeigte Einstein[1] im Jahre 1917, daß seine neue Theorie das Universum in seiner Gesamtheit erfassen konnte. Damals war die Expansion des Universums noch unbekannt und es war daher selbstverständlich, daß Einstein versuchte, ein statisches Modell des Universums zu entwerfen. Dazu war es jedoch notwendig, die Feldgleichungen der allgemeinen Relativitätstheorie durch die Hinzunahme des sogenannten "kosmologischen Terms" zu ergänzen, um der anziehenden Gravitationskraft eine entsprechende Abstoßung entgegenzusetzen, die ein statisches Universum ermöglicht. Später nannte Einstein diese Modifikation seiner Feldgleichungen "die größte Dummheit meines Lebens"[2].

---

1 *A. Einstein*, „Kosmologische Betrachtungen zur allgemeinen Relativitätstheorie". Preuss. Akad. Wiss. Berlin, Sitzungsber. S. 142, 1917.
2 *A. Einstein*, zitiert von G. Gamow "My World Line", S. 44 (Viking Press, New York) 1970.

Zwei weitere Ideen dieser ersten Arbeit über relativistische Kosmologie sind bis heute von bleibendem Einfluß auf die Entwicklung der Forschung: Die erste Idee erscheint vielleicht trivial, sie ist aber dennoch von fundamentaler Bedeutung. Um eine exakte Lösung der Feldgleichungen zu erhalten, entwarf Einstein nämlich ein Modell, in dem die Materie durch ein kontinuierliches Medium beschrieben wird, welches sowohl homogen, als auch isotrop ist. Damit entstand das erste hochsymmetrische Modell des Universums. Später zeigte sich, worauf wir noch zurückkommen, daß das Universum im Großen tatsächlich weitgehend homogen und isotrop ist. Einsteins Artikel zur Kosmologie enthält aber noch eine zweite grundlegende und tiefliegende Idee. Er nützte die nicht-Euklidische Geometrie seiner Theorie aus, um ein Modell zu konstruieren, in dem der Raum in jedem Zeitpunkt endlich, aber unbegrenzt ist - das dreidimensionale Analogon einer Kugeloberfläche. Damit wurde nicht nur die Geometrie des Raumes, sondern auch seine Topologie - also seine Eigenschaften im Großen - zum Gegenstand physikalischer Forschung.

Den nächsten großen Schritt verdanken wir dem russischen Meteorologen Alexander Friedmann[3]. Er zeigte im Jahre 1922, daß es möglich ist, eine Klasse von homogenen und isotropen Weltmodellen zu konstruieren, falls man nicht auf einem statischen Universum besteht. Dabei sind sowohl Modelle mit, als auch ohne kosmologischen Zusatzterm möglich. Die „Friedmann-Modelle" führen auf eine systematische Expansion bzw. Kontraktion des Universums. Wegen der Symmetrieannahmen, die den Modellen zugrundeliegen, ist die Relativgeschwindigkeit der Expansion bzw. der Annäherung zweier Raumgebiete proportional zu ihrer relativen Entfernung. (Dies gilt nicht bei sehr großen Entfernungen, bei denen weitere relativistische Effekte auftreten, sobald sich die Relativgeschwindigkeit der Lichtgeschwindigkeit nähert.) Zwei Jahre nach der Aufstellung der nicht statischen Modelle des Universums machten die Astronomen die entscheidende Entdeckung, daß sich der Andromeda-Nebel außerhalb unseres Milchstraßensystems befindet, (was bereits zuvor vermutet worden war). Dies war der erste Schritt zum empirischen Verständnis des beobachtbaren Universums, und wir wollen diese Frage im folgenden diskutieren.

II. Das beobachtbare Universum

Bereits im 19. Jahrhundert wurden viele Spiralnebel beobachtet. Die Astronomen waren sich nicht einig, ob diese Nebel dem Milchstraßensystem angehören, oder außerhalb dieses Systems liegen und vielleicht sogar eigene Milchstraßen bilden. Im Jahre 1917 hatte man bereits die Geschwindigkeiten einiger Spiralnebel durch Doppler-Effekt-Messungen be-

---

[3] *A. Friedmann*, „Über die Krümmung des Raumes". Z. Phys. 10, S. 377, (1922).

Kosmologie

stimmt. Es war bekannt, daß sich die meisten Nebel mit viel größeren Geschwindigkeiten von der Sonne entfernen, als dies für einzelne Sterne üblich ist. Die Messungen ergaben hunderte von Kilometern pro Sekunde, anstatt der sonst üblichen zehnmal kleineren Geschwindigkeiten für Sterne. Im Jahre 1924 gelang dann Edwin Hubble[4] der entscheidende Schritt. Er zeigte, daß der Spiralnebel in Andromeda definitiv außerhalb der Milchstraße liegt. Zusammen mit anderen Astronomen arbeitete er ein großes Programm aus, um die Entfernungen und Bewegungen von Spiralnebeln oder Galaxien, wie sie später genannt wurden, zu messen. Hubble entwickelte ein Bild des Universums, das wir heute noch mehr oder weniger akzeptieren. Darin treten Galaxien in Gruppen und Haufen unterschiedlicher Größe auf, wobei unsere Milchstraße z.B. zu einer lokalen Gruppe gehört, die rund 20 Galaxien enthält. Mittelt man über große Entfernungen, also über Raumgebiete, die einige hundert Galaxien enthalten, so scheint es keine wesentlichen Abweichungen von der homogenen und isotropen Verteilung der Materie im Universum zu geben.

Wir haben hier begonnen, ein Bild des Universums zu entwerfen, in dem Haufen von Galaxien die letzten und größten Bausteine sind. Hubbles wichtigster Beitrag zur Kosmologie war jedoch die Entdeckung einer umfassenden Expansion des Systems von Galaxien. Im Jahre 1929 formulierte er erstmals das berühmte Hubble-Gesetz[5], wonach die Fluchtgeschwindigkeiten der Galaxien proportional zu ihrer Entfernung sind. Dies

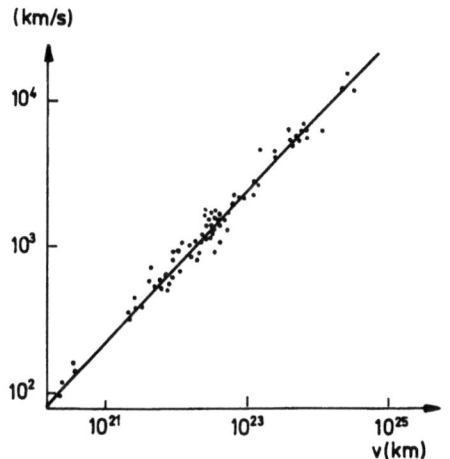

Bild 1
Das Hubble Gesetz; die Galaxien entfernen sich von uns mit einer Geschwindigkeit die proportional ihrer Entfernung von der Erde ist. (Für die Umrechnung der scheinbaren Helligkeit in Entfernung liegt ein Wert der Hubble-Konstante $H = 1,6 \cdot 10^{-18} s^{-1}$ zugrunde.)

4 E. P. Hubble, "NGC 6822 a remote stellar system" Astrophys. J. 62, S. 409, (1925).
5 E. P. Hubble, "A relation between distance and radial velocity among extragalactic nebulae" Proc. Nat. Acad. Sci. U.S. 15, S. 169 (1929).

geschah sieben Jahre nach Friedmanns Entdeckung der nichtstatischen kosmologischen Lösungen der allgemeinen Relativitätstheorie. Damit hatte die beobachtende Astronomie die Theoretiker endlich eingeholt!

In den folgenden Jahren wurden sowohl die Beobachtungen, als auch die Theorie systematisiert und sie erlangte etwa Mitte der Dreißigerjahre eine endgültige und abschließende Form. Im Jahre 1936 publizierte Hubble[6] sein Buch "Das Reich der Nebel" und noch im selben Jahr gaben H. P. Robertson[7] und A. G. Walker[8] eine systematische Darstellung aller homogenen und isotropen Modelle der allgemeinen Relativitätstheorie. Diejenigen Modelle, welche Lösungen der Feldgleichungen ohne den kosmologischen Term entsprechen, beginnen alle mit einem singulären Augenblick unendlicher Dichte vor endlicher Zeit. Einige von ihnen expandieren für immer, während andere schließlich wieder zu einer Singularität mit unendlicher Dichte rekontrahieren. Die verschiedenen Fälle unterscheiden sich dabei durch die Gesamtmasse und durch die Dichte der Strahlung, die im Universum enthalten ist. Den Übergang zwischen diesen beiden Arten von Modellen bildet ein Universum, das zwar für alle Zeiten expandiert, bei dem jedoch die Expansionsrate für große Zeiten gegen Null strebt. Dieses spezielle Modell wurde besonders von Einstein selbst, aber auch von W. de Sitter[9], in einer gemeinsamen Arbeit im Jahre 1932 befürwortet und ist heute unter dem Namen Einstein-de Sitter-Modell bekannt. Die Beobachtungen lassen bis heute noch keine Entscheidung darüber zu, ob unser Universum tatsächlich für alle Zeiten expandieren wird.

III. Die kosmische Hintergrundstrahlung

Die folgenden dreißig Jahre waren eine Periode der Konsolidierung der Theorie. Vielleicht war die interessanteste Idee in dieser Zeit ein Vorschlag von H. Bondi[10], T. Gold und F. Hoyle[11] aus dem Jahre 1948. Sie stellten die Hypothese auf, daß sich das Universum trotz der Expansion in einem stationären Zustand befindet, wobei ständig Materie in hinreichender Menge neu geschaffen wird, um die mittlere Dichte konstant

---

6 E. P. Hubble, "The Realm of the Nebulae" New Haven, Yale Univ. Press, 1936.
7 H. P. Robertson, "Kinematics and world structure" Astrophys. J. 82, S. 248, (1935).
8 A. G. Walker, "On Riemannian spaces with spherical symmetry about a line and isotropy in general relativity", J. Math. Oxford Ser. 6, 81 (1935).
9 A. Einstein, W. de Sitter, "On the relation between the expansion of the universe", Proc. Nat. Acad. Sci. 18, 213 (1932).
10 H. Bondi und T. Gold, "The steady-state theory of the expanding universe" Mon. Not. R. Astron. Soc. 108, S. 252 (1948).
11 F. Hoyle, "A new model for the expanding universe" Mon. Not. R. Astron. Soc. 108, S. 372, (1948).

zu halten. Dadurch gäbe es zwar in jeder lokalen Region des Universums eine Evolution, das Universum in seiner Gesamtheit würde aber einen stationären Zustand aufweisen. Dadurch würde sich auch die Frage nach dem singulären Ursprung des Universums vor endlicher Zeit erübrigen. Nach den damaligen Schätzungen von Edwin Hubble sollte nämlich dieser singuläre Augenblick nur wenige Milliarden Jahre zurückliegen. Diese Zeitspanne war kürzer als die besten Abschätzungen des Alters der Erde, der Sonne und der Milchstraße, die damals verfügbar waren. Dies brachte die Kosmologie in eine unangenehme Lage. Hubbles Abschätzungen wurden seither ständig nach oben korrigiert, und heute besteht kein Widerspruch mehr zwischen den verschiedenen Zeitskalen. Obgleich damit der ursprüngliche Grund für die Einführung der "Steady-State"-Theorie weggefallen ist, wäre diese Alternative zur allgemeinen Relativitätstheorie auch heute noch von grundlegender Bedeutung, wenn nicht im Jahre 1965 eine weitere Entdeckung die Geschichte der Kosmologie verändert hätte: Damals entdeckten A. A. Penzias[12] und R. W. Wilson durch Zufall ein Rauschen im Radiobereich bei einer Wellenlänge von rund 3 cm, das nicht auf irdische Quellen zurückzuführen ist.

Bild 2
Penzias und Wilson vor der Hornantenne, mit der sie die kosmische Hintergrundstrahlung entdeckten. Sie erhielten dafür den Nobelpreis für Physik 1978.

---

12 *A. A. Penzias und R. W. Wilson*, "A measurement of excess antenna temperature at 4080 Mc/s", Astrophys. J. 142, S. 419 (1965).

Diese scheinbar harmlose Entdeckung stellte sich in der Folge als die wichtigste Beobachtung über das Universum in seiner Gesamtheit seit der Auffindung des Hubble-Gesetzes heraus. Spätere Messungen des Spektrums des Radiorauschens zeigten, daß es sich dabei um Strahlung im thermischen Gleichgewicht handelt, die dem Planckschen Strahlungsgesetz mit einer Temperatur von rund 3 K entspricht. Diese Entdeckung hatte zahlreiche Auswirkungen auf die Kosmologie, und es ist bedauerlich, daß Einstein sie nicht mehr erleben durfte, besonders da einige seiner wichtigsten frühen Arbeiten auf dem Gebiet der Physik sich mit den fundamentalen Eigenschaften der schwarzen Strahlung beschäftigten.

Die kosmologische Bedeutung der Entdeckung von Penzias und Wilson wurde von R. H. Dicke, P. J. E. Peebles, P. G. Roll und D. T. Wilkinson[13] noch vor der Messung der Spektralverteilung der Strahlung hervorgehoben. Sie gingen von der üblichen Annahme aus, daß das Universum sich aus einem sehr dichten Anfangszustand heraus entwickelte. Ihre Überlegungen erforderten aber, daß das Universum anfänglich außerdem noch sehr heiß gewesen sein mußte, da sich die schwarze Strahlung abkühlt, während das Universum expandiert. Der heutigen 3-K-Strahlung entspricht demnach einige hundert Sekunden nach der Entstehung des Universums in einem „Urknall" eine Temperatur von rund 10^9 K. Tatsächlich hatten G. Gamow[14]. R. A. Alpher und R. C. Herman[15] bereits früher angenommen, daß die Temperatur des Universums kurz nach dem Urknall sehr hoch gewesen sein sollte, und daß diese Wärme bis heute überdauert haben könnte. Ihren Argumenten lag eine Studie über Kernreaktionen zugrunde, welche möglicherweise in der heißen, frühen Phase des Universums stattgefunden hatten, und in denen die schweren Elemente aus den leichteren Elementen entstanden waren. Damit versuchten sie eine Erklärung für die heutige Verteilung der Elemente in der Milchstraße zu finden. Ihre Argumente waren jedoch in der Zwischenzeit in Vergessenheit geraten, vor allem da eine andere Theorie, nach der die schweren Elemente bei Supernova-Explosionen entstehen sollten, sich als erfolgreich erwiesen hatte.

In dieser Situation lag eine gewisse Ironie. Die Motivation für die Entstehung der Supernova-Theorie für die Bildung der schweren Elemente war gerade die "Steady-State"-Theorie, in der es keine heiße und dichte Anfangsphase des Universums gibt. Diese Theorie wurde nun durch die Entdeckung der 3-K-Hintergrundstrahlung selbst extrem unwahrscheinlich. Im heutigen Zustand des Universums könnte nämlich eine überschüssige Strahlung nicht durch Wechselwirkung mit Materie in thermische Strahlung umgewandelt

---

13 *R. H. Dicke, P. J. Peebles, P. G. Roll und D. T. Wilkinson*, "Cosmic-black-body radiation" Astrophys. J. 142, S. 414 (1965).
14 *G. Gamow*, "The evolution of the universe" Nature 162, S. 680, (1948).
15 *R. A. Alpher und R. C. Herman*, "Evolution of the universe" Nature 162, S. 774 (1948)

werden. Dazu ist ein Entwicklungszustand des Universums notwendig, der eine höhere Materiedichte aufweist. In der Geschichte des Universums gab es die erforderliche Materiedichte zum letzten Mal rund 300 Jahre nach dem Urknall, zu einem Zeitpunkt, in dem das Universum rund 10^{15} mal dichter als heute war. Die Messung des thermischen Spektrums der kosmischen Hintergrundstrahlung bedeutet damit eine direkte Beobachtung von Vorgängen, die sich ereigneten, als die mittlere Dichte im Universum den heutigen Wert um den Faktor 10^{15} übertraf. Offensichtlich wird eine "Steady-State"-Theorie durch diese Argumente ausgeschlossen.

Eine weitere Ironie der heutigen Situation liegt darin, daß die Supernova-Theorie auch jetzt noch die überzeugendste Erklärung des Ursprungs der schweren chemischen Elemente ist. Sie kann aber den Ursprung der leichtesten Elemente, nämlich von Helium und Deuterium, nicht erklären. Es ist fast sicher, daß der Hauptanteil des heute beobachteten Heliums in Kernreaktionen entstanden ist, die sich rund 100 Sekunden nach der Entstehung des Universums im „Urknall" ereigneten, wobei die Temperatur rund 10^9 K betrug. Es ist weniger gesichert, doch höchst wahrscheinlich, daß das meiste Deuterium ebenfalls zu diesem Zeitpunkt produziert wurde. Diese Tatsache ist für die Kosmologie von besonderer Bedeutung. Die beobachtete Dichte des Deuteriums kann nämlich durch die Theorie - zumindest in ihrer einfachsten Form - nur erklärt werden, wenn die mittlere Massendichte so gering ist, daß sie zu einem Universum führt, welches für alle Zeiten expandiert. Diese Schlußfolgerung ist jedoch nicht eindeutig, und kann durch die Wahl komplizierterer kosmologischer Modelle umgangen werden.

Die letzte Eigenschaft der 3-K-Hintergrundstrahlung, die wir erwähnen wollen, ist ihre Isotropie. Messungen haben gezeigt, daß die beobachtete Temperatur nicht von der Beobachtungsrichtung abhängt (sieht man von sehr kleinen Effekten ab, die durch die Erdbewegung relativ zum Hintergrund entstehen), wobei die Genauigkeit dieser Messung 1 : 3000 beträgt[16]. Dies ist bei weitem die genaueste Messung, die jemals in der Kosmologie gemacht wurde. Zwei ihrer Konsequenzen sollen hier besprochen werden: Zunächst können wir schließen, daß das Universum über große Distanzen hochgradig homogen und isotrop sein muß. Anderenfalls würde die Hintergrundstahlung auf ihrem Weg zu uns durch Gravitationsfelder gestört werden, die zu einer Anisotropie der Temperaturverteilung führen würden. Die Annahme der Homogenität und Isotropie des Universums, die zunächst nur zur Erleichterung der Lösung der Einsteinschen Feldgleichungen gemacht wurde, erweist sich damit als ausgezeichnete Darstellung der Realität. Warum das Universum so hochgradig symmetrisch ist, bleibt ein Mysterium.

---

16 G. M. Smoot, M. V. Gorenstein und R. A. Müller, "Detection of anisotropy in the cosmic blackbody radiation", Phys. Rev. Lett. 39, 14, S. 898 (1977).

Die Isotropie der kosmischen Hintergrundstrahlung hat noch eine zweite Konsequenz. In Verbindung mit einem Theorem, welches von Hawking und Penrose[17] bewiesen wurde (Singularitäten-Theorem), kann man zeigen, daß nach der klassischen (nicht quantisierten) allgemeinen Relativitätstheorie der Beginn des Universums im Urknall tatsächlich eine Singularität war. Dieses Ergebnis bedeutet natürlich nichts anderes, als daß die Theorie selbst für die Frühzeit des Universums zusammenbricht und unanwendbar wird. Damit kommen wir zu einer Krise der allgemeinen Relativitätstheorie, die sich aus theorieinternen Gründen ergibt. Es ist bis heute nicht bekannt, wie diese Krise überwunden werden kann. Vielleicht wird sich bei der Umformung der allgemeinen Relativitätstheorie, die erforderlich ist, um diese Theorie mit der Quantenphysik in Einklang zu bringen, das Problem der Singularität von selbst beheben. Vielleicht werden aber auch radikalere Schritte erforderlich sein. Da wir noch keine Methode zur Quantisierung der allgemeinen Relativitätstheorie kennen, bleibt das Problem ungelöst.

Das frühe Universum konfrontiert uns mit einem physikalischen Laboratorium, in dem die Situation so extrem ist, daß selbst die großartigste Theorie von Raum, Zeit und Gravitation, die wir bisher kennen, die Lage nicht vollständig bewältigen kann. Ich bin sicher, daß Einstein anläßlich seines Jubiläums diese Tatsache weit mehr betont haben würde, als alle Triumphe seiner großartigen Theorie.

---

17 *S. W. Hawking und R. Penrose*, "The singularity of gravitational collapse and cosmology", Proc. R. Soc. London A 314, S. 529 (1969).

Gravitationsstrahlung

Joseph Weber

Einleitung

Die allgemeine Relativitätstheorie sagt voraus, daß sich Veränderungen des Gravitationsfeldes mit Lichtgeschwindigkeit fortpflanzen. Beschleunigt bewegte Massen sollten im allgemeinen Energie und Impuls in Form von Gravitationswellen abstrahlen.

Die Beobachtung dieser Strahlen ist aus verschiedenen Gründen wichtig: Es gibt heute mehrere Theorien der Gravitation, die sich unter anderem durch die Art der aus ihnen folgenden Gravitationswellen unterscheiden. Die Beobachtung der Strahlung kann daher zur Überprüfung und Unterscheidung der Gravitationstheorien herangezogen werden. Auch wird Gravitationsstrahlung von Materie viel schwächer absorbiert, als jede andere Art von Strahlung. Gravitationsstrahlung könnte deshalb die Beobachtung astronomischer Phänomene ermöglichen, die nicht genügend Licht, Radio- oder Röntgenstrahlung aussenden, oder auch durch dazwischen liegende Dunkelwolken verdeckt werden. Deshalb sind Gravitationswellen eine völlig neue Informationsquelle über das Universum.

Die direkteste und vielleicht auch befriedigendste Art Gravitationswellen zu beobachten, wäre ein Nachvollzug der Pionierarbeiten von Hertz, Röntgen und Barkla. Der Aufbau von Strahlungsquellen und entsprechenden Detektoren für Gravitationswellen ist jedoch mit den Mitteln der heutigen Technologie noch nicht möglich. Der Grund dafür ist die Kleinheit der Gravitationskonstante. Während es im Labor leicht möglich ist, mit beschleunigten Elektronen Licht zu erzeugen, liegt eine entsprechende Quelle meßbarer Gravitationswellen derzeit noch außerhalb des Bereiches technischer Möglichkeiten. Die Gravitationskraft, die ein Elektron auf ein anderes ausübt, ist ja 10^{-43} mal schwächer als die elektrische Kraft. Dieses Verhältnis der Kräfte überträgt sich auch auf die Strahlungsraten. Deshalb ist die Gravitationsstrahlung von Elektronen um den Faktor 10^{-43} schwächer als die elektromagnetische Strahlung.

Die Ergebnisse der modernen Elementarteilchenphysik lassen vermuten, daß die Gravitation durch Gravitationsquanten, die Gravitonen, übertragen wird. Der Zusammenhang zwischen Gravitonen und Gravitationswellen ist ähnlich demjenigen von Photonen und elektromagnetischen Wellen. Auch hier hat die Kleinheit der Gravitationswechselwirkung es bisher unmöglich gemacht, Experimente zur Quantenphysik der Gravitation durchzuführen.

Aus diesen Gründen haben wir uns bei der Planung von Experimenten über Gravitationswellen entschlossen, auf die großen Massen astronomischer Objekte zurückzugreifen, und zu versuchen die von ihnen ausgehenden Gravitationswellen zu entdecken. Unsere ganze Anstrengung haben wir dem Entwurf völlig neuartiger Antennen für Gravitationsstrahlung, und ihrer technischen Entwicklung gewidmet.

Die Gravitationswellen-Antenne

Die allgemeine Relativitätstheorie vereinheitlicht Geometrie und Gravitation. In der geometrischen Formulierung wird die Gravitation durch die Krümmung der vierdimensionalen Raum-Zeit beschrieben. Ist eine Region frei von Gravitationsfeldern, so ist die Geometrie euklidisch. Für ein aus drei Lichtstrahlen gebildetes Dreieck (Bild 1) ist die Winkelsumme 180°. Befindet sich aber ein Körper, z.B. die Sonne, innerhalb des Dreiecks (Bild 2), so sind die Lichtstrahlen gekrümmt und die Winkelsumme ist größer als 180°. In diesem Fall sprechen wir von einem gekrümmten Raum.

Bild 1
Dreieck gebildet aus Lichtstrahlen im euklidischen gravitationsfreien Raum.

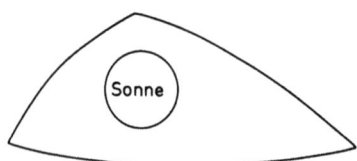

Bild 2
Dreieck gebildet aus Lichtstrahlen im, durch das Gravitationsfeld der Sonne, gekrümmten Raum.

Gravitationsstrahlung

In einer Gravitationswelle breitet sich eine derartige Raumkrümmung mit Lichtgeschwindigkeit aus. Für ebene Gravitationswellen sind die Flächen konstanter Phase euklidische Ebenen, die senkrecht zur Ausbreitungsrichtung stehen. Blickt man zu einem gegebenen Zeitpunkt in die Ausbreitungsrichtung der Welle, so erhält man eine Veränderung der Raumkrümmung, wie sie Bild 3 zeigt. Gebiete mit positiver Raumkrümmung sind im Abstand von jeweils einer halben Wellenlänge von Gebieten mit negativer Raumkrümmung getrennt. Diesen Effekt kann man zur Suche nach Gravitationswellen ausnützen. Dazu mißt man die Winkelsumme in kleinen Dreiecken, die aus Lichtstrahlen gebildet werden. Als Quelle von Gravitationswellen, die auf diese Art entdeckt werden könnten, kämen nahe gelegene Doppelsternsysteme mit einer Periode von einigen Stunden in Frage. Diese Quellen erzeugen jedoch nur Abweichungen der Winkelsumme von 180°, die in kleinen Dreiecken bei etwa 10^{-40} rad liegen. Die Messung einer derartig unglaublich kleinen Größe liegt weit außerhalb unserer technischen Möglichkeiten.

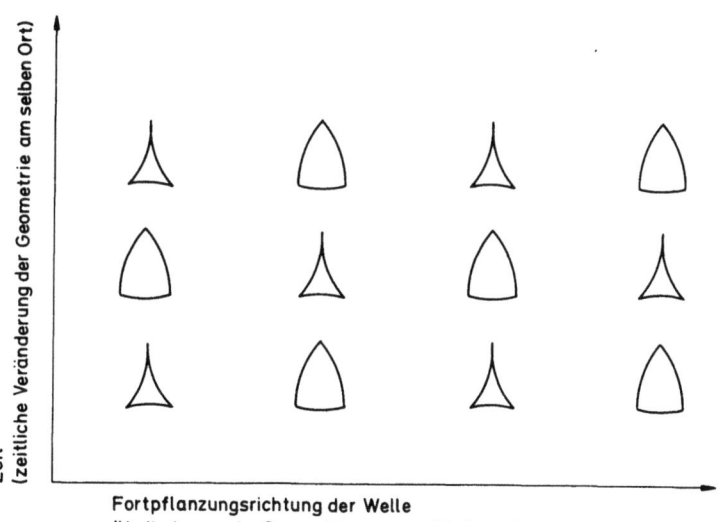

Bild 3
Die Veränderung der Geometrie durch eine Gravitations-Welle: In Ausbreitungsrichtung der Welle wechseln Gebiete mit positiver und negativer Raumkrümmung.

Antennen für Gravitationswellen müssen daher von anderen Effekten ausgehen. Besonders geeignet ist dabei die von den Gravitationskräften hervorgerufene Gezeitenwirkung. Beispielsweise variiert das Gravitationsfeld des Mondes von Ort zu Ort auf der Erde. Auf der Erde wirken deshalb unterschiedliche Gravitationskräfte, welche die Form der Erde verzerren und so zu den Gezeiten, sowohl des Festlandes als auch der Meere führen. In einer detaillierten Analyse der Einsteinschen Gleichungen konnte ich 1958 zeigen, daß ähnliche Effekte auch durch eine Gravitationswelle bei ausgedehnten Körpern auftreten. Tatsächlich läßt sich aus Messungen der Gezeiten die Krümmung der Raum-Zeit bestimmen. Um dies durchzuführen, war es zunächst notwendig, eine exakte Lösung der Einsteinschen Gleichungen der Gravitation für die Gravitationswellen-Antenne zu berechnen. Die Gezeitenkräfte der Gravitationswellen erzeugen in einem Festkörper innere Spannungen, welche sich zeitlich mit der Frequenz der Welle verändern. Durch Messungen dieser Spannungen kann man die Krümmung der Raum-Zeit bestimmen. Für bestimmte elastische Festkörper sind die erzeugten Spannungen um ein Vielfaches größer als die entsprechenden Effekte bei den oben besprochenen Dreiecken.

Die Untersuchungen zeigten auch, daß der Abstand zwischen zwei kräftefreien Massen durch eine Gravitationswelle beeinflußt wird. Es ist deshalb naheliegend, ein Michelson-Interferometer zur Suche nach Gravitationswellen zu verwenden. Dabei muß die Veränderung des Abstandes der Spiegel gemessen werden, die durch die veränderliche Raum-Zeitkrümmung verursacht wird. Ein derartiges Interferometer wurde erstmals von Dr. Robert L. Forward in Maryland entwickelt.

Zylinderantennen für den Kilohertz-Bereich

Im Jahre 1959 haben wir uns entschlossen, Antennen in der Form von großen Metallzylindern zu konstruieren (Bild 4). Fällt eine Gravitationswelle senkrecht zur Zylinderachse ein, so wird die Länge des Zylinders periodisch verändert. Die erzeugten Spannungen werden mittels Piezo-Kristallen in elektromagnetische Signale verwandelt und nach geeigneter Verstärkung gemessen. Das Bild zeigt die auf der Zylinderoberfläche aufgeklebten Piezo-Kristalle.

Allerdings sind Gravitationswellen nur eine von vielen möglichen Ursachen, die Spannungen im Zylinder und Signale im Ausgang einer Gravitationswellen-Antenne erzeugen können. Bodenschwingungen und andere Arten von Geräuschen und Störungen führen zu Signalen im Ausgang der Gravitationswellen-Antenne, die von echten Gravitationswellen unterschieden werden müssen.

Um die Antenne von Bodenschwingungen zu isolieren, ist der Zylinder in einem Schwingungsknoten aufgehängt, wobei die Aufhängung auf einer

Bild 4
Die Antenne der Universität von Maryland für den Kilohertzbereich.

Anordnung akustischer Filter steht. Eine elektrische Abschirmung dient zur Reduzierung der lokalen elektromagnetischen Störungen.

Wenn auch alle äußeren Störungen genügend klein gehalten werden können, so verbleibt doch stets das durch thermische Bewegung verursachte innere Rauschen des Zylinders. Für eine Masse von einer Tonne, führt das Rauschen bei Raumtemperatur zu einer Verschiebungsamplitude der beiden Endflächen, die rund 10^{-14} cm beträgt. Mit einer Antenne von 1 m Länge könnte man, bei ausreichender Reduzierung aller anderen Störungen, Längenänderungen messen, die viel kleiner als der Durchmesser eines Atomkernes sind. Bild 4 zeigt eine auf diesen Ideen beruhende Gravitationswellen-Antenne, mit der längere Zeit hindurch vollautomatisch Signale registriert werden konnten (Bild 5).

Antennen mit verbesserter Empfindlichkeit

Durch Abkühlen der Antenne kann man das innere Rauschen stark verringern. Dadurch wird es möglich, noch kleinere Längenänderungen des Zylinders meßbar zu machen. Die Empfindlichkeit der Antenne kann auch durch die Verwendung einiger exotischer Materialien verbessert werden. So können etwa große Einkristalle aus Saphier oder Quarz wegen des fast perfekten Aufbaus dieser Festkörper zu Messungen herangezogen werden. Forschungsprogramme in aller Welt beschäftigen sich mit der Entwicklung dieser Antennen.

Die Suche nach Gravitationsstrahlung bei Kilohertz-Frequenzen

Die Suche nach Gravitationswellen wurde in den Jahren 1969 bis 1975 mit den beschriebenen Antennen durchgeführt. Da die zu erwartenden Signale sehr selten sind und große lokale Störungen fallweise auftreten können, ist es notwendig nach Koinzidenzen im Ausgang zweier voneinander weit entfernter Antennen zu suchen. Viele derartige Untersuchungen wurden durchgeführt. Die Forschungsgruppe an der Universität von Maryland beobachtete dabei eine bedeutende Anzahl von Signalen. Einige andere Forschungsgruppen konnten diese Beobachtungen jedoch nicht bestätigen. Eine Gruppe in Tokio, sowie eine Forschungsgruppe in München und Rom hatten eine kleinere Anzahl von Signalen empfangen. Die Ergebnisse der Suche nach Gravitationswellen sind daher nach unserem heutigen Wissensstand widersprüchlich und kontroversiell.

Bei weiterer Verbesserung der Empfindlichkeit der Antennen besteht jedoch die Hoffnung, daß Laboratorien in der ganzen Welt die Gravitationswellen erfolgreich nachweisen, welche von Quellen in einer Entfernung bis etwa zum Virgo Haufen stammen.

Gravitationsstrahlung

EVIDENCE FOR DISCOVERY OF GRAVITATIONAL RADIATION*

J. Weber
Department of Physics and Astronomy, University of Maryland, College Park, Maryland 20742
(Received 29 April 1969)

> Coincidences have been observed on gravitational-radiation detectors over a base line of about 1000 km at Argonne National Laboratory and at the University of Maryland. The probability that all of these coincidences were accidental is incredibly small. Experiments imply that electromagnetic and seismic effects can be ruled out with a high level of confidence. These data are consistent with the conclusion that the detectors are being excited by gravitational radiation.

Some years ago an antenna for gravitational radiation was proposed.[1] This consists of an elastic body which may become deformed by the dynamic derivatives of the gravitational potentials, and its normal modes excited. Such an antenna measures, precisely, the Fourier transform of certain components of the Riemann curvature tensor, averaged over its volume. The theory has been developed rigorously, starting with Einstein's field equations to deduce[2] equations of motion. Neither the linear approximation nor the energy-flux relations are needed to describe these experiments, but their use enables discussion in terms of more familiar quantities. All aspects of the antenna response and signal-to-noise ratio can be written in terms of the curvature tensor. The theory was verified experimentally by developing a high-frequency source[3] and producing and detecting dynamic gravitational fields in the laboratory.

Several programs of research are being carried out. One employs laboratory masses in the frequency range 1-2 kHz.[4] Another is concerned with expected gravitational radiation from the pulsars.[5] Some designs for such antennas suggest a pulsar detection range approaching 1000 pc. A third class of antennas employs the quadrupole modes of the earth,[1] the moon, and planets[6] for the range 1 cycle/h to 1 cycle/min. This array is a new set of windows for studying the universe.

Search for gravitational radiation in the vicinity of 1660 Hz.—A frequency in the vicinity of 1660 Hz was selected because the dimensions are convenient for a modest effort and because this frequency is swept through during emission in a supernova collapse. It was expected that once the technology was refined, detectors could be designed for search for radiation from sources with radio or optical emission, such as the pulsars. A knowledge of the expected frequency and Q of a source enormously increases the probability of successful search.

However, occasional signals were seen at 1660 Hz and small numbers of coincidences were observed on detectors[7,8] separated by a few kilometers. To explore these phenomena further, larger detectors were developed. One of these is now operating at Argonne National Laboratory. My definition of a coincidence is that the rectified outputs of two or more detectors cross a given threshold in the positive direction within a specified time interval. For the present experiments the time interval was 0.44 sec. The magnitudes of the outputs at a coincident crossing enable computation of the probability that the coincidence was accidental. Observation of a number of coincidences with low probability of occurring

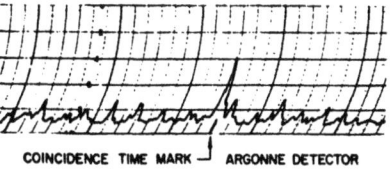
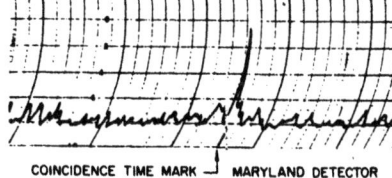

FIG. 2. Argonne National Laboratory and University of Maryland detector coincidence.

Bild 5
Die ersten Messungen mit Gravitationswellenantennen führten zu Ergebnissen, deren Bedeutung auch heute noch nicht geklärt ist.

Die Suche nach niederfrequenten Gravitationswellen

Für sehr niedere Frequenzen lassen sich Erde und Mond als elastische Antennen verwenden. Die elastische Grundschwingung der Erde hat eine Periode von etwa 45 Minuten und entsprechend höhere Frequenzen der Obertöne. Der Mond weist eine Grundschwingung auf, deren Periode bei rund 20 Minuten liegt. Aus Einsteins allgemeiner Relativitätstheorie folgt, daß nur bestimmte Oberschwingungen eines elastischen Körpers durch Gravitationswellen angeregt werden können. Gemeinsam mit meinen Mitarbeitern an der University of Maryland haben wir die Bodenbeschleunigungen der Erdoberfläche beobachtet, um festzustellen, ob die Erde durch Gravitationswellen angeregt wird. Unter der Verwendung der von den Apollo 17 Astronauten installierten Instrumente beobachteten wir auch die Bodenbeschleunigung des Mondes. Die Ergebnisse dieser Messungen brachten bis jetzt keinerlei Hinweise darauf, daß Erde oder Mond durch Gravitationswellen in Schwingungen versetzt werden.

Schwarze Löcher

Roger Penrose

Einleitung

In einer Entfernung von ungefähr 6000 Lichtjahren liegt der blaue Überriese HDE 226868 im Sternbild des Schwanes. Seine Masse beträgt ungefähr 30 Sonnenmassen und sein Radius übertrifft den der Sonne um den Faktor 25. Dies wäre an und für sich nicht außergewöhnlich und viele andere Sterne mit ähnlichen Eigenschaften sind bekannt. Bemerkenswert ist jedoch, daß HDE 226868 alle fünfeinhalb Tage von einem unsichtbaren Begleiter umkreist wird, dessen Masse halb so groß ist wie diejenige des Hauptsternes, dessen Radius dagegen wahrscheinlich nur rund 50 km beträgt! Viele Astronomen glauben, daß der Begleiter von HDE 226868 ein Schwarzes Loch ist – eine der bizarrsten Konsequenzen der Einsteinschen allgemeinen Relativitätstheorie. Diese Tatsache ist zwar noch nicht völlig gesichert, doch ist die Annahme eines Schwarzen Loches die plausibelste Erklärung der Beobachtungen, die bisher vorgeschlagen wurde.

Es gibt auch andere Objekte am Himmel, bei denen es sich höchstwahrscheinlich um Schwarze Löcher handelt. Vielleicht wird eines dieser Objekte den entscheidenden Beweis für die Existenz Schwarzer Löcher liefern. Man vermutet Schwarze Löcher in den Zentren von Galaxien und von kugelförmigen Sternhaufen. Ein riesiges Schwarzes Loch, mit einem Durchmesser von rund 100 Millionen km wird im Zentrum der Galaxis M-87 vermutet, von dem ein Strahl leuchtenden Gases ausgeht.

Der endgültige Beweis der Entdeckung Schwarzer Löcher wird ein Ereignis von überragender Bedeutung für die heutige physikalische Theorie sein. Diese Theorie sagt vorher, daß Schwarze Löcher existieren müssen und im Endstadium der Sternentwicklung entstehen. Sollte es sich aber ergeben, daß Schwarze Löcher nicht existieren, so würde dies eine drastische Revision der physikalischen Theorien erfordern. Aber auch ihre Existenz führt zu einigen grundlegenden theoretischen Problemen, die noch erläutert werden sollen.

Was ist ein Schwarzes Loch?

Vom Standpunkt des Astronomen verhält sich ein Schwarzes Loch wie ein kleiner, stark kondensierter dunkler Körper. Es ist jedoch nicht ein normaler materieller Körper, denn es besitzt keine Oberfläche im üblichen Sinn.

Ein Schwarzes Loch ist eine sehr gestörte Region des leeren Raumes, welche wie ein Zentrum von Gravitationsanziehung wirkt. Es war anfänglich ein materieller Körper, der jedoch unter der Wirkung der eigenen Gravitationsanziehung kollabierte. Je mehr der Körper sich zusammenzog, umso stärker wurde das Gravitationsfeld und um so weniger war es dem Körper möglich, dem weiteren Kollaps standzuhalten. Schließlich erreichte der Körper den „absoluten Ereignishorizont", der vorläufig als eine Art von Oberfläche des kollabierenden Sternes charakterisiert werden soll. Wie eine Grenzfläche trennt er eine innere von einer äußeren Region des Schwarzen Loches. Aus der inneren Region — in welche der Körper zusammengefallen ist — kann weder Materie noch Licht oder andere Arten von Signalen herauskommen. Aus der äußeren Region können jedoch Signale oder materielle Teilchen ins Unendliche gelangen. Bei der Entstehung des Schwarzen Loches fällt die kollabierende Materie bis zu phantastisch hohen Dichten zusammen. Der Kollaps geht soweit, daß die Materie dabei anscheinend inexistent wird und sich eine „Raum-Zeit-Singularität" bildet, in der die heute bekannten physikalischen Gesetze nicht mehr anwendbar sind.

Eine der verwirrenden Fragen im Zusammenhang mit Schwarzen Löchern ist folgende: Wieso kann ein Schwarzes Loch überhaupt Gravitationsanziehung auf andere Körper ausüben, wo doch sein Inhalt durch den absoluten Ereignishorizont von der Außenwelt völlig abgeschirmt ist? Wieso kann das Gravitationsfeld eines kollabierten Körpers entweichen, wo doch keine Informationen oder Signale nach außen gelangen? Die Lösung dieses Problems liegt darin, daß das Gravitationsfeld nicht „entweicht", sondern demjenigen des Körpers *vor* dem Kollaps entspricht. Wenn der Körper im Zentrum im Lauf des Kollapses zerstört wird, so kann das äußere Gravitationsfeld nicht einfach abgeschnitten werden. Gerade dazu wäre ja eine Information aus dem Schwarzen Loch nötig, um das Gravitationsfeld „wissen zu lassen", wann der Körper verschwindet. Das äußere Feld zeigt durch keinerlei Veränderungen an, was im Inneren stattfindet. Nach dem Kollaps des Körpers stellt man sich das Schwarze Loch besser als eine stabile Konfiguration des Gravitationsfeldes selbst vor. Das Feld macht keinen weiteren Gebrauch von dem Körper, der es erzeugte!

Da ein Schwarzes Loch wie ein Gravitationszentrum wirkt, kann es neue Materie anziehen, die, einmal innerhalb des Ereignishorizonts, nicht mehr zurück kann und zur Gesamtmasse des Schwarzen Loches beiträgt. Mit steigender Masse wächst auch die Größe des Schwarzen Loches, denn seine Ausdehnung ist zur Masse proportional. Dadurch nimmt auch seine Anziehungskraft zu und es entsteht das alarmierende Bild eines stets wachsenden kosmischen Staubsaugers — eines Ungeheuers im Raum, das alles entlang seines Weges schluckt. Die geringe Ausdehnung Schwarzer Löcher (bedingt durch den kleinen Wert der Gravitationskonstante) verhindert aber allzu drastische astronomische Konsequenzen.

Um dies einzusehen, kehren wir nochmals zu dem Objekt HDE226868 zurück (Bild 1). Die neuesten Meßdaten führen hier auf ein Schwarzes Loch mit ungefähr 50 km Radius, das einen rund 300000mal größeren Begleitstern umkreist. Trotz der geringen Ausdehnung des Schwarzen Loches reicht seine Gravitationsanziehung aus, um die Kugelgestalt des großen Sternes zu stören. Es bildet sich eine Spitze in Richtung auf das Schwarze Loch aus, von der aus Sternmaterie in das Schwarze Loch hineingezogen wird. Diese Materie fällt allerdings nicht sofort hinein. Sie umkreist das Schwarze Loch längere Zeit und fällt auf einer spiralförmigen Bahn allmählich nach innen. Dabei müssen wir die geringe Größe des Schwarzen Loches berücksichtigen − die Situation gleicht einer Badewanne, deren Abfluß einen Durchmesser von einem Hunderttausendstel Millimeter hat! Nur langsam fällt die Materie in das Schwarze Loch, wobei sie stark komprimiert wird und sich so sehr erhitzt, daß sie Röntgenstrahlen aussendet. Aus der Umgebung von HDE226868 kommen tatsächlich derartige Röntgenstrahlen und ihre Quelle (mit Cygnus X-1 bezeichnet) scheint nach detaillierten Beobachtungen den sichtbaren Stern HDE226868 zu umkreisen. Alle Beobachtungen sprechen dafür, daß Cygnus X-1 ein Schwarzes Loch ist. Dieser Schluß ist zwar nicht eindeutig, doch wäre es aufgrund der heutigen Theorien sehr erstaunlich, wenn es überhaupt keine Schwarzen Löcher gäbe. Um dies zu begründen, müssen wir zunächst kurz auf die Theorie der Sternentwicklung eingehen.

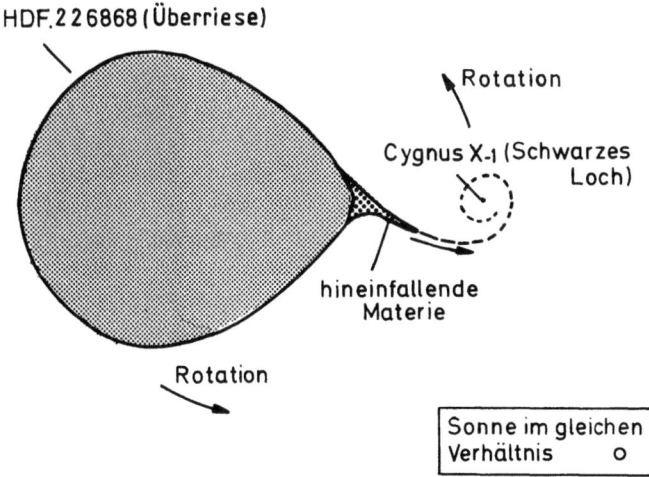

Bild 1
Das Gravitationsfeld des Schwarzen Loches stört die Kugelgestalt des Sternes und verursacht dadurch ein Überfließen von Materie.

Die Entwicklung der Sterne

Als Beispiel betrachten wir die Vorhersagen für die weitere Entwicklung der Sonne (oder anderer Sterne gleicher Masse). Demnach wird die Sonne noch etwa 7 Milliarden Jahre mit gleicher Helligkeit strahlen und sich dann bis zur Unkenntlichkeit verändern. Zunächst wächst sie zu einem Roten Riesen mit etwa 300 Millionen Kilometer Durchmesser an, der die Planeten Merkur, Venus und Erde in seinem Innern verbrennt. Während die Sonne immer mehr von ihrem Kernbrennstoff verbraucht, kommt ihre Expansion allmählich zum Stillstand. Schließlich setzt eine Kontraktion ein, die erst aufhört, wenn die Sonne etwa die Größe der Erde erreicht hat. Es entsteht ein kleiner, weiß leuchtender Stern − ein Weißer Zwerg. Eine weitere Kontraktion ist dann unmöglich, weil die Elektronen so dicht gepackt sind, daß das Paulische Ausschließungsprinzip wirksam wird. Die Dichte der Sonnenmaterie ist dann so groß, daß bereits eine Zündholzschachtel viele Tonnen wiegen würde. Man kennt viele derartige Weiße Zwerge in der Milchstraße, die langsam abkühlen und dabei zu Schwarzen Zwergen werden, die sich nur mehr durch ihr starkes Gravitationsfeld bemerkbar machen. Die Planeten Jupiter, Saturn, Uranus, Neptun und Pluto und vielleicht auch Mars werden dann noch immer ihre Bahn um die bereits erloschene Sonne ziehen.

Weiße Zwerge sind ein Teil der normalen Evolutionsgeschichte mittelgroßer Sterne, wie der Sonne. Astronomische Beobachtungen zeigen Sterne in allen Entwicklungsstufen, von dem heutigen Zustand der Sonne, über die Phase der Roten Riesen bis zu den Weißen Zwergen. Theorie und Beobachtung stimmen dabei recht gut überein.

Nicht alle Sterne folgen jedoch dieser Entwicklung. Bereits 1931 berechnete Chandrasekhar, daß Weiße Zwerge mit einer Masse von mehr als etwa 1,4 Sonnenmassen nicht stabil sein können. Die Wirkung des Paulischen Ausschließungsprinzips reicht nicht aus, um den Weißen Zwerg im Gleichgewicht gegen die Gravitationskraft zu halten. Es existieren jedoch Sterne, die wesentlich größere Massen haben als die Sonne. Was wird mit ihnen geschehen?

Betrachten wir zunächst einen Stern, der etwa doppelt so schwer ist wie die Sonne. Wie die Sonne wird auch er zu enormer Größe expandieren und danach kontrahieren. Da aber seine Masse oberhalb der Chandrasekhar-Grenzmasse für Weiße Zwerge liegt, kann er kein endgültiges Gleichgewicht als Weißer Zwerg erreichen. Um seine Entwicklung zu beschreiben, gehen wir vom Riesenstadium aus. Sobald die Dichte im Zentrum des Sternes die Dichte eines Weißen Zwerges erreicht hat, expandieren die äußeren Schichten des Sterns. Sie expandieren weiter, während die Masse des Weißen Zwerges im Zentrum anwächst und schließlich die Chandrasekhar-Grenze überschreitet. Der Weiße Zwerg kollabiert, wobei Energie, vor allem in Form von Neutrinos, frei wird. Sie werden wahrscheinlich in den äußeren Schichten des Sternes absorbiert und heizen die Hülle auf. Es erfolgt eine Supernova-Explosion, bei der ein beträchtlicher Teil der Masse des Sterns hinausgeschleudert wird.

Der kollabierte Überrest im Zentrum der rasch expandierenden Wolke ist viel zu stark zusammengedrückt, um einen Weißen Zwerg zu bilden und findet sein Gleichgewicht erst als Neutronenstern.

Im Vergleich zu einem Weißen Zwerg ist ein Neutronenstern verschwindend klein. Sein Radius kann rund 10 km betragen und ist damit 700mal geringer als der Radius eines Weißen Zwergs. Die Dichte eines Neutronensterns ist ungefähr 100 Millionen mal höher als die schon ungewöhnlich hohe Dichte eines Weißen Zwerges.

Eine Zündholzschachtel voll Neutronensternmaterie hat die gleiche Masse wie ein Asteroid mit einem Durchmesser von einigen Kilometern. Diese Sternmaterie ist mit Kernmaterie vergleichbar, und man kann einen Neutronenstern als einen übergroßen Atomkern betrachten, der allerdings durch Gravitationskräfte und nicht durch Kernkräfte zusammengehalten wird. Seine Atome existieren nicht mehr und die Kerne bilden eine kontinuierliche Masse. Durch umgekehrten β-Zerfall haben sich aus Elektronen und Protonen Neutronen gebildet, die den Hauptteil der Sternmaterie ausmachen. Wieder ist es das Pauli-Prinzip, das den notwendigen Druck der Neutronen erzeugt und den weiteren Kollaps verhindert. Neutronensterne wurden bereits im Jahre 1932 von dem sowjetischen Physiker Lev Landau theoretisch vorhergesagt und von Robert Oppenheimer, Robert Serber und Georg Volkhoff in den Jahren 1938–39 im Detail untersucht. Die langen Zweifel, ob Neutronensterne überhaupt existieren, wurden 1967 beseitigt, als man den ersten Pulsar beobachtete. Seitdem hat sich die Theorie der Pulsare schnell entwickelt, und es erscheint heute fast sicher, daß die Energie und die außerordentlich exakte Periode der ausgesandten Radio- und optischen Impulse dieser Sterne durch einen rotierenden Neutronenstern zu erklären sind. Mindestens zwei der bekannten Pulsare befinden sich im Zentrum von Überresten einer Supernova, was zusätzlich beweist, daß es sich dabei um Neutronensterne handelt.

Die Entstehung Schwarzer Löcher

Es gibt eine obere Massengrenze, oberhalb der auch ein Neutronenstern einer weiteren Kontraktion nicht standhält. Es besteht eine gewisse Unsicherheit über den Wert dieser Grenzmasse. Oppenheimer und Volkhoff gaben im Jahre 1939 dafür 0,7 Sonnenmassen an, heute nimmt man Werte bis zu drei Sonnenmassen an. Diesen höheren Werten liegt die Idee zugrunde, daß neben Neutronen und Protonen auch schwerere subatomare Teilchen — Hyperonen — in der Sternmaterie vorhanden sind. Es gibt jedoch auch Sterne, deren Masse 50mal größer als die der Sonne ist. Was wird mit ihnen geschehen? Es scheint höchst unwahrscheinlich, daß diese Sterne im Laufe ihres Kollapses oder schon in einem früheren Stadium soviel Material abstoßen können, daß sie unter die Massengrenze für stabile Weiße Zwerge oder Neutronensterne fallen. Die im Zentrum dieser Sterne entstehende Neutronenmaterie würde nicht im Gleichgewicht bleiben und weiter kollabieren. Welche andere Formen kondensierter Materie sind möglich, deren Dichte noch höher ist als in einem Neutronenstern?

Die Theorie gibt uns hier ein neues Bild: Zwar sind höhere Dichten möglich, doch werden keine weiteren Gleichgewichtskonfigurationen erreicht. Die Gravitationskräfte werden so überwältigend, daß sie alles andere dominieren. Die Newtonsche Gravitationstheorie ist in diesem Bereich nicht mehr anwendbar, und wir müssen uns der Einsteinschen allgemeinen Relativitätstheorie zuwenden. Sie sagt in dieser Situation die Entstehung eines Schwarzen Loches vorher, daß noch viel sonderbarere Eigenschaften als Neutronensterne aufweist.

Ein Schwarzes Loch ist eine Raumregion, in welche ein Stern, eine Ansammlung von Sternen oder andere Körper gefallen sind, und von der weder Licht noch Materie oder Signale anderer Art entweichen können. Bevor wir dieses Bild genauer untersuchen, vergleichen wir (Bild 2) die Größe von Neutronensternen und Schwarzen Löchern. Ein Schwarzes Loch mit einer Sonnenmasse hat einen Radius von rund 3 km und ist damit nur um einen Faktor 3 kleiner als ein Neutronenstern gleicher Masse. Auch größere Schwarze Löcher sind möglich, wobei ihr Radius direkt proportional zur Masse ist. Cygnus X-1 weist wahrscheinlich rund 15 Sonnenmassen auf, so daß der Radius dieses Schwarzen Loches etwa 50 km beträgt.

Der Grund warum ich auf den geringen Größenunterschied von Neutronensternen und Schwarzen Löchern hinweise, ist die verwirrende Natur der Schwarzen Löcher. Viele Leute fragen, ob unsere Theorien auch unter diesen extremen Verhältnissen aufrecht erhalten werden können. Die physikalischen Theorien scheinen jedoch bei der Beschreibung von Sternen mit sehr unterschiedlichen Größen und Dichten erfolgreich zu sein. Auch sind die Bedingungen, unter denen ein Schwarzes Loch entsteht, nicht notwendigerweise extremer als bei der Entstehung eines Neutronensterns. Beispielsweise ist die Dichte, mit der ein kollabierender Stern den absoluten Ereignishorizont durchquert, nicht wesentlich verschieden von der Dichte innerhalb eines Neutronensterns. Je größer die kollabierende Masse ist, umso kleiner ist diese Dichte – sie ist umgekehrt proportional zum Quadrat der Masse. Astronomen haben öfter in Betracht gezogen, daß einige hundert Millionen Sonnenmassen im Zentrum einer Galaxis einen Gravitationskollaps erleiden, und vielleicht ist das Zentrum von M-87 ein Beispiel für ein derartiges Objekt. Die Dichte, bei der eine solch enorme Masse durch den Ereignishorizont kollabiert, entspricht etwa der von Wasser. Daraus ersieht man, daß die lokalen Bedingungen bei der Entstehung eines Schwarzen Lochs nicht unbedingt außergewöhnlich sein müssen. Es besteht daher kein Grund für die Annahme, daß die allgemeine Relativitätstheorie nicht auf die Entstehung Schwarzer Löcher angewendet werden kann. Aber auch in anderen Theorien der Gravitation (z. B. in der Brans-Dicke-Jordan-Theorie) kommt man

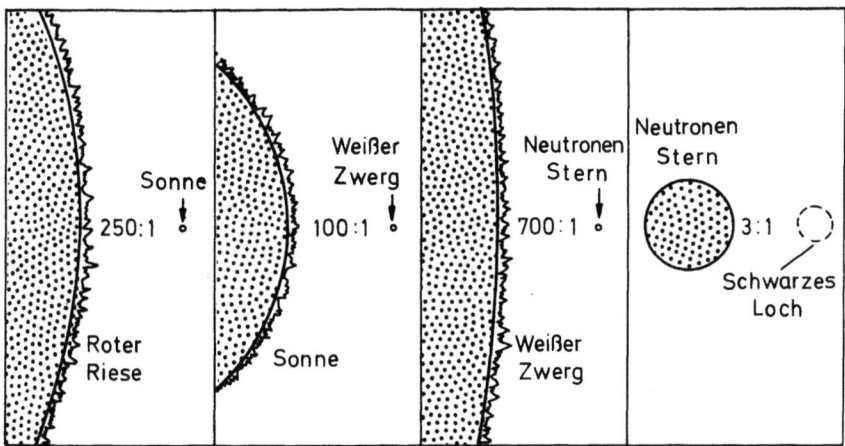

Bild 2
Der dargestellte Neutronenstern hat die gleiche Masse wie die Sonne ist jedoch 700 mal kleiner als die Erde.

zu einem Bild Schwarzer Löcher, das fast identisch mit den Ergebnissen der allgemeinen Relativitätstheorie ist. Sogar in der Newtonschen Theorie existiert ein Phänomen, das einem Schwarzen Loch ähnelt. Pierre S. Laplace hat bereits 1798 aus der Newtonschen Theorie gefolgert, daß eine genügend große und konzentrierte Masse unsichtbar sein sollte, weil die Fluchtgeschwindigkeit auf der Oberfläche größer als die Lichtgeschwindigkeit wird. Ein Photon, das von der Oberfläche emittiert wird, würde zurückfallen und könnte nicht in weiten Entfernungen von dem Körper beobachtet werden.

Nicht rotierende Schwarze Löcher

Wir beginnen mit dem Standardbild eines nicht rotierenden Schwarzen Loches, das sich aus der allgemeinen Relativitätstheorie ergibt. Der Radius seines Ereignishorizonts ist gegeben durch

$$R = \frac{2MG}{c^2},$$

wobei $c = 3.10^8$ m/s die Lichtgeschwindigkeit und $G = 6{,}67.10^{-11}$ Nm^2/kg^2 die Gravitationskonstante bedeuten. Dieser Radius wird als Schwarzschild-Radius bezeichnet und beträgt für die Sonne ca. 3 km.

Der Stern, aus dem das Schwarze Loch entstanden ist, ist weit unter den Ereignishorizont kollabiert. Das Gravitationsfeld ist dort so stark, daß selbst Licht unausweichlich nach innen gezogen wird, unabhängig davon, in welcher Richtung es ausgesandt wurde. Außerhalb des Ereignishorizonts kann Licht, falls es geeignet nach außen gerichtet ist, entweichen. Je näher der Emissionspunkt am Ereignishorizont liegt, umso mehr wird die Wellenfront des emittierten Signals zum Zentrum des Schwarzen Loches verschoben. Dies gilt nicht nur für Licht, sondern für jedes Signal. Licht, das radial von der Oberfläche des Schwarzen Loches ausgeht, bleibt für immer in der Fläche schwebend, im gleichen Abstand vom Zentrum.

Dies mag zunächst als Widerspruch zur Relativitätstheorie erscheinen, deren Grundprinzip die Konstanz der Lichtgeschwindigkeit ist. Tatsächlich ist die lokale Physik der Umgebung des Ereignishorizonts die gleiche, wie im übrigen Raum. Ein dort befindlicher Beobachter, der versucht die Lichtgeschwindigkeit zu messen, muß selbst den Horizont durchqueren und somit auf den Mittelpunkt zufallen. Für ihn weist der am Horizont schwebende Lichtstrahl den üblichen Wert der Lichtgeschwindigkeit auf. Diese verwirrende Situation wird klarer, wenn wir von der rein räumlichen Beschreibung zu Raum-Zeit-Diagrammen übergehen. Dazu ersetzen wir eine Raumkoordinate in einem üblichen Raum-Diagramm durch die Zeitkoordinate. Damit erhalten wir ein Bild der gesamten zeitlichen Entwicklung und vermeiden eine Sequenz von „Schnappschüssen" der Situation.

Bild 3 zeigt als Beispiel ein Blitzlicht, das sich von einem Punkt im Raum (weit von einem Schwarzen Loch entfernt) in allen Richtungen ausbreitet. Die Wellenfront des Blitzes ist eine Kugel um den Ursprung, die sich mit Lichtgeschwindigkeit vergrößert. Eine rein räumliche Darstellung dieses Ereignisses würde eine Folge von Kugeln sein (Bild 3), welche die momentane Position der Kugelwelle darstellen. Eine Raum-Zeit-Darstellung ergibt dagegen einen Kegel, dessen Spitze Ort und Zeit der Entstehung des Blitzes angibt, während der Kegel selbst die weitere Entwicklung darstellt.

In ähnlicher Weise kann man den Kollaps eines Sternes und die Entstehung eines Schwarzen Loches in einer Raum-Zeit-Darstellung verfolgen. Bild 4 zeigt die Veränderung der Lichtkegeln durch das Gravitationsfeld an verschiedenen Orten der Raum-Zeit. Die schräge Lage der Lichtkegel würde einem lokalen Beobachter nicht auffallen. Seine Bahn liegt stets innerhalb dieses Lichtkegels, da seine Geschwindigkeit die lokal gemessene Lichtgeschwindigkeit nicht überschreitet. Die Neigung des Lichtkegels bewirkt jedoch, wie Bild 4 zeigt, daß Teilchen und Lichtsignale, die sich innerhalb des Ereignishorizonts befinden, unausweichlich weiter hineingetrieben werden. Nur Teilchen, deren Geschwindigkeit größer als die lokale Lichtgeschwindigkeit ist, können den Ereignishorizont verlassen. Derartige Teilchen gibt es aber gemäß der Relativitätstheorie nicht.

Horizontale Schnitte durch Raum und Zeit ergeben eine räumliche Darstellung der Situation, wie Bild 5 zeigt. Diese vertraute Darstellung erlaubt es

Schwarze Löcher

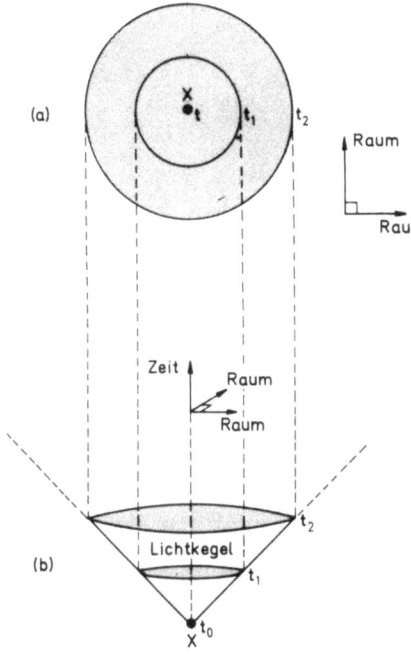

Bild 3
a) Die Ausbreitung eines Lichtblitzes vom Raumpunkt x zu den Zeiten t_0, t_1 und t_2.
b) Die Lichtausbreitung in der Raum-Zeit ergibt einen „Lichtkegel".

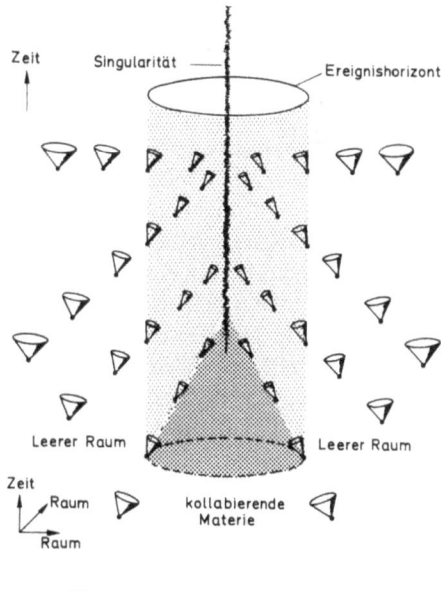

Bild 4
Die Raum-Zeit-Darstellung eines sphärisch symmetrischen Kollapses zu einem Schwarzen Loch.

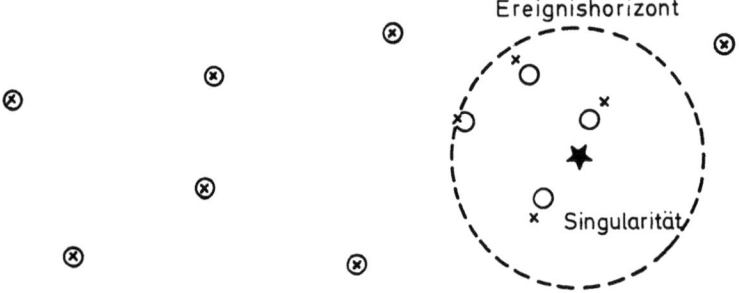

Bild 5
Die Lichtausbreitung innerhalb und außerhalb eines Schwarzen Loches.

uns auch, die dritte Raum-Koordinate hinzuzunehmen, falls dies von Bedeutung ist. Die Lichtkegel können nun als Punkte dargestellt werden, von denen das Blitzlicht ausgeht, die von Kugelflächen umgeben sind, welche eine spätere Lage der Wellenfront angeben. Bei den stark geneigten Lichtkegeln umschließen diese Wellenfronten den Ausgangspunkt des Blitzes nicht. In diesem Fall wäre es notwendig, die lokale Lichtgeschwindigkeit zu überschreiten, um „am selben Ort zu bleiben". Diese Situation kann in einem Raum-Diagramm nur schwer interpretiert werden. Bei der raum-zeitlichen Beschreibung sieht man dagegen leichter ein, daß die lokale Physik davon unabhängig ist, ob der Lichtkegel geneigt ist oder nicht, da die Neigung nur einen lokalen Aspekt darstellt.

Aus Schwarzen Löchern kann man zwar nicht entweichen, doch hineinfallen. Es wäre durchaus möglich, daß Astronauten in den Tiefen des Weltraumes dieses Risiko haben. Die geringe Ausdehnung eines Schwarzen Loches macht dies allerdings sehr unwahrscheinlich, und die Astronauten müßten das Schwarze Loch schon freiwillig aufsuchen, um diese „letzte Reise" zu erleben. Was geschieht mit diesen unglücklichen Astronauten beim Fall in das Schwarze Loch? Welches Schicksal erleidet der Körper, der das Schwarze Loch erzeugte? Falls die sphärische Symmetrie des Kollapses bis ins Zentrum erhalten bleibt, gibt die allgemeine Relativitätstheorie eine alarmierende Antwort: Die Raumkrümmung im Mittelpunkt wird unendlich. Dies bedeutet nicht nur, daß die Materie im Zentrum zu unendlich hoher Dichte zusammengedrückt wird, sondern auch, daß die Materie zu existieren aufhört und ein Vakuum mit unendlicher Raumkrümmung verbleibt. Ein Beobachter, der töricht genug ist, in das Schwarze Loch zu fallen, würde rasch wachsende Gezeitenkräfte verspüren, die schließlich sogar unendlich werden.

Die Gezeitenkräfte sind die direkteste Auswirkung der Raum-Zeit-Krümmung. Einstein hat gezeigt, daß die Gravitationskraft auf einen Körper in einem beliebigen Punkt stets durch die Wahl eines frei fallenden Bezugssystems eliminiert werden kann. Das Beispiel eines frei fallenden Aufzugs, in dem die Passagiere gleich schnell wie der Aufzug fallen und dadurch keine Gravitationskraft verspüren, wurde berühmt. Diese Aufhebung der Schwerkraft im freien Fall ist uns durch die Raumfahrt heute sehr geläufig. Gezeitenkräfte können aber nicht auf diese Art eliminiert werden und sind dadurch ein absolutes Zeugnis der Existenz eines Gravitationsfeldes. Stellen Sie sich einen frei fallenden Beobachter im Erdfeld vor, der von einer Kugel von Teilchen umgeben ist, die anfänglich relativ zu ihm ruhen. Das Newtonsche Gravitationsfeld der Erde nimmt mit dem Quadrat des Abstandes ab und daher werden Teilchen, die näher an der Erdoberfläche sind, stärker angezogen als weiter entfernte. Diese Ungleichheit des Gravitationsfeldes verzerrt die Kugel der Teilchen zu einem Ellipsoid. Die Gezeiten der Meere sind ein bekanntes Beispiel dieses Effektes.

Zu unserem Glück sind die Gezeitenkräfte innerhalb des Sonnensystems sehr klein. Niemand beschwert sich darüber, daß seine Füße einer stärkeren Gravitationsanziehung unterliegen als der Kopf, da der Unterschied unmerklich ist. Die Raum-Zeit-Krümmung, die diesen Unterschied bewirkt, entspricht einem Radius, der etwa gleich der Entfernung Erde—Sonne ist. Diese Übereinstimmung ist zufällig, denn die Sonne selbst ist für diesen Gezeiteneffekt unwichtig. Auf der Oberfläche eines Weißen Zwerges ist die Raum-Zeit-Krümmung hingegen wesentlich größer und der entsprechende Krümmungsradius ist von der Größenordnung des Sonnenradius. Ein Astronaut, der einen Weißen Zwerg umkreist, würde diesen Gezeiteneffekt stark zu spüren bekommen, da die Kraftdifferenz zwischen Kopf und Füßen etwa einem Fünftel des Gewichtes des Astronauten auf der Erde entspricht. Noch viel stärkere Gezeitenkräfte herrschen auf der Oberfläche eines Neutronensternes. Der Radius der Raum-Zeit-Krümmung beträgt hier nur etwa 50 km. Kein Astronaut könnte auf einer Umlaufbahn nahe dem Neutronenstern überleben. Selbst wenn er sich zu einer kleinen Kugel einrollt, wären die Unterschiede in der Beschleunigung verschiedener Teile seines Körpers millionenmal größer als die Erdbeschleunigung. Im Prinzip wäre es jedoch möglich, Instrumente zu bauen, die solchen Gezeitenkräften widerstehen. Diese Instrumente müssen nur hinreichend klein sein.

Angenommen, unser Astronaut besitzt so ein kleines Instrument bei seinem Flug zu einem Schwarzen Loch mit einer Sonnenmasse. Lang vor Erreichen des Ereignishorizonts wird der Astronaut durch Gezeitenkräfte zerstört. Seine Instrumente werden den Ereignishorizont jedoch intakt durchqueren, wobei die Gezeitenkräfte etwa 30mal größer als auf einem Neutronenstern sind. Sie steigen bei der weiteren Annäherung an das Zentrum allerdings schnell an, wodurch zunächst die Instrumente, dann die Moleküle der Materie, dann die Atome, Atomkerne und schließlich sogar die fundamentalen Teilchen, welche zuvor die Kerne aufbauten, in Stücke gerissen werden. Dieser Vorgang dauert nur wenige tausendstel Sekunden.

Was immer in ein Schwarzes Loch fällt, gleichgültig ob es ein Raumschiff, ein Wasserstoffmolekül, ein Elektron, eine Radiowelle oder ein Lichtstrahl ist, es kann niemehr entweichen. Für unser Universum verschwindet es für immer ins vollständige Nichts. Widerspricht dies nicht einem Grundgesetz, wonach Materie oder Energie nie vollständig vernichtet, sondern immer nur in andere Formen umgewandelt werden? Die Antwort auf diese berechtigte Frage ist in einem „Singularitätentheorem" enthalten, das aus den Gleichungen der allgemeinen Relativitätstheorie streng bewiesen werden kann. Es besagt, daß innerhalb des Schwarzen Loches ein Gebiet mit unendlicher Raumkrümmung existieren muß, eben die Raum-Zeit-Singularität, in dem die bekannten Gesetze der Physik zusammenbrechen. Es ist kein Erhaltungssatz bekannt, auf den man sich in diesem Fall stützen könnte. Vielleicht werden einmal Naturgesetze formuliert, die das Verhalten von Raum-Zeit-Singularitäten bestimmen und verhindern, daß Materie im Zentrum des Schwarzen Loches vollständig zerstört wird. Bis heute kennen wir solche Gesetze nicht. Wie fast alle anderen physikalischen Theorien ist auch die allgemeine Relativitätstheorie invariant unter Zeitumkehr. Jeder Lösung der Gleichungen, die einen bestimmten Zeitablauf enthält, muß eine andere Lösung mit umgekehrter Zeitrichtung entsprechen. Auch zur obigen Situation sollte im Prinzip der zeitumgekehrte Vorgang existieren. Am Beginn würde eine Raum-Zeit-Singularität existieren, aus der dann nach und nach Materie erscheint: Zunächst Licht und Elementarteilchen, dann gliedern sich diese Teilchen in Atome, Moleküle oder Sterne. Tatsächlich wird seit langem ein derartiges Modell für die Entstehung des Universums angenommen.

Der Urknall der kosmologischen Modelle ist wie das Zentrum eines Schwarzen Loches ebenfalls eine Raum-Zeit-Singularität, wo die Krümmung der Raum-Zeit unendlich wird. Materie wird aber hier nicht vernichtet, sondern in der Singularität erzeugt. Der kosmologische Urknall ist nicht die genaue Zeitumkehr eines Schwarzen Loches, da diese Singularität im Gegensatz zu der relativ lokalisierten Singularität innerhalb eines Schwarzen Loches allumfassend ist. Der wesentliche Unterschied besteht in der Größe, und wir können uns durchaus lokalisierte „kleine Knalls" vorstellen — man nennt sie Weiße Löcher — welche die genaue Zeitumkehrung von Schwarzen Löchern sind. Einige Theoretiker haben derartige Weiße Löcher ernstlich in Zusammenhang mit Modellen für Quasare betrachtet. Ich persönlich betrachte jedoch die mögliche Existenz Weißer Löcher mit einiger Besorgnis, und zwar aus folgendem Grund: Ist ein Schwarzes Loch einmal entstanden, so kann man es anscheinend auf keine Weise zerstören. Es entsteht zwar in einem gewaltigen Kollaps, kommt jedoch dann zur Ruhe und besteht für alle Zeiten — oder bis das Universum am „jüngsten Tag" kollabiert. Ein Weißes Loch aber — die Zeitumkehrung eines Schwarzen Lochs — müßte immer schon dagewesen sein, seit dem Anfang der Zeit; ruhig und unsichtbar den Zeitpunkt abwartend, zu dem es sich uns bemerkbar macht. Wenn dann der Augenblick gekommen ist, so explodiert es zu normaler Materie. Dieser Augenblick wird

„selbst" und unabhängig von jedem Gesetz gewählt. Es besteht natürlich kein fundamentaler Grund, warum so etwas nicht geschehen sollte. Diese Idee erscheint aber etwas außerhalb der Ordnung der Natur, im Widerspruch zur Thermodynamik und wahrscheinlich auch zur Beobachtung. Doch müssen wir zumindest den Urknall akzeptieren, und auch er erscheint uns außerordentlich. Da gibt es anscheinend keinen Ausweg.

Kehren wir nun von der Spekulation zur Diskussion der Schwarzen Löcher zurück. Abgesehen von möglichen Zweifeln über die Gültigkeit der allgemeinen Relativitätstheorie gibt es andere Fragen, die beantwortet werden müssen, bevor wir den theoretischen Begriff eines Schwarzen Loches als realistische Beschreibung der Natur akzeptieren. Haben wir tatsächlich ausreichende Kenntnisse über die Materie unter den extremen Bedigungen, die für die Entstehung eines Schwarzen Loches erforderlich sind? Welche Rolle spielt die Voraussetzung sphärischer Symmetrie bei dieser Diskussion? Betrachten wir diese Fragen der Reihe nach.

Wie ich bereits erwähnte, ist die Materiedichte bei der Entstehung eines Schwarzen Loches nicht unbedingt besonders hoch. Das gleiche gilt für die Raum-Zeit-Krümmung. Besonders für Schwarze Löcher mit einigen hundert Millionen Sonnenmassen würde ein Astronaut, der durch den absoluten Ereignishorizont hindurchgeht, nichts besonderes bemerken. Er hätte keine Möglichkeit zu erkennen, daß sich eine unausweichliche Situation entwickelt hat, denn die exakte Lage des Horizonts kann durch lokale Messungen nicht festgestellt werden. Er hätte noch einige Stunden das Vergnügen, das Leben innerhalb eines Schwarzen Loches zu genießen, bevor ihn unendliche Gezeitenkräfte zerreißen.

Der asymmetrische Kollaps

Welche Rolle spielt die sphärische Symmetrie? Ohne diese Voraussetzung können wir nicht auf exakte Lösungen der Einstein-Gleichungen zurückgreifen. Außerdem erwarten wir, daß auch anfänglich kleine Abweichungen von der sphärischen Symmetrie sich beim Kollaps enorm vergrößern. Könnten sich nicht die einzelnen Teile des zusammenfallenden Körpers verfehlen und nach einer engen Begegnung wieder auseinanderfliegen? Glücklicherweise ist es in den vergangenen Jahren gelungen, einige sehr allgemeine Theoreme über den asymmetrischen Kollaps zu beweisen, die uns eine erstaunlich vollständige Antwort auf diese Fragen geben.

Betrachten wir den Kollaps eines massiven Sterns oder einer Ansammlung von Körpern, bei der die Abweichungen von der sphärischen Symmetrie zunächst relativ klein sind. Man kann zeigen, daß ein Zustand ohne Wiederkehr erreicht wird, falls folgendes Kriterium erfüllt ist: Stellen wir uns ein Blitzlicht vor, das in einem Augenblick von einem bestimmten Raumpunkt ausgeht. In unserer Raum-Zeit-Darstellung wird sich der Lichtblitz

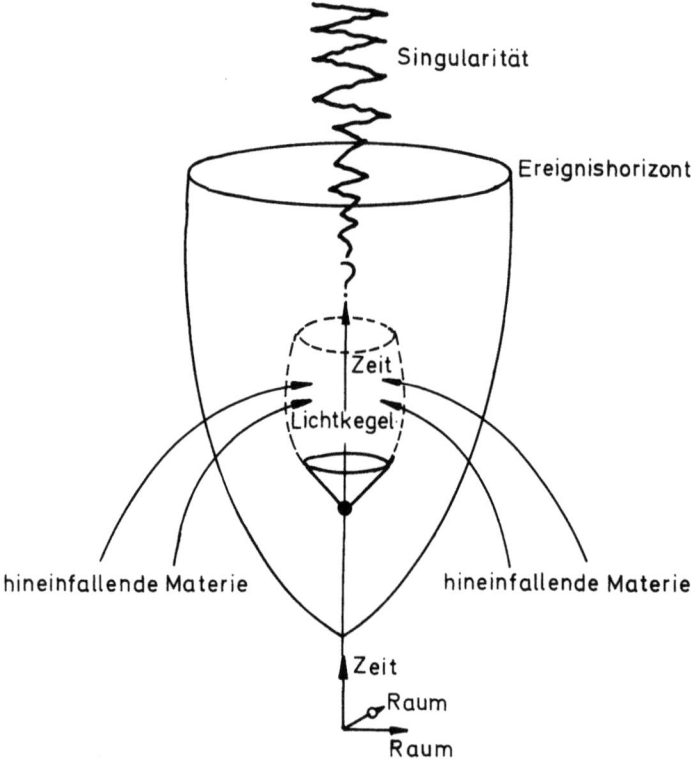

Bild 6
Die Geburt eines Schwarzen Loches.

entlang des Lichtkegels ausbreiten (Bild 6). Die Lichtstrahlen laufen von dem Punkt nach allen Seiten auseinander. Materie oder Gravitationsfelder haben aber einen fokussierenden Effekt auf Lichtstrahlen. Die Fokussierung der zunächst divergierenden Strahlen kann so stark sein, daß sie umkehren und wieder konvergieren. Das Kriterium für den Zustand ohne Wiederkehr ist nun, daß jeder Lichtstrahl von dem betrachteten Raum-Zeit-Punkt genügend Materie oder Gravitationsfelder antrifft, so daß der Lichtkegel wieder konvergiert. Ohne jede Symmetrieannahme kann man zeigen, daß dieses Kriterium für große Massenansammlungen tatsächlich erfüllt wird, bevor die Dichte oder die Raumkrümmung noch besonders groß werden. Ist das Kriterium aber einmal erfüllt, dann besagt ein exaktes Theorem der allgemeinen Relativitätstheorie, welches von Stephen Hawking und mir aufgestellt wurde, daß eine Singularität in der Raum-Zeit existieren muß. Das

Theorem besagt nicht, daß diese Singularität notwendigerweise die gleiche ist wie diejenige im Zentrum eines sphärisch-symmetrischen Schwarzen Loches. Es ist jedoch schwer, sich andere Singularitäten vorzustellen, als solche, bei denen die Gezeitenkräfte unendlich groß werden und eine Region entsteht, in der starke Gravitationskräfte die Materie inexistent machen.

Die Vorhersage eines derartigen singulären Zustands beunruhigt die Physiker. Wann immer in der Geschichte der Physik eine Singularität in einer Theorie auftrat, so war dies im allgemeinen eine Warnung, daß die Theorie in ihrer jetzigen Form zusammenbricht und wir neue theoretische Werkzeuge benötigen. Bei den Schwarzen Löchern ist die Situation ein ernsteres Problem als je zuvor, da es sich um Singularitäten der Raum-Zeit-Struktur selbst handelt.

Zwei Möglichkeiten kommen hier in Frage. Die entstehende Singularität könnte von der Art sein, daß die von ihr ausgehenden Signale bis ins Unendliche gelangen. Dieser Fall wird als „nackte Singularität" bezeichnet. Ihre physikalischen Auswirkungen sind unbekannt. Da sie die Außenwelt beeinflussen können, bringen sie ein beunruhigendes und wesentliches Moment der Unsicherheit in die heutige physikalische Theorie.

Vielleicht bleibt die entstehende Singularität wie beim sphärisch symmetrischen Kollaps stets unserem Blick verborgen. Für diese Hypothese der „kosmischen Zensur", nach der nackte Singularitäten verboten sind und jede Singularität durch einen absoluten Ereignishorizont verdeckt ist, spricht einige theoretische Evidenz (jedoch kein exakter Beweis).

Widerspricht nicht die Urknall-Singularität der Hypothese der kosmischen Zensur? Dies trifft nicht zu, da sich die Hypothese nur auf Singularitäten bezieht, die beim Kollaps von Materie mit den üblichen Eigenschaften entstehen. Ich persönlich vermute, daß das Prinzip der kosmischen Zensur für alle Situationen gilt, die anfänglich keine allzu großen Asymmetrien aufweisen. Für extremere Situationen ist dieses Problem jedoch ungeklärt.

Falls wir die Hypothese der kosmischen Zensur hinnehmen, dann muß ein absoluter Ereignishorizont entstehen, sobald das Kriterium der Fokussierung erfüllt ist. Dieser Horizont hat eine bestimmte räumliche Oberfläche, die mit der Zeit anwächst (Schwarze Löcher können nur wachsen, aber nie schrumpfen). Wahrscheinlich erreicht dieses sich selbst überlassene Schwarze Loch allmählich einen stationären Zustand. Unsere Intuition könnte uns aber auch täuschen, da eine beliebig komplexe Anordnung von Körpern, die in sich zusammenfällt, zu einem sehr komplexen Schwarzen Loch führen könnte. Einige sehr bemerkenswerte Arbeiten von Werner Israel, Brandon Carter, Stephen Hawking und David Robinson zeigen, daß dies wahrscheinlich nicht der Fall ist. Nur wenige Arten von stationären Schwarzen Löchern sind möglich. Sie können eindeutig durch den Wert der Masse, des Drehimpulses und der Ladung charakterisiert werden. Eine entsprechende exakte Lösung der Einsteinschen Gleichungen der allgemeinen Relativitätstheorie wurde von Roy Kerr gegeben und durch Ezra Newman und seine Mitarbeiter auf geladene Schwarze Löcher verallgemeinert. Die ursprünglichen Asymmetrien des kollabierenden Körpers haben auf den Endzustand des Schwarzen Loches nur wenig Einfluß, da vor allem das Gravitationsfeld dominiert, und seine Asymmetrien in Form von Gravitationswellen abgestrahlt werden, bevor das Schwarze Loch in eine stabile Konfiguration übergeht.

Schwarze Löcher als Energiequellen.

Ist ein Körper einmal in ein Schwarzes Loch gefallen, so kann er nicht mehr entweichen. Es gibt aber Mechanismen, Energie aus einem Schwarzen Loch zu entnehmen. Eine Möglichkeit dazu ist das Zusammentreffen zweier Schwarzer Löcher. Bei diesem Prozeß werden intensive Gravitationswellen ausgestrahlt, deren Energie ein wesentlicher Teil der anfänglichen Ruhemasse der Schwarzen Löcher sein könnte. Es gibt noch einen zweiten Mechanismus. Zerbricht ein Teilchen in einer Region nahe dem Ereignishorizont eines rotierenden Schwarzen Loches in zwei Teile, deren einer in das Schwarze Loch hineinfällt, so kann der andere Teil mit mehr Energie ins Unendliche entweichen, als das gesamte Teilchen ursprünglich hatte. Auf diese Weise kann Rotationsenergie des Schwarzen Lochs in Teilchenbewegung außerhalb des Lochs übergeführt werden. Dabei verliert das Schwarze Loch Masse und Drehimpuls. Bei diesem Prozeß wird Ruhenergie in kinetische Energie umgewandelt, wobei der Wirkungsgrad höher ist als bei der Kernfusion! Im Extremfall kann so die Masse des Schwarzen Loches bis auf das 0,707fache des ursprünglichen Werts reduziert werden. Wahrscheinlich ist dieser Prozeß in der Astrophysik aber von geringer Bedeutung.

Schwarze Löcher und die Quantentheorie.

Betrachten wir nun die Situation innerhalb eines Schwarzen Loches und die Folgerungen aus der Existenz einer Raum-Zeit-Singularität. Da die physikalische Theorie innerhalb der Singularität zusammenbricht, stehen wir vor der merkwürdigen Situation, daß die allgemeine Relativitätstheorie ihren eigenen Sturz vorhersagt. Vielleicht sollten wir darüber nicht allzu erstaunt sein, denn wir haben die allgemeine Relativitätstheorie hier nur als klassische Theorie behandelt. Bei großen Raum-Zeit-Krümmungen müssen schließlich Quanteneffekte eine dominierende Rolle spielen. Wird der Radius der Raum-Zeit-Krümmung von der Größenordnung des Radius eines Elementarteilchens (10^{-15} m), dann muß die heute bekannte Teilchentheorie versagen. Schrumpft der Radius der Raum-Zeit-Krümmung sogar auf 10^{-35} m (auch dies muß innerhalb eines Schwarzen Loches auftreten, falls die Theorie nicht früher zusammenbricht), dann müssen wir die Quantenmechanik sogar auf die Struktur der Raum-Zeit selbst anwenden. Es ist heute noch keine völlig befriedigende Theorie dafür bekannt. Falls die Hypothese der kosmischen Zensur richtig ist, dann verhindert der Ereignishorizont auch, daß die Effekte der Quantenphysik im Inneren Schwarzer Löcher auf die Physik der äußeren Welt Einfluß nehmen.

Eine der wesentlichsten theoretischen Neuentwicklungen der vergangenen Jahre hat aber gezeigt, daß unsere vorangegangenen Überlegungen nicht völlig zutreffen. Bei sehr kleinen Schwarzen Löchern, deren Schwarzschildradius von der Größenordnung 10^{-15} m — also dem Radius eines Elementarteilchens — ist, werden Quanteneffekte wichtig, die zu einer Zerstörung des Schwarzen Loches in einer großen Explosion führen. Dieses Resultat wurde im Jahre 1974 von Stephen Hawking entdeckt. Auf Vorarbeiten von Jakob Beckenstein aufbauend zeigt er, daß Quanteneffekte zur kontinuierlichen Emission von thermischer Strahlung (schwarzer Strahlung) durch ein Schwarzes Loch führen. Für die Schwarzen Löcher, die auf Grund astrophysikalischer Prozesse wie z.B. des Kollapses eines Sternes entstehen, ist dieser Effekt völlig vernachlässigbar und beeinflußt die vorangegangenen klassischen Überlegungen nicht. Bei sehr kleinen Schwarzen Löchern, die vielleicht in einem überaus chaotischen Urknall entstanden sein könnten, ist die Strahlung aber bedeutend und nimmt noch zu, während das Schwarze Loch Masse und Energie durch die Strahlung abgibt. Am Ende kommt es zu einer Explosion eines derartigen „Mini-Loches", die mit astronomischen Mitteln entdeckbar wäre. Die Beobachtungen zeigen jedoch, daß Mini-Löcher, falls sie überhaupt existieren, sehr selten sein müssen. Für die Weiterentwicklung der Theorie sind die Hawkingschen Resultate aber von überragender Bedeutung, da sie bis dahin unvermutete Beziehungen zwischen allgemeiner Relativitätstheorie, Thermodynamik und Quantenfeldtheorie aufzeigten.

Das Schwarze Loch:
Eine imaginäre Unterhaltung mit Albert Einstein.

John Archibald Wheeler

Wheeler: Prof. Einstein? Prof. Einstein! Oh, wie schön Sie hier zu sehen!
Einstein: Ja, ich dachte, daß ich Sie überraschen würde, Herr Wheeler. Aber Sie wissen, ich schätze den Strand und die Wellen ebenso wie Sie.
Wheeler: Die größte Überraschung ist jedoch nicht die Wahl der gleichen Aussicht über das Meer und die fernen Inseln, sondern, daß sie überhaupt da sind. Was für ein wunderbares Glück!
Einstein: Ich erwartete, daß Sie überrascht sein würden. Ich bin es auch. Könnte unser Treffen nicht mit den alten Erzählungen zusammenhängen, in denen einem erlaubt wird, am 100. Geburtstag für eine einzige Stunde zur Erde zurückzukehren? Erinnern Sie sich noch daran, wie Niels Bohr erzählte, warum man ein Hufeisen über den Schreibtisch hängen soll?
Wheeler: Nein, ich glaube, ich habe sie noch nicht gehört.
Einstein: Er sagte immer: ich glaube nicht an Wunder und schon gar nicht an Hufeisen. Aber wissen Sie, manche Leute sagen mir, daß Hufeisen auch Glück bringen, wenn man nicht an sie glaubt. [1] Vielleicht bin ich aus ähnlichen Gründen hier bei Ihnen.
Wheeler: Es verbleibt weniger als eine Stunde, um sich all dieser Schönheit zu erfreuen. Kein Wunder, daß Sie keine Fragen stellen wollen, sondern nur schauen und lächeln, die Augen schließen und wieder schauen. Darf ich Ihnen jedoch vielleicht inzwischen einige Fragen stellen? Viele Kollegen haben mit mir bereut, daß wir es verabsäumt haben, Ihnen zahlreiche bedeutende und wichtige Fragen zu stellen, bevor Sie uns verließen.
Einstein: Aber natürlich. Trotzdem sollten Sie mich nicht als Experten betrachten. In meiner Jugend machte ich den Autoritäten soviele Schwierigkeiten, daß mich das Schicksal zur Strafe zu einer Autorität machte [2]; aber ich bin es nicht mehr.
Wheeler: Warum haben Sie nicht mehr über die Objekte gesagt, die wir heute als „Schwarze Löcher" bezeichnen?
Einstein: Ja, ich weiß was Sie meinen: vollständig kollabierte Sterne. Zu meiner Zeit war es nicht einfach, diese Fragen zu diskutieren. Welche Zustandsgleichung sollte man für die Sternmaterie eigentlich annehmen? Das schien nicht klar.

Wheeler: Dann bin ich sicher, daß Sie sich über die heutigen Theoreme freuen, nach denen es für genügend große Massenansammlungen kalter Materie keinen Ausweg aus dem Gravitationskollaps gibt.

Einstein: Natürlich ist es viel einfacher, keine speziellen Annahmen über den Zusammenhang zwischen Dichte und Druck machen zu müssen. Darum habe ich auch in meiner Arbeit [3] von 1939 eine Ansammlung von getrennten Punktmassen untersucht, die sich um ihr gemeinsames Gravitationszentrum bewegen. Es zeigt sich, daß diese Zusammenballung von gravitierenden Teilchen instabil ist.

Wheeler: Ihre Arbeit war für uns ein anregender Ausgangspunkt. Die Zukunft wird sicher eine Fortsetzung dieser Untersuchungen bringen, die von den Anfangszuständen der Instabilität bis zu den Endzuständen des Kollapses reicht. Aber fühlten Sie nie die Notwendigkeit, diese Ideen auf echte Sterne zu erweitern, und mit astrophysikalischen Methoden nach schwarzen Löchern zu suchen?

Einstein: Dies ist ein interessanter Punkt. Für mich war es aber eine unwichtige Detailfrage. Man muß bloß die allgemeine Relativitätstheorie anwenden, um zu einigermaßen verläßlichen Aussagen über den Kollaps zu gelangen.

Wheeler: Was halten Sie von der exakten Lösung, die Kerr für die Geometrie der Umgebung eines rotierenden schwarzen Loches gefunden hat, nachdem er frühere mathematische Untersuchungen von Kerr und Schild über algebraisch spezielle Lösungen ihrer Gravitationsfeldgleichungen geeignet verallgemeinert hatte?

Einstein: Das ist wirklich ausgezeichnet! Ich hätte nie zu hoffen gewagt, daß ein so schwieriges Problem eine so einfache Lösung finden würde.

Wheeler: Was meinen Sie zu den Arbeiten von Carter [4, 5] und anderen?

Einstein: Es ist wunderbar, wie Sie zeigen konnten, daß die Geometrie um ein kollabierendes Objekt, gleichgültig wie verdreht oder asymmetrisch es anfänglich ist, und wie heftig es fluktuiert, schließlich doch einem bekannten Endzustand entgegenstrebt, der nur von der Masse, elektrischen Ladung und dem Drehimpuls des schwarzen Loches abhängt. Dies gilt natürlich nur für den Außenraum. Der kritische Bereich liegt aber im Inneren. Dort tritt die vorhergesagte Singularität auf und dort liegt auch das Problem. Es ist unmöglich, an diese Vorhersage einer Singularität zu glauben.

Wheeler: Meine Kollegen und ich müssen zugeben, daß die Untersuchungen über die Annäherung an die Singularität sowohl in der Kosmologie, wie auch in der Physik der Schwarzen Löcher, erst einen bescheidenen Anfang bilden.

Einstein: Diese Annäherung zu verstehen ist äußerst wichtig.

Wheeler: Unsere sowjetischen Kollegen haben uns faszinierende physikalische Einsichten in die möglichen Endphasen des Kollapses geschenkt, die jedoch nicht auf überzeugenden mathematischen Methoden beruhen. Die Kollegen im Westen verfügen dagegen über hervorragende mathematische Methoden, die jedoch bisher nicht zu den gewünschten Einblicken geführt haben.

Einstein: Dies ist eine alte Geschichte in der Physik. Schießlich wird sich aber doch alles in einer neuen, besseren und umfassenderen Einheit zusammenfügen.

Wheeler: Gamow sagt, daß Sie die Einführung des kosmologischen Terms als die größte Dummheit Ihres Lebens [6] bezeichnet haben. Die Beobachtungen von Hubble [7] im Jahre 1929 zeigten, daß es nicht notwendig war, den künstlichen kosmologischen Term zu den Standardgleichungen der Relativitätstheorie hinzufügen, um der Kosmologie gerecht zu werden. Es war auch Friedemann [8] und nicht Sie, welcher 1922 zuerst das sogar heute noch übliche und einfache kosmologische Modell aus Ihren Feldgleichungen ableitete. Zusammen mit vielen meiner Kollegen wundere ich mich, wieso es dazu kam. Hat Sie in Ihren jüngeren Tagen Spinozas Idee eines Universums, das von Ewigkeit zu Ewigkeit dauert, ernstlich beeinflußt [9, 10]? Oder schien Ihnen jedes gegenteilige Ergebnis philosophisch unvernünftig? In Ihren autobiographischen Notizen [11] sprechen Sie von dem Einfluß Spinozas auf Ihre Meinung. Es heißt, daß „Spinoza die Idee eines externen Schöpfers ablehnte, der plötzlich und scheinbar willkürlich die Welt erschaffen hat, in einem bestimmten Augenblick und nicht in einem anderen und aus dem Nichts" [10]. Glauben Sie, daß Spinoza Ihr Tun und Lassen auf dem Gebiet der Kosmologie tatsächlich so stark beeinflußte?

Einstein: Das ist sehr schwer zu sagen; selbst heute wissen wir noch nicht, wie wir über diese Fragen denken sollen.

Wheeler: Ziehen Sie ein „Vorher" vor dem Urknall und ein „Nachher" nach dem Zusammenbruch des Weltalls in Betracht?

Einstein: Man kann über diese Fragen verschiedener Meinung sein, und alle Ansichten verdienen Beachtung.

Wheeler: Das ist eine aufregende Zeit für die Astrophysik. Einige Kollegen neigen zur Meinung, daß das Universum weniger als ein Zehntel der Massendichte enthält, die für ein geschlossenes Universum erforderlich wäre. Andere schließen dagegen aus verschiedenen Beobachtungen, daß die Massendichte nahe dem von Ihnen postulierten Wert liegt. Wie ist Ihre Ansicht zur Frage, ob das Universum geschlossen ist?

Einstein: „Gegen die Auffassung von der räumlich-unendlichen und für die Auffassung einer räumlich-geschlossenen Welt läßt sich folgendes anführen:
1. Vom Standpunkt der Relativitätstheorie ist die Bedingung der räumlichen Geschlossenheit viel einfacher als die der quasi-euklidischen Struktur entsprechenden Grenzbedingungen im Unendlichen.
2. Der Gedanke Machs, daß die Trägheit auf Wechselwirkung der Körper beruhe, ist in erster Näherung in den Gleichungen der Relativitätstheorie enthalten; ... dem Machschen Gedanken entspricht aber nur eine räumlich geschlossene (endliche) Welt, nicht eine quasi-euklidische, unendliche" [12]. Ich bin „der Überzeugung, daß die allgemeine Relativitätstheorie dieses Problem nur auf dem Wege befriedigend lösen kann, daß sie die Welt als räumlich geschlossen betrachtet" [13].

Wheeler: Es ist Ihnen wahrscheinlich bekannt, daß es immer noch viele Kollegen gibt, die ein asymptotisch flaches Universum als natürlicher empfinden, als ein geschlossenes.

Einstein: Diese Ansicht nimmt die weit entfernten Raumbereiche aus der Physik heraus und macht sie zu einem Teil der Theologie, den man durch die Lektüre der euklidischen Bibel entdecken kann. Dies führt uns in die Tage vor Riemann zurück, als der Raum für die Physiker „ein starres homogenes Etwas war, das keiner Veränderung bzw. Zustände fähig war. Nur Riemanns Genie, unverstanden und einsam, rang sich schon um die Mitte des vorigen Jahrhunderts zur Auffassung eines neuen Raumbegriffes durch, nach welchem dem Raum seine Starrheit abgesprochen und seine Anteilnahme am physikalischen Geschehen als möglich erkannt wurde." [14]

Wheeler: Den Raum als Teil der Dynamik — darauf haben uns Ihre Gleichungen geführt! Elie Cartan erkannte, daß für die Geometrodynamik, ebenso wie für jede andere Dynamik, die Vorgabe von Anfangswerten notwendig ist [15, 16]. Wie reagierten Sie auf diese Untersuchungen?

Einstein: Cartan hatte einen tieferen Einblick in die Mathematik als alle anderen. Ich war mir der Bedeutung seiner Arbeiten bewußt. Ja, ich sagte zu Helen Dukas „Ordnen Sie die Cartanschen Schriften nicht wie die anderen Arbeiten ein, sondern legen Sie diese Papiere separat, damit ich sie studieren kann." Cartan hat wirklich weiter gesehen als alle anderen.

Das Anfangswertproblem hat zwei Seiten. Einerseits folgt aus den Anfangswerten die weitere Entwicklung, die wir im wesentlichen auch berechnen können. Andererseits haben wir aber nicht die geringste Idee, durch welche Überlegungen die Anfangswerte selbst festgelegt werden könnten. Ihr Kollege Peebles in Princeton und seine Mitarbeiter [17] haben die umfangreichste Studie der Anfangsbedingungen für die Kosmologie durchgeführt. Sie zeigten, daß die Dinge am Anfang nicht ganz so willkürlich waren, wie man vermuten könnte. Sie finden auch Hinweise dafür, daß die Massendichte die von der Theorie vorhergesagte Größenordnung hat. Das scheint mir ein natürliches Resultat zu sein.

Wheeler: Glauben Sie, daß der Kollaps des Universums im Prinzip ähnlich dem Gravitationskollaps eines Sternes zu einem Schwarzen Loch ist?

Einstein: Es scheint mir vernünftig, beide Prozesse als unausweichlich anzusehen. Ich muß zugeben, daß der Urknall eine Überraschung für mich war. Nachdem wir ihn aber akzeptiert haben, scheint es mir nur konsequent, daß wir auch den Kollaps sowohl für Sterne als auch für das Universum akzeptieren. Es stimmt, daß diese Idee im Gegensatz zu der Lehre Spinozas von einem ewig dauernden Universum steht. Sie erwähnten sein Argument gegen die spontane Erschaffung der Welt. Wie könnte das Nichts, das jede Möglichkeit entbehrt Zeit zu kennen, wissen, wann das Universum zu erschaffen ist? Wie ist dieser Einwand zu beantworten? Die Zeit kann doch nicht der grundlegende Begriff sein, für den wir sie heute ansehen. Sie muß vielmehr selbst gemeinsam mit dem Universum entstehen. Diese verminderte Bedeutung des Zeitbegriffes ist vielleicht nicht unvernünftig.

Wheeler: Wenn die Zeit aber nicht grundlegend ist, wie kann es dann die Geometrie sein? Wie steht es dann mit ihrer Vision, daß alle Naturkräfte in der einen oder anderen Form ihren Ursprung in der Geometrie haben?

Einstein: Die heutigen Wissenschaftler verstehen Geometrie in einem weiteren Sinn als zu meinen Lebzeiten. Sind nicht Eichtheorien neue, tiefere Versionen der Geometrie? Selbst Spinorfelder haben heute, wie mir gesagt wurde, einen geometrischen Überbau erhalten.

Wheeler: Stört es Sie nicht, daß der Kollaps das Ende aller Teilchen bedeutet, gleichgültig ob Sie diese Teilchen nun als Geometrie oder als irgendetwas anderes auffassen?

Einstein: Für mich ist das Problem des Kollapses nicht größer als das des Urknalls. Beide warnen uns, daß uns das Universum mit größeren Problemen konfrontiert, als wir erwartet haben. Diese Lektion hat uns das Schwarze Loch erteilt. Aber ich kann nun nicht mehr sagen. Ich fühle mich hinweggezogen und werde erst in weiteren 100 Jahren zurückkehren. Aber eine Ermunterung möchte ich allen Ihren Kollegen hinterlassen: „Alle diese Bemühungen gründen sich auf dem Glauben, daß die Welt eine völlig harmonische Struktur aufweist. Heutzutage haben wir weniger Anlaß denn je, uns von diesem wunderbaren Glauben wegführen zu lassen" [18].

Literatur

[1] *Weber, R. L.*, "A Random Walk in Science", (Institute of Physics, London) 1973, S. 14, I. B. Cohen − S. Gouldsmit − N. Bohr. Das Buch erscheint in deutscher Sprache unter dem Titel „Kabinett physikalischer Raritäten" bei Vieweg, Braunschweig.
[2] *Einstein, A.*, Zitat bei B. Hoffmann, Albert Einstein: Creator and Rebel, (Viking, New York) 1972, S. 24.
[3] *Einstein, A.*, "On a stationary system with spherical symmetry consisting of many gravitating masses", Ann. Math. (U.S.A.) 40, 922−936 (1939).
[4] *Carter, B.*, "An axisymmetric black hole has only two degrees of freedom," Phys. Rev. Lett. 26, 331−333. (1970).
[5] *Carter, B.*, "Properties of the Kerr metric," in Black Holes, Proceedings of 1972 sessions of Ecole d'été de physique théorique, C. DeWitt and B. S. DeWitt, eds, (Gordan and Breach, New York) 1973.
[6] *Gamow, G.*, "My World Line" S. 44, (Viking Press, New York) 1970.
[7] *Hubble, E. P.*, "A relation between distance and radial velocity among extragalactic nebulae." Proc. Nat. Acad. Sci. U.S. 15, 169−173 (1929).
[8] *Friedmann, A.*, "Über die Krümmung des Raumes." Z. Phys. 10, 377−386.
[9] *Friedmann, A.*, Freundlicherweise wies mich H. Kung auf die Bedeutung der Philosophie von Spinoza für Einsteins Gesichtspunkt hin.
[10] *Wolf, A.*, „Spinoza", Encyclopedia Britannica, Chicago, 1956, Vol. 21, S. 235.
[11] *Schilpp, P. A.*, Hrg. Albert Einstein − als Philosoph und Naturforscher, W. Kohlhammer Verlag, Stuttgart (1949), Reprint Vieweg (1979).
[12] *Einstein, A.*, „Grundzüge der Relativitätstheorie", WTB Bd. 58, S. 106, 107, Vieweg, Braunschweig (1975).
[13] *Einstein, A.*, „Mein Weltbild", Hrsg. C. Seeling, S. 134, Ulstein (1955).
[14] ibid. S. 143.
[15] *Cartan, E.*, "Sur les équations de la gravitation de Einstein", J. Math. Pures Appl. 1, 141−203 (1922).
[16] *Cartan, E.*, "La théorie des groupes et les recherches récentes des géométrie différentielle", Conference Proceedings International Congress of Mathematicians, Toronto, (1924) L'Enseign. math. t. 24, 1−18 (1925).
[17] *Davis, M., E. J. Groth* and *P. J. E., Peebles*, "Study of galaxy correlations: Evidence for the gravitational instability picture in a dense universe", Astrophys. J. 212: L107- L111 (1977).
[18] *Einstein, A.*, "Essays in Science", S. 114, (Philosophical Library, New York) 1934.

Kann man die quantenmechanische Beschreibung der physikalischen Wirklichkeit als vollständig betrachten?

Nathan Rosen

I. Einleitung

Im Jahre 1935 erschien ein Artikel mit dem obigen Titel (Einstein, Podolski, Rosen 1935) in "The Physical Review". Diese Arbeit war das Ergebnis einer Reihe von Gesprächen, die Albert Einstein, Boris Podolski und ich am Institute for Advanced Study in Princeton geführt hatten. In diesen Gesprächen versuchten wir die Begriffe und Prinzipien der Quantenmechanik zu verstehen, und was wir zu verstehen glaubten beunruhigte uns. Denn die Schlußfolgerung unserer Gespräche war, daß die obige Frage mit „nein" zu beantworten ist.

Unser Artikel rief eine erhebliche Kontroverse unter Physikern hervor. Auch heute, mehr als vierzig Jahre später, hält diese Diskussion noch an. Der 100. Geburtstag Albert Einsteins soll Anlaß sein, zur Thematik dieser Arbeit zurückzukehren und sie vom heutigen Gesichtspunkt zu betrachten.

Der folgende Abschnitt enthält einen detaillierten Rückblick auf unseren damaligen Artikel (den wir in der Folge einfach als „den Artikel" bezeichnen werden) und einige kritische Bemerkungen dazu. Daran schließt eine Darstellung des Standpunktes von Bohr und eine Diskussion an.

II. Der Artikel

Der Artikel beginnt mit der Feststellung:

Jede ernsthafte Betrachtung einer physikalischen Theorie muß dem Unterschied zwischen objektiver Realität, die unabhängig von der Theorie ist, und den physikalischen Begriffen, mit denen die Theorie arbeitet, Rechnung tragen. Diese Begriffe sollen der objektiven Realität entsprechen, und mit Hilfe dieser Begriffe machen wir uns Vorstellungen von dieser Realität.

Offensichtlich wird hier stillschweigend — und in Übereinstimmung mit der Meinung der meisten Physiker — die Existenz einer objektiven Wirklichkeit angenommen, also einer physikalischen Welt, die unabhängig vom menschlichen Beobachter ist. Ferner sollen die physikalischen Theorien einige Aspekte dieser Wirklichkeit beschreiben, sodaß wir uns eine Art Bild davon machen können.

Beim Versuch, den Erfolg einer physikalischen Theorie zu beurteilen, können wir uns zwei Fragen vorlegen: (1) „Ist die Theorie korrekt?" und (2) „Ist die von der Theorie geleistete Beschreibung vollständig?" Nur wenn beide Fragen positiv beantwortet werden können, kann die Theorie als befriedigend bezeichnet werden. Die Korrektheit der Theorie wird aus dem Grad der Übereinstimmung zwischen den Schlußfolgerungen der Theorie und der menschlichen Erfahrung beurteilt. Diese Erfahrung, die uns allein befähigt, auf die Wirklichkeit zu schließen, nimmt in der Physik die Gestalt von Experiment und Messung an. Der zweiten Frage wollen wir hier in bezug auf die Quantenmechanik nachgehen.

Heute wird manchmal die Ansicht vertreten, daß eine Theorie bloß korrekt sein muß, das heißt daß sie die Berechnung von Zahlen ermöglichen muß, die mit den Ergebnissen von Experimenten übereinstimmen; daß uns aber die Theorie nicht notwendigerweise auch ein Bild der Wirklichkeit liefern muß. Es scheint aber, daß die meisten Physiker ein derartiges Bild wünschen, und für sie die zweite Frage, die der Vollständigkeit, wesentlich ist.

Welche Bedeutung man auch immer dem Ausdruck *vollständig* beimißt, scheint die folgende Forderung an eine physikalische Theorie unumgänglich zu sein: *Jedes Element der physikalischen Realität muß seine Entsprechung in der physikalischen Theorie haben.* Wir werden dies die Bedingung der Vollständigkeit nennen. Die zweite Frage ist daher leicht beantwortet, sobald wir in der Lage sind zu entscheiden, welches die Elemente der physikalischen Realität sind.

Hinzuzufügen wäre, daß außer der Entscheidung über die Elemente der physikalischen Realität auch eine Feststellung notwendig ist, welche Entsprechung sie in der Theorie haben. Es wird hier als selbstverständlich angenommen, daß ein entsprechender Begriff und der ihm zugeordnete Zahlenwert in der Theorie auftreten.

Die Elemente der physikalischen Realität können nicht durch *a priori* philosophische Überlegungen bestimmt, sondern müssen durch Berufung auf Ergebnisse von Experimenten und Messungen gefunden werden. Eine umfassende Definition von Realität jedoch ist für unser Ziel unnötig. Wir werden uns mit dem folgenden Kriterium begnügen, das wir für vernünftig halten. *Wenn wir, ohne auf irgendeine Weise ein System zu stören, den Wert einer physikalischen Größe mit Sicherheit (d. h. mit der Wahrscheinlichkeit gleich eins) vorhersagen können, dann gibt es ein Element der physikalischen Realität, das dieser physikalischen Größe entspricht.* Obzwar dieses Kriterium bei weitem nicht alle Möglichkeiten, eine physikalische Realität zu betrachten, ausschöpft, scheint es uns zumindest eine solche Möglichkeit zu bieten, wenn die in ihm festgelegten Bedingungen eintreten. Nicht als notwendige, sondern nur als hinreichende Bedingung betrachtet, steht dieses Kriterium im Einklang sowohl mit den klassischen als auch mit den quantenmechanischen Realitätsvorstellungen.

Dieses Kriterium ist für die Diskussion entscheidend. Die Schlüsselworte lauten: „ohne auf irgendeine Weise ein System zu stören". Dieser Punkt wird noch zu behandeln sein.

Zur Veranschaulichung der Problematik wird in dem Artikel die quantenmechanische Beschreibung des Verhaltens eines Teilchens betrachtet, das einen Freiheitsgrad aufweist. Der Begriff des Zustands, der vollständig durch die Wellenfunktion ψ charakterisiert wird, wird eingeführt, ebenso die Zuordnung eines Operators A zu jeder physikalisch beobachtbaren Größe (wir bezeichnen sie ebenfalls mit A), sowie die Eigenfunktionen und die Eigenwerte dieses Operators. Wenn ψ eine Eigenfunktion des Operators A ist,

$$A\psi = a\psi, \tag{1}$$

wobei a eine Zahl ist, so hat die Observable A im Zustand ψ mit Sicherheit den Wert a.

In Übereinstimmung mit unserem Realitätskriterium gibt es für ein Teilchen, das sich in dem durch ψ gemäß Gleichung (1) gegebenen Zustand befindet ein Element der physikalischen Realität, das der physikalischen Größe A entspricht.

Als Beispiel wird der Zustand betrachtet, für den ψ gegeben ist durch

$$\psi = e^{(2\pi i/h)p_0 x}, \tag{2}$$

wobei p_0 eine Konstante ist und x die unabhängige Variable. Diese Wellenfunktion ψ ist eine Eigenfunktion des Impulsoperators $p = (h/2\pi i)\partial/\partial_x$ mit dem Eigenwert p_0.

Daher hat in dem durch Gleichung (2) gegebenen Zustand der Impuls des Teilchens sicher den Wert p_0. Es ist daher sinnvoll zu sagen, daß der Impuls des Teilchens in dem durch Gleichung (2) gegebenen Zustand real ist.

Betrachtet man andererseits die Koordinate des Teilchens, deren Operator q die Multiplikation mit x bedeutet, so ist Gl. (1) nicht erfüllt und die Koordinate hat keinen bestimmten Wert. Der Quantenmechanik gemäß kann man nur über die Wahrscheinlichkeit verschiedener Koordinatenwerte sprechen, und in dem durch (2) gegebenen Fall sind alle Koordinatenwerte gleich wahrscheinlich.

Ein bestimmter Wert der Koordinate läßt sich daher für ein Teilchen, das sich in einem durch Gleichung (2) gegebenen Zustand befindet, nicht vorhersagen, sondern kann nur durch eine direkte Messung gewonnen werden. Solch eine Messung aber stört das Teilchen und ändert damit seinen Zustand. Nachdem die Koordinate bestimmt ist, befindet sich das Teilchen nicht mehr in dem durch Gleichung (2) gegebenen Zustand. Daraus wird in der Quantenmechanik üblicherweise geschlossen, *daß der Koordinate des Teilchens, sobald dessen Impuls bekannt ist, keine physikalische Realität zukommt.* Allgemeiner wird in der Quantenmechanik gezeigt, daß in dem Fall, in dem die den beiden physikalischen Größen, sagen wir A und B, entsprechenden Operatoren nicht miteinander kommutieren, d.h. $AB \neq BA$, die genaue Kenntnis des einen von ihnen eine solche Kenntnis des anderen ausschließt. Darüber hinaus wird jeder Versuch, den letzten experimentell zu bestimmen, den Zustand des Systems auf solche Weise verändern, daß die Kenntnis vom ersten zerstört wird.

Daraus ergibt sich, daß entweder (1) *die quantenmechanische Beschreibung der Realität, wie sie durch die Wellenfunktion gegeben ist, nicht vollständig ist oder (2), wenn die den beiden physikalischen Größen entsprechenden Operatoren nicht miteinander kommutieren, den beiden Größen nicht zugleich Realität zukommt.* Wären nämlich beide Größen zugleich real – und hätten damit bestimmte Werte –, so gingen diese Werte in die vollständige Beschreibung ein, wie es die Vollständigkeitsbedingung verlangt. Würde die Wellenfunktion dann eine solche vollständige Beschreibung der Realität leisten, so würde sie diese Werte enthalten; diese wären dann vorhersagbar. Da dies nicht der Fall ist, verbleiben uns nur die genannten Alternativen.

In der Quantenmechanik wird üblicherweise angenommen, daß die Wellenfunktion tatsächlich eine vollständige Beschreibung der physikalischen Realität des Systems in dem Zustand, dem sie entspricht, beinhaltet. Auf den ersten Blick erscheint diese Annahme als völlig vernünftig, da die aus der Wellenfunktion erhältliche Information genau dem zu entsprechen scheint, was ohne Änderung des Zustands des Systems gemessen werden kann. Wir werden jedoch zeigen, daß diese Annahme zusammen mit dem oben formulierten Realitätskriterium zu einem Widerspruch führt.

Dazu wird in dem Artikel der Fall zweier Systeme I und II betrachtet, die nur im Zeitintervall $t = 0$ bis $t = T$ in Wechselwirkung stehen. Ausgehend vom Zustand des Systems zur Zeit $t < 0$ kann man mit Hilfe der Schrödinger-Gleichung die Wellenfunktion ψ des zusammengesetzten Systems I + II zur Zeit $t > T$ berechnen. Daraus folgen aber nicht die Zustände der beiden Einzelsysteme nach der Wechselwirkung. Sie können nur mit Hilfe weiterer Messungen bestimmt werden, wobei die folgende *Reduktion des Wellenpaketes* eintritt:

Es sei A eine physikalische Größe, die sich auf System I bezieht, wobei ihre Eigenfunktionen und die entsprechenden Eigenwerte durch $u_n(x_1)$ bzw. a_n gegeben seien (x_1 steht für die Variablen, die System I beschreiben; ein nicht entartetes System wird hier angenommen). Man kann ψ dann in eine Reihe orthogonaler Funktionen $u_n(x_1)$ entwickeln

$$\psi(x_1, x_2) = \sum_{n=1}^{\infty} \psi_n(x_2) u_n(x_1), \qquad (3)$$

wobei x_2 für die Variablen des Systems II und $\psi_n(x_2)$ die Entwicklungskoeffizienten sind. Falls sich bei einer Messung der Größe A der Wert a_k ergibt, so schließt man, daß System I in einem durch die Wellenfunktion

$u_k(x_1)$ beschriebenen Zustand verbleibt und System II im Zustand $\psi_k(x_2)$. Das durch die unendliche Reihe (3) dargestellte Wellenpaket reduziert sich dadurch auf den Ausdruck $\psi_k(x_2)u_k(x_1)$. Diesen Vorgang bezeichnet man als Reduktion des Wellenpaketes.

Einige Bemerkungen sind hier hinzuzufügen. Die Annahme, daß die Messung zu einer Reduktion des Wellenpakets führt, wird manchmal als Projektions-Postulat bezeichnet. Die Gültigkeit dieser Annahme hängt von der Natur des Meßprozesses ab. Angenommen, wir führen in einem System die Messung einer physikalischen Größe A durch und erhalten den Wert a (welcher nach den Regeln der Quantenmechanik einer der Eigenwerte sein muß). Falls wir es dabei mit einer *reproduzierbaren* Messung zu tun haben, wird eine unmittelbar darauf folgende Wiederholung der Messung sicher zum gleichen Ergebnis führen. In diesem Fall kann man schließen, daß das System nach der ersten Messung in einem Zustand ψ verbleibt, der Gleichung (1) erfüllt. (Dadurch ist sichergestellt, daß eine weitere Messung wieder zum Wert a führt). Der Übergang vom Anfangszustand des Systems in den Zustand, der durch die Eigenfunktion ψ dargestellt wird, stellt hier die Reduktion des Wellenpakets dar. Andererseits gibt es auch Messungen die nicht reproduzierbar sind, sodaß die obige Schlußfolgerung nicht möglich ist. (Bei einer derartigen Messung verbleibt das System in einem Zustand, in dem die physikalische Größe einen anderen als den durch die Messung bestimmten Wert aufweist).

Es ergibt sich nun die Frage, ob man den Wert einer Observablen stets durch eine wiederholbare Messung bestimmen kann? Für die folgende Diskussion wird es ausreichen, Messungen des Ortes und des Impulses eines Teilchens zu betrachten. In diesen Fällen erscheint es klar, daß wiederholbare Messungen zumindest im Prinzip stets möglich sind.

In dem Artikel wurde stillschweigend angenommen, daß die Messungen wiederholbar sind und die Reduktion des Wellenpaketes daher eintritt. Für den durch Gleichung (3) gegebenen Zustand bedeutet dies, daß System I im Zustand mit der Wellenfunktion $u_k(x_1)$ verbleibt, falls die Messung von A den Eigenwert a_k ergeben hat. Da System II nicht verändert wurde, bleibt auch der Koeffizient $\psi_k(x_2)$ gleich (bis auf einen konstanten Faktor, der aus Normierungsgründen notwendig sein kann).

Falls wir anstelle von A eine andere Größe B gewählt hätten, welche die Eigenfunktionen und Eigenwerte $v_s(x_1)$ bzw. b_s aufweist, so hätte sich anstelle von Gleichung (3) die Entwicklung

$$\psi(x_1, x_2) = \sum_{s=1}^{\infty} \phi_s(x_2) v_s(x_1), \qquad (4)$$

ergeben, wobei neue Koeffizienten $\phi_s(x_2)$ auftreten. Falls die Messung von B den Wert b_r ergibt, kann man schließen, daß System I im Zustand $v_r(x_1)$ und System II im Zustand $\phi_r(x_2)$ verbleibt.

Wir sehen daher, daß als Folge zweier verschiedener Messungen, die an dem ersten System ausgeführt werden, das zweite System in Zuständen mit zwei verschiedenen Wellenfunktionen vorliegt. Da andererseits die beiden Systeme zum Zeitpunkt der Messung nicht mehr miteinander in Wechselwirkung stehen, kann nicht wirklich eine Änderung in dem zweiten System als Folge von irgendetwas auftreten, das dem ersten System zugefügt werden mag. Es handelt sich hierbei natürlich nur um eine Äußerung dessen, was mit der Abwesenheit der Wechselwirkung zwischen den beiden Systemen gemeint ist. *Es ist daher möglich, zwei verschiedene Wellenfunktionen* (in unserem Beispiel ψ_k und φ_r) *der gleichen Wirklichkeit zuzuordnen* (nämlich dem zweiten System nach der Wechselwirkung mit dem ersten).

Es kann vorkommen, daß die beiden Wellenfunktionen ψ_k und ϕ_r des Systems II Eigenfunktionen nicht vertauschbarer Operatoren sind, die zwei physikalischen Größen P und Q entsprechen, wie das folgende Beispiel zeigt.

Die beiden Systeme seien zwei Teilchen mit der Wellenfunktion

$$\psi(x_1, x_2) = \int_{-\infty}^{\infty} e^{(2\pi i/b)(x_1 - x_2 + x_0)p} \, dp, \tag{5}$$

wobei x_0 eine Konstante sei. Es sei A der Impuls des Teilchens I, dessen Eigenfunktionen nach Gleichung (2) durch

$$u_p(x_1) = e^{(2\pi i/b)px_1} \tag{6}$$

gegeben sind, wobei p der Eigenwert des Impulses ist. Da in diesem Fall ein kontinuierliches Spektrum vorliegt, schreiben wir Gleichung (3) in der Form

$$\psi(x_1, x_2) = \int_{-\infty}^{\infty} \psi_p(x_2) u_p(x_1) dp, \tag{7}$$

wobei

$$\psi_p(x_2) = e^{(2\pi i/b)(x_0 - x_2)p}. \tag{8}$$

Dies ist jedoch eine Eigenfunktion von

$$p = (b/2\pi i)\partial/\partial x_2, \tag{9}$$

die dem Eigenwert $-p$ des Impulses von Teilchen II entspricht.

Nun sei B die Koordinate des Teilchens I mit den Eigenfunktionen

$$v_x(x_1) = \delta(x_1 - x), \tag{10}$$

die dem Eigenwert x entsprechen, wobei $\delta(x_1 - x)$ die Dirac'sche Deltafunktion ist. Nunmehr nimmt Gleichung (4) die Form an

$$\psi(x_1, x_2) = \int_{-\infty}^{\infty} \phi_x(x_2) v_x(x_1) dx, \qquad (11)$$

wobei

$$\phi_x(x_2) = \int_{-\infty}^{\infty} e^{(2\pi i/b)(x - x_2 + x_0)p} dp = b\delta(x_2 - x - x_0); \qquad (12)$$

Dies ist jedoch eine Eigenfunktion des Operators

$$Q = x_2, \qquad (13)$$

die dem Eigenwert $x + x_0$ der Koordinate von Teilchen II entspricht. Aus

$$PQ - QP = b/2\pi i \qquad (14)$$

sehen wird, daß ψ_k und ϕ_r tatsächlich Eigenfunktionen zweier nicht vertauschbarer Operatoren sein können, die physikalischen Größen entsprechen.

Ein weiteres wichtiges Beispiel wurde später von Bohm und Aharonov (1957) gegeben. Sie betrachten zwei Systeme I und II, die Teilchen mit dem Spin 1/2 (in Einheiten von $b/2\pi$) entsprechen, wobei der Zustand ψ des Gesamtsystems den Gesamtdrehimpuls Null haben soll. Mißt man in diesem Fall die Komponente des Spins von I in einer beliebigen Richtung, so muß die entsprechende Komponente von II entgegengesetzt gleich sein. Daher kann man durch Messung von I in der x- oder y-Richtung den Spin von II in der x- oder y-Richtung bestimmen. Nach den Regeln der Quantenmechanik sind die Spins in diesen Richtungen jedoch nicht vertauschbare Größen. Die Situation ist deshalb analog zu dem vorher betrachteten Beispiel.

Kehren wir nun zu dem allgemeinen Fall zurück, der in den Gleichungen (3) und (4) betrachtet wird, und nehmen wir an, daß ψ_k und φ_r tatsächlich Eigenfunktionen gewisser nicht-kommutierender Operatoren P und Q mit entsprechenden Eigenwerten p_k und q_r sind. Wir werden daher durch die Messung von A oder B in die Lage versetzt, mit Sicherheit, und ohne auf irgendeine Weise das zweite System zu stören, entweder die Größe P (d.h. p_k) oder den Wert der Größe Q (d.h. q_r) vorherzusagen. Im Einklang mit unserem Realitätskriterium müssen wir im ersten Fall die Größe P als ein Element der Realität betrachten, im zweiten Fall ist die Größe Q als ein Element der Realität anzusehen. Wie wir aber gesehen haben, gehören beide Wellenfunktionen ψ_k und φ_r zur gleichen Realität.

Zunächst bewiesen wir, daß entweder (1) die quantenmechanische Beschreibung der Realität, wie sie die Wellenfunktion gibt, nicht vollständig ist oder (2) bei Vorliegen zweier nicht-kommutierender Operatoren den entsprechenden beiden physikalischen Größen nicht zugleich Realität zukommt. Indem wir dann mit der Annahme begannen, daß die Wellenfunktion eine vollständige Beschreibung der physikalischen Realität liefert, gelangten wir zu dem Schluß, daß zwei physikalischen Größen mit nichtkommutierenden Operatoren zugleich Realität zukommen kann. Auf diese Weise führt die Negation von (1) auf die Negation der einzigen anderen Alternative (2). Wir werden so gezwungen zu schließen, daß die durch die Wellenfunktionen vermittelte quantenmechanische Beschreibung der physikalischen Realität nicht vollständig ist.

Man könnte Einwände gegen diesen Schluß erheben unter Berufung darauf, daß unser Realitätskriterium nicht hinreichend restriktiv ist. Tatsächlich würde man nicht zu unserer Schlußfolgerung gelangen, bestünde man darauf, zwei oder mehr physikalische Größen *nur dann* zugleich als Elemente der Realität zu betrachten, *wenn sie gleichzeitig gemessen oder vorhergesagt werden können.* Aus dieser Sicht sind die Größen *P* und *Q* nicht zugleich real, da entweder die eine oder die andere der Größen, nicht aber beide zugleich vorhergesagt werden können. Dadurch wird der Realitätsanspruch von *P* und *Q* vom Vorgang der Messung abhängig, die am ersten System ausgeführt wird und die auf keine Weise das zweite System beeinflußt. Man darf nicht erwarten, daß dies irgendeine vernünftige Definition der Realität zuläßt.

Der Artikel endet mit der Bemerkung:

Während wir somit gezeigt haben, daß die Wellenfunktion keine vollständige Beschreibung der physikalischen Realität liefert, lassen wir die Frage offen, ob eine solche Beschreibung existiert oder nicht. Wir glauben jedoch, daß eine solche Theorie möglich ist.

III. Bohr's Antwort

Nach dem Erscheinen des Artikels wurden zahlreiche Stellungnahmen dazu veröffentlicht, um unsere Schlußfolgerungen zu widerlegen. Aus all den Stellungnahmen soll hier diejenige von Niels Bohr (1936) ausgewählt werden. Die Begründung dieser Wahl ist, daß Bohr die „orthodoxe" Kopenhagener Interpretation der Quantenmechanik darlegte, zu der er selbst am meisten beigetragen hatte und die heute von einem Großteil der Forscher akzeptiert wird. Die Gegenüberstellung der Grundideen dieser beiden Artikel läßt uns die Unterschiede der Weltanschauung der beiden großen Wissenschaftler Einstein und Bohr erkennen.

Bohr war mit dem Artikel, besonders mit dem Realitätskriterium, keinesfalls einverstanden. Seiner Meinung nach zeigte die Schlußfolgerung wie „inädequat die üblichen Ansichten der Naturphilosophie zur rationalen Erklärung der physikalischen Phänomene sind, die von der Quantenmechanik beschrieben werden". Ferner meinte er, daß das Realitätskriterium eine wesentliche Zweideutigkeit enthält, wenn es auf die anstehenden Probleme angewendet wird.

Betrachten wir zunächst kurz den Teil der Bohr'schen Arbeit, der sich direkt mit dem Artikel beschäftigt. Er beginnt mit der Betrachtung eines Teilchens, das durch einen Spalt in einem Schirm hindurchtritt. Einerseits kann man eine experimentelle Anordnung wählen, bei der der Schirm in seiner Halterung fest montiert ist, sodaß sich der Spalt nicht verschieben kann. Andererseits kann man die Anordnung auch so wählen, daß der Schirm frei beweglich ist und man aus seiner Verschiebung die Impulsübertragung von Teilchen auf den Schirm bestimmen kann. Im ersten Fall legt der Spalt die Lage des Teilchens kurz nach seinem Durchgang fest, wobei sich aber eine unkontrollierbare Impulsübertragung zwischen Teilchen und Schirm ergibt, welche den Impuls des Teilchens unbestimmt läßt. Im zweiten Fall kennt man den Impuls des Teilchens nach dem Durchgang durch den Spalt (falls der Impuls davor bekannt war), aber nun ist der Ort des Teilchens unbestimmt, da man die Lage des Spalts auf dem (bewegten) Schirm im Moment des Durchgangs des Teilchens nicht kennt. Die beiden Anordnungen, mit deren Hilfe man den Ort oder den Impuls des Teilchens nach dem Durchgang durch den Spalt messen kann, schließen einander wechselseitig aus und führen zu komplementären klassischen Größen (beispielsweise Ort und Impuls) die sich dem Bohr'schen Komplementaritätsprinzip gemäß wechselseitig ausschließen.

Mit dieser Diskussion wollte Bohr zeigen, daß man es hier nicht mit einer unvollständigen Beschreibung zu tun hat, bei der man einige Größen nicht kennt, sondern mit experimentellen Anordnungen, bei denen es jeweils unmöglich ist, bestimmte Größen zu definieren.

Bohr betrachtet dann das in dem Artikel diskutierte Problem der beiden Teilchen. Seiner Meinung nach unterscheidet sich die Situation nicht wesentlich von dem oben betrachteten Einzelteilchen. Im Prinzip kann man sich vorstellen, daß die beiden Teilchen durch zwei Spalten eines Schirms gehen, wobei die Impulsübertragung von den Teilchen auf den Schirm experimentell bestimmt wird. Aus dem bekannten Abstand zwischen den Spalten kann man $x_2 - x_1$ kurz nach dem Durchgang der Teilchen bestimmen. Kennt man den Impuls der Teilchen vor dem Schirm, so kann man den Gesamtimpuls $p_1 + p_2$ hinter dem Schirm ermitteln. Aus den Vertauschungsrelationen für Operatoren, die kanonisch konjugierten Größen entsprechen, sieht man, daß die obigen Operatoren miteinander vertauschen. Es gibt also einen Zustand des Gesamtsystems I + II, der ein Eigenzustand beider Operatoren ist. Falls wir nun x_1 mit Hilfe eines zusätzlichen Meßgeräts bestimmen, so können wir x_2 berechnen; wenn wir p_1 zusätzlich bestimmen, können wir p_2 berechnen. Dieser Fall wird in dem Artikel betrachtet.

Bohr interpretiert diese Situation aber anders. Das Meßverfahren zur Bestimmung von x_2 verhindert die Bestimmung von p_2 und umgekehrt. Das Kriterium physikalischer Realität, das in dem Artikel gegeben wird, enthält nach Bohrs Meinung eine Zweideutigkeit, die in den Worten „ohne das System irgendwie zu stören" zum Ausdruck kommt. In dem dort betrachteten Fall tritt keine mechanische Störung des Systems II während der letzten, kritischen Phase des Meßprozesses auf (bei der man entweder x_1

oder p_1 bestimmt). Aber es gibt einen „*Einfluß auf die Bedingungen, welche die möglichen Vorhersagen für das zukünftige Verhalten des Systems festlegen.* Da diese Bedingungen ein wesentliches Element der Beschreibung jedes Phänomens sind, für das der Ausdruck „physikalische Realität" anwendbar ist, zeigt sich, daß die Argumente der Autoren ihre Schlußfolgerung nicht rechtfertigen, wonach die quantenmechanische Beschreibung wesentlich unvollständig ist". Er meint ganz im Gegenteil, daß diese Beschreibung „als eine rationale Verwendung aller Möglichkeiten einer eindeutigen Interpretation von Messungen charakterisiert werden kann, die mit den endlichen und unkontrollierbaren Wechselwirkungen zwischen Meßobjekt und Meßinstrument in der Quantentheorie vereinbar sind." Bohr meint daher, daß die quantenmechanische Beschreibung der physikalischen Wirklichkeit vollständig *ist*.

IV. Diskussion

Zu welcher Antwort gelangen wir nun auf die Frage: kann man die quantenmechanische Beschreibung der physikalischen Wirklichkeit als vollständig betrachten?

Offensichtlich kann diese Frage nicht auf operationellem Weg, durch Angabe von Experimenten und Messungen beantwortet werden. Die Antwort hängt vielmehr davon ab, wie man die Elemente der physikalischen Realität definiert, oder, allgemeiner formuliert, wie man die physikalische Wirklichkeit betrachtet. So scheint die Antwort letzten Endes Ansichtssache zu sein.

Einstein glaubte an die Existenz einer objektiven Realität, die unabhängig vom Beobachter ist. Mit Hilfe von Messungen kann man Informationen über diese Realität erlangen, sie existiert aber unabhängig von diesen Messungen (falls sie durch die Messungen nicht gestört oder verändert wird), und würde auch in Abwesenheit menschlicher Beobachter weiterexistieren. Von diesem Gesichtspunkt und dem Kriterium für die Elemente der physikalischen Wirklichkeit ausgehend kam der Artikel zur Schlußfolgerung, daß die quantenmechanische Beschreibung unvollständig ist.

Bohr betrachtete die Möglichkeit anders. Seiner Meinung nach werden die Elemente der Realität in einem gegebenen System durch die experimentellen Anordnungen bestimmt, die zur Untersuchung des Systems gewählt werden. Die experimentellen Anordnungen bestimmen ja die möglichen Ergebnisse der Messungen und formen dadurch die Realität in einer Weise, die den möglichen Ergebnissen entspricht. Hat man einen Apparat zur Messung des Orts eines Teilchens gewählt, so ist dieser Ort ein Element der Wirklichkeit, während es der Impuls nicht ist, und umgekehrt. Bohr meint, daß die quantenmechanische Beschreibung vollständig ist, da sie genau den möglichen Messungen in einer bestimmten Situation entspricht, also den möglichen experimentellen Anordnungen. Dies scheint zu implizieren, daß die quantenmechanische Beschreibung der Wirklichkeit vollständig ist, daß also die Wirklichkeit genau das ist, was die Quantenmechanik beschreiben kann.

Als Bohr den Einfluß der experimentellen Anordnung auf die physikalische Wirklichkeit betrachtete, unterschied er nicht zwischen dem Fall einer direkten Messung an dem interessierenden System, und dem Fall einer Messung an einem System I, aus der man Information über ein anderes System II erlangen will. Nach Einsteins Meinung sind diese beiden Fälle grundlegend verschieden; nur der zweite Fall kann die Bedingung „ohne das System irgendwie zu stören" des Realitätskriteriums erfüllen. Für Einstein bedeutete die Störung eine physikalische Wechselwirkung mit einem anderen System, und nicht nur die Existenz eines Meßinstrumentes in einiger Entfernung.

Kehren wir nun zu dem Artikel zurück. Wenn man seine Schlußfolgerung akzeptiert (wie dies einige Physiker tun), gelangt man zur Frage: wie kann man eine vollständige Beschreibung der Wirklichkeit erreichen? Eine Möglichkeit ist, die gegenwärtige Form der Quantenmechanik beizubehalten, die sich als höchst erfolgreich in bezug auf die Übereinstimmung mit der Beobachtung erwiesen hat, wobei man aber die Wellenfunktion durch weitere Informationen ergänzt, die aus „verborgenen Variablen" oder „verborgenen Parametern" (Belinfante 1973) stammen. Diese verborgenen Variablen würden — wenn man sie kennt — eine vollständige Beschreibung der Realität ermöglichen. Im Fall der zwei Systeme, die in dem Artikel betrachtet wurden, würde die Kenntnis der verborgenen Variablen es beispielsweise ermöglichen, vorherzusagen, welcher Term $\psi_2(x_2)u_k(x_1)$ in Gleichung (3) und welcher Term $\phi_r(x_2)v_r(x_1)$ in Gleichung (4) sich ergibt, wenn A oder B gemessen werden. Diese verborgenen Variablen sind jedoch nicht bekannt und daraus resultiert der statistische Charakter der Quantenmechanik.

Die Angelegenheit scheint jedoch nicht so einfach zu sein. Falls die verborgenen Parameter existieren, führen sie zu Korrelationen zwischen den Ergebnissen von Messungen die an den Systemen I und II nach aufhören der Wechselwirkung ausgeführt werden. In einer lokalen Theorie, bei der die Ergebnisse der Messungen an einem System nicht davon abhängen, was mit einem anderen System geschieht, führen die von den verborgenen Parametern hervorgerufenen Korrelationen zu bestimmten statistischen Beziehungen, wie z.B. den Bellschen Ungleichungen (Bell 1971). Diese Ungleichungen unterscheiden sich in manchen Fällen von denen, die aus der Quantenmechanik aufgrund der Wellenfunktion ψ in den Gleichungen (3) und (4) folgen. Die in den letzten Jahren durchgeführten experimentellen Untersuchungen (Clauser und Shimoni 1978) scheinen jedoch die Vorhersagen der Quantenmechanik zu bestätigen. Falls man verborgene Parameter einzuführen wünscht, scheint man also auch eine Art von nichtlokaler Wechselwirkung zwischen den Systemen zulassen zu müssen, also eine Art von Fernwirkung, bei dem ein System durch Messungen beeinflußt wird, die an einem anderen System ausgeführt werden. Die meisten Physiker finden eine derartige Theorie wenig anziehend.

Betrachten wir nun den letzten Absatz des Artikels. Wie stehen die Aussichten, eine zufriedenstellende Theorie zu finden, die uns eine vollständige Beschreibung der Wirklichkeit ermöglicht? Hier darf man nicht allzu optimistisch sein. Es scheint, daß geringfügige Modifikationen der Quantenmechanik, wie z.B. die Hinzufügung verborgener Parameter, nicht zu einer derartigen Theorie führen. Wenn die Quantenmechanik eines Tages durch eine andere Theorie ersetzt wird, so wird dies wahrscheinlich revolutionäre Veränderungen der Begriffe und Prinzipien der Theorie mit sich bringen – vielleicht sogar Veränderungen in unseren Auffassungen von Raum und Zeit. In diesem Fall könnte sich sogar die Frage nach der vollständigen Beschreibung der physikalischen Wirklichkeit nicht länger als sinnvoll erweisen oder einer anderen Interpretation bedürfen. Die Folgen einer Revolution sind aber auch in der Physik nur schwer vorherzusagen.

Literatur

Belinfante, F. J. 1973. A Survey of Hidden-Variables Theories, Pergamon Press, Oxford.
Bell, J. S. 1971. Foundations of Quantum Mechanics, Proc. of Int. School of Physics "Enrico Fermi", B. d'Espagnat, ed., Course 49, p. 171, Academic Press, N.Y.
Bohm, D., and *Aharonov, Y.* 1957. Phys. Rev. **108**, 1070.
Bohr, N. 1936, Phys. Rev. **48**, 696.
Clauser, J. F., and *Shimoni, A.* 1978. Reports on Progress in Physics (to appear).
Einstein, A., Podolsky, B., and *Rosen, N.* 1935. Phys. Rev. **47**, 777.

Einsteins Beitrag zur statistischen Mechanik

Hiroshi Ezawa

Einsteins gesamte wissenschaftliche Laufbahn ist durch die Suche nach einer einheitlichen Grundlage der Physik geprägt[1]. Auch seine Arbeiten über statistische Mechanik bilden dabei keine Ausnahme. Unzufrieden mit der Molekulartheorie von James Clark Maxwell und Ludwig Boltzmann, welche ausschließlich für Gase formuliert war, arbeitete der junge Einstein „um die allgemeine molekulare Theorie der Wärme" aufzubauen. Die erste seiner drei Arbeiten auf diesem Gebiet erschien 1902 etwa zugleich mit dem Buch „Elementary Principles in Statistical Mechanics, Developed with Special Reference to the Rational Foundation of Thermodynamics" von Josiah Willard Gibbs. Einstein und Gibbs arbeiteten auf sehr ähnlichen Gebieten, ohne voneinander Kenntnis zu haben, wie auch Max Born in einem Artikel über Einsteins statistische Theorien bestätigt, „daß wichtige Ideen, sobald die Zeit reif ist, fast gleichzeitig durch verschiedene Männer an verschiedenen Orten entwickelt werden"[2].

Einstein und Gibbs hatten jedoch unterschiedliche Standpunkte. Während Gibbs in der statistischen Mechanik die Grundlage für die Thermodynamik sah, wie der Titel seiner Abhandlung beweist, war Einstein daran interessiert, die Grenzen der Anwendbarkeit der Thermodynamik zu finden. Dabei entdeckte er die Schwankungsphänomene (1904) und speziell die Brownsche Bewegung (1905), welche Jean Perrin den ersten überzeugenden Beweis für die Realität der Moleküle ermöglichte. Überdies wurden die Schwankungserscheinungen ein wichtiges Hilfsmittel für Einsteins Untersuchungen (1905–9) bezüglich der Folgerungen, die man aus der Planckschen Strahlungsformel auf die Natur der Strahlung ziehen kann, was ihn schließlich zur Quantenstatistik führte (1907 und 1924).

1. Atome erklären die Thermodynamik

Bereits im Jahre 1901, als die Realität der Atome noch im Dunkeln lag, begann Einstein seine wissenschaftliche Laufbahn mit einem Versuch,

---

1 M. J. Klein, "Thermodynamics in Einstein's Thought", Science 157 (1967), S. 509.
2 M. Born, „Einsteins statistische Theorien", in P. A. Schilpp Hrsg. *Albert Einstein als Philosoph und Naturforscher*, W. Kohlhammer Verlag (1949). Reprint Vieweg (1979).

die Stärke der interatomaren Kräfte aus den Daten über die Oberflächenspannung zu ermitteln. Seine beiden ersten Arbeiten (1901 und 1902) beschäftigen sich mit diesem Problem[3, 4].

Falls man, wie es Einstein bereits damals tat, den atomistischen Aufbau der Materie als gegeben annimmt, muß man die Prinzipien der Mechanik auf die Atome selbst anwenden. Die Anzahl der Atome in der Materie ist dabei vermutlich so groß, daß statistische Methoden notwendig sind, „doch bis jetzt ist die Mechanik nicht imstande gewesen, eine hinreichende Grundlage für die allgemeine Wärmetheorie zu liefern, weil es bis jetzt nicht gelungen ist, die Sätze über das Wärmegleichgewicht und den zweiten Hauptsatz unter alleiniger Benutzung der mechanischen Gleichungen und der Wahrscheinlichkeitsrechnung herzuleiten"[5].

Die Methode der statistischen Mechanik war nicht neu. Im letzten Viertel des 19. Jahrhunderts hatten Ludwig Boltzmann in Wien und James Clark Maxwell in Edinburgh diese Methode für Gase entwickelt. In ihrer kinetischen Gastheorie wurde Wärme als Energie der chaotischen Molekularbewegung betrachtet. Die thermodynamischen Größen wurden als Summen oder Mittelwerte der entsprechenden mechanischen Größen der zahllosen Gasmoleküle angesehen. Der zweite Hauptsatz der Thermodynamik wurde als Tendenz eines Systems interpretiert, in einen wahrscheinlicheren Zustand überzugehen. Boltzmann argumentierte, daß Vorgänge, die dem Hauptsatz widersprechen, im allgemeinen eine so kleine Wahrscheinlichkeit aufweisen, daß sie innerhalb der Lebensdauer des Universums nie auftreten.

Einstein war mit diesen Überlegungen nicht zufrieden, da sich die Theorie auf Gase beschränkte.

2. Der Weg zur statistischen Thermodynamik

Die oben erwähnte Arbeit Einsteins aus dem Jahre 1902 trägt den Titel "Kinetische Theorie des Wärmegleichgewichtes und des zweiten Hauptsatzes der Thermodynamik"[5]. Sie bildete den Anfang einer Reihe von drei Arbeiten, in welchen die statistische Mechanik so verallgemeinert wurde, daß sie über ihre Grundlagen — die klassische Mechanik — hinaus als heuristischer Führer zur Welt der Quanten dienen konnte.

---

3 A. Einstein, „Folgerungen aus den Kapillaritätserscheinungen", Ann. d. Physik, (4), 4, S. 513 (1901).

4 A. Einstein, „Thermodynamische Theorie der Potentialdifferenz zwischen Metallen und vollständig dissoziierten Lösungen ihrer Salze, und eine elektrische Methode zur Erforschung der Molekularkräfte", Ann. d. Physik, (4), 8, S. 417 (1902).

5 A. Einstein, „Kinetische Theorie des Wärmegleichgewichts und des zweiten Hauptsatzes der Thermodynamik", Ann. d. Physik, (4), 9, S. 417 (1902)

Einsteins Ausgangspunkt für eine atomistische Theorie war, daß „ein beliebiges physikalisches System durch ein mechanisches System darstellbar ist." Dies bedeutet, daß der Zustand eines solchen Systems zu jedem Zeitpunkt durch die Angabe eines Punktes im „Phasenraum" festgelegt ist, der von den Koordinaten $q_1 \ldots q_n$ und den Impulsen $p_1 \ldots p_n$ aufgespannt wird. Die Energie des Systems ist eine Funktion $H(p_1 \ldots q_n)$ dieser Variablen.

Kanonisches und Mikrokanonisches Ensemble. Um statistische Methoden anwenden zu können, betrachtete Einstein ein großes Ensemble aus $N \gg 1$ identischen Systemen, die im thermischen Kontakt mit einem Wärmebad der Temperatur T stehen. Der Zustand jedes Systems des Ensembles wird durch einen Punkt im Phasenraum dargestellt und das gesamte Ensemble durch N Punkte. Die stationäre Verteilung dieser Punkte im Phasenraum sollte der Situation entsprechen, in dem ein System im thermischen Gleichgewicht mit dem Wärmebad steht.

In einfachen Fällen hatten Maxwell und Boltzmann bereits die Antwort gefunden. Für ein einatomiges ideales Gas zeigte Maxwell im Jahre 1860, daß die Geschwindigkeitsverteilung einem Exponentialgesetz in der kinetischen Energie folgt. Im Jahre 1871 verallgemeinerte Boltzmann[6] dieses Gesetz in sehr langwierigen Rechnungen auf komplexe Moleküle bei Anwesenheit einer äußeren Kraft.

Einstein betrachtete in seiner Arbeit von 1902 den allgemeinen Fall und leitete das Exponentialgesetz für die Gesamtenergie

$$dN = A e^{-\beta H(q_1 \ldots p_n)} dq_1 \ldots p_n \tag{1}$$

in der für ihn charakteristischen einfachen Weise her. Dabei ist $\beta = 1/kT$, und die Konstante A wird so bestimmt, daß die Gesamtzahl der Systeme des Ensembles N beträgt. Nach Gibbs, der unabhängig von Einstein zu diesem Resultat gelangte, nennen wir ein Ensemble mit der Verteilung (1) im Phasenraum ein kanonisches Ensemble. Die Konstante k (die Einstein in dieser Form nicht verwendete) wird nach Boltzmann benannt.

Einstein beginnt seine Ableitung von (1), indem er ein System in Wechselwirkung mit dem Wärmebad betrachtet, wobei die Gesamtenergie gleich der Summe der Energien des Systems und des Wärmebades sein soll (die Wechselwirkungsenergie wird also vernachlässigt). Einstein betrachtet die Zeitentwicklung dieses zusammengesetzten Systems. Dabei besagt das Liouvillesche Theorem, daß sich das Phasenvolumen mit der Zeit nicht ändert und daher die Dichte der Punkte im Phasenraum konstant bleibt. Dies war bereits Boltzmann bekannt.

---

6 L. Boltzmann, „Über das Wärmegleichgewicht zwischen mehratomigen Gasmolekülen", Wien. Ber. 63, S. 397 (1871). Siehe auch: L. Boltzmann, „Vorlesung über Gastheorie", Hrsg. J. A. Barth, Leipzig 1895–98, Teil I–III.

Nun macht Einstein eine grundlegende Annahme, die auch heute noch in der statistischen Mechanik verwendet wird: „Wir machen die Voraussetzung, daß außer der Energie oder einer Funktion dieser Größe für das einzelne System keine Funktion der Zustandsvariablen p, q ... allein vorhanden sei, welche mit der Zeit sich nicht ändert". Die Dichteverteilung der Punkte im Phasenraum muß dann eine Funktion der Gesamtenergie von System und Wärmebad sein. Haben alle Systeme des Ensembles die gleiche Energie, so entspricht dies einer gleichmäßigen Verteilung der Dichte der Punkte im Phasenraum über die Energieschale. Boltzmann bezeichnete diese Annahme als Ergodenhypothese (1884 und 1887). Die Verteilung der Systeme in ihrem Phasenraum ergibt sich durch Integration der Gesamtverteilung über alle möglichen Phasen des Wärmebades. Dabei führt Einstein eine Konstante ein, welche das Gleichgewicht zwischen den Systemen und dem Wärmebad festlegt. Von dieser Konstante β zeigt er zunächst, daß sie stets positiv ist. Ferner sind verschiedene Systeme im Gleichgewicht mit demselben Wärmebad, falls sie den gleichen Wert von β aufweisen. Die Beziehung zwischen β und der Temperatur T wird dann hergestellt, indem man als System ein ideales Gas wählt. Es ergibt sich $\beta = 1/kT$ mit $k = R/N_A$, wobei N_A die Anzahl der Moleküle in einem Mol ist. Auf diese Weise bestimmte Einstein k in seiner Arbeit aus dem Jahre 1904, auf die wir noch eingehen werden.

Im Gegensatz zu dem hier betrachteten kanonischen Ensemble wird ein Ensemble isolierter Systeme, die alle gleiche Energie haben, als mikrokanonisch bezeichnet. Es ist wesentlich, daß Einstein auch die Äquivalenz zwischen der mikrokanonischen und kanonischen Beschreibung zeigt, falls man sich nur für die physikalischen Größen eines relativ kleinen Subsystems interessiert.

Über die Mechanik hinaus. Im Jahre 1903 veröffentlichte Einstein seine nächste Arbeit „Theorie der Grundlagen der Thermodynamik"[7]. Er zeigte darin, daß die folgenden allgemeinen Annahmen ausreichen, um die Äquivalenz der mikrokanonischen und kanonischen Verteilung im Phasenraum zu beweisen:

1. Der jetzige Zustand bestimmt den zukünftigen Zustand des Systems durch Differentialgleichungen (Kausalität).
2. Ein System nähert sich dem Gleichgewicht, falls es genügend lange Zeit isoliert bleibt.
3. Die Energie ist die einzig erhaltene Größe.

---

7 A. Einstein, „Theorie der Grundlagen der Thermodynamik", Ann. d. Physik, (4), II, S. 170 (1903).

Diese Verallgemeinerung erwies sich als entscheidend für die Anwendung von Einsteins statistischer Thermodynamik auf die Strahlung, da er bis dahin noch keinen Hamilton-Formalismus für die Strahlung zur Verfügung hatte.

Der zweite Hauptsatz und die Entropie. Ein weiterer Aspekt der Einsteinschen Thermodynamik ist die mechanische Definition der Entropie. Geht die Wärmemenge dQ in reversibler Weise von einem Wärmereservoir auf ein System über, so nimmt die Entropie des Systems um den Betrag dQ/T zu, wie aus der Thermodynamik folgt. In seiner ersten Arbeit über statistische Thermodynamik behandelte Einstein den Wärmeaustausch als mechanisch, wobei die Moleküle des Wärmereservoirs und des Systems aufeinander Kräfte ausüben. Diese Kräfte können aber auch z. B. den Druck beinhalten, welcher keine Wärme überträgt.

Einstein unterscheidet daher zwei Arten von äußeren Kräften auf das System: „die einen sind diejenigen Kräfte, welche die Bedingungen des Systems darstellen, und von einem Potential ableitbar sind, welches nur eine Funktion der Koordinaten $q_1 \ldots q_n$ ist (adiabatische Wände, Schwerkraft etc.) ... die anderen Kräfte seien nicht von einem Potential ableitbar, welches nur von $q_1 \ldots q_n$ abhängt." In der Einleitung zu seiner Arbeit bemerkt er, daß die letzteren Kräfte „schnell veränderlich" seien. Indem er die von diesen Kräften geleistete Arbeit mit der übertragenen Wärme dQ gleichsetzte, konnte er dann unter Verwendung der Bewegungsgleichungen und des Gleichverteilungssatzes zeigen, daß $dS = dQ/T$ in Übereinstimmung mit den allgemeinen Theoremen der Thermodynamik ein totales Differential ist. Damit gelangt Einstein zur Entropie eines Systems im thermischen Gleichgewicht und schließt: „Der 2. Hauptsatz erscheint also als notwendige Folge des mechanischen Weltbildes".

Erst in der zweiten Arbeit dieser Serie (1903) beweist er, daß die Entropie eines isolierten Systems niemals abnimmt. Um dies zu zeigen, verknüpft er die Entropie mit der Wahrscheinlichkeit. Dazu betrachtet er ein System Σ, das aus vielen Subsystemen $\sigma_1, \sigma_2 \ldots$ besteht, die durch adiabatische Wände voneinander thermisch isoliert sind. Er unterteilt die Energieschale mit der Energie E im Phasenraum in L Zellen gleichen Volumens. Sind $N \gg 1$ Systeme Σ mit gleicher Energie E gegeben, so ist die Wahrscheinlichkeit, n_1 Systeme im ersten Volumelement, n_2 im zweiten ... zu finden durch das Produkt von $(1/L)^N$ mit W gegeben, wobei

$$W = \frac{N!}{n_1! \, n_2! \ldots n_L!} \qquad (2)$$

ist, weil für das mikrokanonische Ensemble gleiche Volumina auf der Energieschale gleich wahrscheinlich sind. Einen ähnlichen Ausdruck für W hatte auch Boltzmann definiert und Komplexionszahl genannt[8]. Im allgemeinen

---

[8] L. Boltzmann, „Über die Beziehung zwischen dem zweiten Hauptsatze der mechanischen Wärmetheorie und der Wahrscheinlichkeitsrechnung respektive den Sätzen über Wärmegleichgewicht", Wien. Ber. 76, S. 373 (1977).

läßt sich die Komplexionszahl durch die Anzahl der Mikrozustände definieren, die zu einem Makrozustand gehören.

Nun betrachtet Einstein das r-te Subsystem σ_r und schreibt: „Die Zustandsverteilung des Systems σ_r wird sich nicht merklich von derjenigen Zustandsverteilung unterscheiden, welche gelten würde, wenn σ_r mit einem physikalischen System von derselben Temperatur in Berührung stände." Diese Voraussetzung erlaubte die Berechnung der Entropie S des Systems und die Bestimmung der Zahlen n_L in (2). Das Ergebnis ist, daß die Zahl der Komplexionen mit der Entropie durch die Gleichung

$$S = k \log(W/L^N) \qquad (3)$$

verknüpft ist, wenn eine additive Konstante geeignet festgelegt wird.

Die obige Beziehung zwischen Entropie und der Komplexionszahl — oder der Wahrscheinlichkeit — wurde von Boltzmann im Zusammenhang mit der kinetischen Gastheorie entdeckt (1877) und wird daher als Boltzmann-Prinzip bezeichnet. Einstein fügt nun hinzu: „Wir werden anzunehmen haben, daß immer wahrscheinlichere Zustandsverteilungen auf unwahrscheinlichere folgen werden." Aus dieser Annahme folgt die Zunahme der Entropie. Einen weiteren Beweis dafür gibt Einstein in der dritten Arbeit dieser Serie[9].

Im Jahre 1910 kritisierte Paul Hertz diesen Beweis[10]: „Wenn man wie Einstein annimmt, daß wahrscheinlichere Verteilungen auf unwahrscheinlichere folgen, führt man damit eine besondere Annahme ein, die keinerlei Evidenz besitzt und durchaus des Beweises bedarf." Hier liegt das Kernproblem des 2. Hauptsatzes der Thermodynamik, und Einstein antwortete 1911: „Ich halte diese Kritik für vollkommen zutreffend"[11]. Tatsächlich war ihm damals bereits klar, daß bei Schwankungsphänomenen weniger wahrscheinliche Zustände auf wahrscheinlichere folgen können.

3. Die Schwankungsformel

Befindet sich ein physikalisches System im thermischen Gleichgewicht mit einem Wärmebad, so wird durch die Wechselwirkung, wie klein sie auch sein mag, Energie ausgetauscht. Dadurch fluktuiert der Energiegehalt des Systems und auch andere Variable unterliegen Schwankungen. Sind diese

---

9 A. Einstein, „Zur allgemeinen molekularen Theorie der Wärme", Ann. d. Physik, (4), **14**, S. 354 (1904).
10 P. Hertz, „Über die mechanischen Grundlagen der Thermodynamik", Ann. d. Physik **33**, S. 225 u. S. 537 (1910).
11 A. Einstein, „Bemerkungen zu den P. Hertz'schen Arbeiten: Mechanische Grundlagen der Thermodynamik", Ann. d. Physik, **34**, S. 175 (1911).

Schwankungen der thermodynamischen Variablen von Bedeutung, so bedeutet dies die Grenze der Anwendbarkeit der Thermodynamik, die nur die mittleren Größen beschreibt.

Fluktuationen der Energie. In der Arbeit „Zur allgemeinen molekularen Theorie der Wärme",[9] leitete Einstein im Jahre 1904 die Formel für die Energieschwankungen eines Systems im thermischen Gleichgewicht mit einem Wärmebad ab. Aufgrund des Exponentialgesetzes erhält er das Ergebnis*

$$\overline{(E - \bar{E})^2} = kT^2 \frac{d\bar{E}}{dT}. \tag{4}$$

Die Herleitung zeigt, daß diese Gleichung nicht auf mechanische Systeme beschränkt ist. Die Festlegung der Größenordnungen der Schwankungserscheinungen sieht Einstein daher als die allgemeine Bedeutung der Konstante k an.

Die Energieschwankungen in einem normalen Materiestück sind allerdings zu klein, um beobachtbar zu sein, wie man sich leicht überlegt.

Anwendung auf die Strahlung. Einstein hebt nun hervor: „Wir können überhaupt nur bei einer einzigen Art physikalischer Systeme aus der Erfahrung vermuten, daß ihnen eine Energieschwankung zukomme". Es ist dies die Hohlraumstrahlung. Tatsächlich konnte Einstein das Wiensche Verschiebungsgesetz[12] — wenn auch nur approximativ — aus dem Stefan-Boltzmann-Gesetz herleiten. Es folgt aus der Annahme, daß die Schwankungen maximal sind, wenn die Wellenlänge des Maximum der Spektralverteilung vergleichbar mit den Dimensionen des Hohlraums ist. Dieser Erfolg muß Einstein von der Allgemeinheit und der Bedeutung seiner statistischen Thermodynamik überzeugt haben.

4. Die Theorie der Brownschen Bewegung

Es gibt eine Art von Schwankungen, die sichtbar ist! „In dieser Arbeit wird gezeigt, daß ... in Flüssigkeiten suspendierte Körper von mikroskopisch sichtbarer Größe, infolge der Molekularbewegung der Wärme Bewegungen von solcher Größe ausführen müssen, daß diese Bewegungen leicht mit dem

---

* Der Querstrich bezeichnet den Mittelwert der entsprechenden Größe.
12 W. Wien, „Temperatur und Entropie der Strahlung", Wied. Ann. d. Physik **52**, S. 132 (1894), und W. Wien, „Über die Energieverteilung im Emissionsspektrum eines schwarzen Körpers", Ann. d. Physik und Chemie **58**, S. 662 (1896).

Mikroskop nachgewiesen werden können."[13] Es ist dies die Brownsche Bewegung, obwohl Einstein zur Zeit der Abfassung seines Artikels sich dieser Identifikation nicht sicher war, denn „die mir erreichbaren Angaben ... sind jedoch so ungenau."

Einstein behauptete, daß aus der Beobachtung dieser Bewegung zwei Dinge folgen würden: Erstens, daß „die klassische Thermodynamik schon für mikroskopisch unterscheidbare Räume nicht als genau gültig anzusehen ist." Zweitens, daß „eine exakte Bestimmung der wahren Atomgröße möglich ist."

Die Brownsche Bewegung. Es ist nicht ganz klar, wieviel Einstein über die Brownsche Bewegung bekannt war. Der englische Botaniker Robert Brown hatte diese Bewegung im Jahre 1828 beobachtet und im letzten Viertel des 19. Jahrhunderts hatten einige Atomisten vermutet, daß die Brownsche Bewegung durch Zusammenstöße kleiner Teilchen mit Wassermolekülen hervorgerufen wird, die ungeordnete thermische Bewegungen ausführen.

Um die molekulare Theorie der Brownschen Bewegung zu überprüfen, wurden Versuche unternommen, die Teilchengeschwindigkeiten direkt zu messen. Das Ergebnis war negativ, da sich die Geschwindigkeiten als viel kleiner erwiesen, als nach dem Gleichverteilungssatz für die Energie zu erwarten war. Es zeigt sich auch, daß die scheinbare mittlere Geschwindigkeit der Teilchen von der Beobachtungszeit t abhängt, ohne einem Grenzwert für $t \to 0$ zuzustreben.

Einstein hatte dazu seine eigenen Ansichten. In seiner berühmten Arbeit[13] zeigt er, daß das mittlere Verschiebungsquadrat $\overline{(\Delta x)^2}$ für Teilchen (mit Radius a), die in einer Flüssigkeit (mit Temperatur T und Viskosität η) suspendiert sind, einer einfachen Beziehung genügt:

$$\overline{(\Delta x)^2} = 2Dt \quad D = kT/6\pi\eta a. \tag{5}$$

Dieses Ergebnis wird heute als Spezialfall des sogenannten Fluktuations-Dissipations-Theorems[14] betrachtet.

Die Zeit war reif zur Erforschung der molekularen Struktur der Materie. Nach dem Erscheinen von Einsteins Arbeit begannen Versuche, seine Theorie mit den Beobachtungen in Zusammenhang zu bringen.

Die Theorie wurde jedoch nicht vollständig verstanden. Viele Experimentatoren wollten zunächst das Gleichverteilungsgesetz, welches Einstein auf die Brownschen Teilchen angewendet hatte, experimentell überprüfen.

---

13 A. Einstein, „Die von der molekularkinetischen Theorie der Wärme geforderte Bewegung von in ruhenden Flüssigkeiten suspendierten Teilchen", Ann. d. Physik, (4), 17, S. 549 (1905).

14 R. Kubo, "Fluctuation-Dissipation Theorem", Reports on Progress in Physics 29, Teil 1, S. 255 (1966).

Deshalb fühlte sich Einstein nach erfolglosen Versuchen von Svedberg[15] veranlaßt, „Bemerkungen über die Brownsche Bewegung"[16] zu schreiben. Darin hebt er hervor, daß sich die Größe und Richtung der Teilchengeschwindigkeit zu schnell ändert, um Messungen zu erlauben.

In der Folge wandte sich Jean Perrin, der zunächst die Höhenverteilung von kolloidalen Teilchen untersucht hatte, der experimentellen Überprüfung der Diffusionsgleichung (5) zu. Seine Resultate stimmten mit der Theorie überein und erlaubten die Bestimmung der Diffusionskonstante D. Ferner hatte Perrin eine geniale Methode gefunden, um den Radius a der Teilchen genau zu bestimmen, so daß aus (5) die Boltzmann-Konstante k berechnet werden konnte. Auf die Übersendung der Perrinschen Arbeit „Mouvement Brownien et constantes moleculaire",[17] antwortete Einstein: „Ich hatte es für unmöglich gehalten, die Brownsche Bewegung so genau zu untersuchen. Es ist ein Glück, daß Sie sich selbst der Sache angenommen haben...

Die genaue Bestimmung der Größe der Moleküle erscheint mir von höchster Bedeutung, weil das Plancksche Strahlungsgesetz dadurch genauer bewiesen werden kann als durch Strahlungsmessungen. Auch die Plancksche Theorie der Strahlung ergibt die absolute Größe der Atome, falls sie exakt ist."[18]

Perrin setzte seine Bemühungen zur Bestimmung der Boltzmann-Konstante fort, wobei sich die Resultate unterschiedlicher Messungen als konsistent erwiesen. Seine Ergebnisse waren der entscheidende Hinweis auf die atomare Zusammensetzung der Materie.

Der Beweis der Realität der Atome stellt einen Wendepunkt in der Geschichte der Physik dar, wie sich klar in den Vorträgen auf der ersten Solvay-Konferenz im Jahre 1911 widerspiegelt. Perrin sprach über: „Der Beweis der Realität der Moleklen", die meisten Vorträge befaßten sich jedoch mit den „Quanten". Einsteins Vortrag trug den Titel: „Zum gegenwärtigen Stand des Problems der spezifischen Wärme". Sein Beitrag zu diesem Problem soll im nächsten Abschnitt besprochen werden.

---

15 Svedberg, „Über die Eigenbewegung der Teilchen in kolloidalen Lösungen", Zeitschr. f. Elektrochemie, **12**, S. 853 (1906).
16 A. Einstein, „Theoretische Bemerkungen über die Brownsche Bewegung", Zeitschr. f. Elektrochemie, **13**, S. 41 (1907).
17 J. Perrin, "Mouvement Brownien et constantes moleculaire", Comptes Rendus 149, S. 477 (1909).
18 Unveröffentlicher Brief zitiert im Buch von M. Jo Nye, "Molecular, Reality, a Perspective on the Scientific Work of Jean Perrin", MacDonald, London and American Elseview, New York (1972), S. 135.

5. Wenn Licht gequantelt ist, dann auch mechanische Schwingungen

In der Arbeit „Die Plancksche Theorie der Strahlung und die Theorie der spezifischen Wärme"[19] schreibt Einstein 1907: „Während man sich nämlich bisher die molekularen Bewegungen genau denselben Gesetzmäßigkeiten unterworfen dachte, welche für die Bewegungen der Körper unserer Sinnenwelt gelten . . ., sind wir nun genötigt, für schwingungsfähige Ionen . . . die Annahme zu machen, daß die Mannigfaltigkeit der Zustände, welche sie anzunehmen vermögen, eine geringere sei als bei den Körpern unserer Erfahrung." Dies war der Anfang einer quantenstatistischen Mechanik, zu der Einstein auf folgendem Weg gelangte.

Seit dem Ende des 19. Jahrhunderts war das Spektrum der Hohlraumstrahlung ein zentrales Thema der Physik. Im Jahre 1900 entdeckte Planck[20] die nach ihm benannte Strahlungsformel, welche bei geeigneter Wahl des in ihr enthaltenen Parameters h — der Planckschen Konstante — sehr gut mit der gemessenen Energiedichte übereinstimmte. Er konnte sein Ergebnis unter der Voraussetzung ableiten, daß Strahlung mit der Frequenz ν nur in Energiequanten $h\nu$ absorbiert und emittiert werden kann. Seine wiederholten Versuche, den Mechanismus dieser unstetigen Änderung zu verstehen, blieben jedoch erfolglos.

Einstein akzeptierte die Plancksche Ableitung der Strahlungsformel nicht. Sogar noch 1911, nach Plancks Vortrag bei der Solvay-Konferenz, äußerte Einstein, daß die Planckschen Rechnungen für ihn „befremdend" seien. Um dies zu verstehen, betrachten wir zunächst Plancks Herleitung der Strahlungsformel.

Die Planckschen Komplexionen. Planck betrachtete eine Anzahl von Resonatoren, d.h. geladenen harmonischen Oszillatoren, im thermodynamischen Gleichgewicht mit dem Strahlungsfeld. Die Strahlungsdichte kann dann aus der mittleren Energie $\overline{E}(\nu)$ der Resonatoren berechnet werden, wie die elektromagnetische Theorie zeigt.

Der Hohlraum soll Resonatoren mit vielen verschiedenen Frequenzen ν_s enthalten, deren Energie nur ganzzahlige Vielfache von $h\nu_s$ annehmen kann. Planck berechnet nun die Anzahl der möglichen Verteilungen von P_s Energiequanten auf N_s Resonatoren mit der Frequenz ν_s. Das Ergebnis lautet

$$W = \prod_s \frac{(N_s + P_s - 1)!}{N_s!\,(P_s - 1)!} \,. \tag{6}$$

---

[19] A. Einstein, „Die Planck'sche Theorie der Strahlung und die Theorie der spezifischen Wärme", Ann. d. Physik, (4), **22**, S. 180 und S. 800 (Berichtigung) (1907).

[20] M. Planck, „Über eine Verbesserung der Wien'schen Spektralgleichung", Verh. dtsch. phys. Gesellschaft **2**, S. 202 (1900).

Der Zustand des thermischen Gleichgewichts des Resonatorsystems ist derjenige mit der größten „Wahrscheinlichkeit" W und dementsprechend der größten Entropie, die mit der vorgegebenen Gesamtenergie vereinbar ist. Damit kann P_s und die mittlere Energie eines Resonators $\overline{E} = P_s \nu_s / N_s$ bestimmt werden.

Für Einstein war es jedoch nicht klar, wie Planck die Annahme, daß alle Komplexionen die gleiche Wahrscheinlichkeit aufweisen, rechtfertigen könnte.

Lichtquanten. Mit dieser Schwierigkeit konfrontiert, machte Einstein in der Arbeit „Über einen die Erzeugung und Verwandlung des Lichts betreffenden heuristischen Gesichtspunkt",[21] den Vorschlag, das Problem „im Anschluß an die Erfahrung ohne Zugrundelegung eines Bildes über die Erzeugung und Ausbreitung der Strahlung" zu betrachten.

Die Rayleigh-Jeans-Formel widerspricht dem Experiment nicht im gesamten Spektralbereich, sondern geht für kleine Frequenzen in die Plancksche Formel über. Am entgegengesetzten Ende des Spektrums stimmt die Plancksche Formel dagegen mit dem Wienschen Ergebnis[12] überein, das unter der Annahme abgeleitet wurde, daß sich die Strahlung bei hoher Frequenz wie eine Ansammlung von einzelnen Teilchen mit der Energie $h\nu$ verhält. Berechnet man aufgrund der Wienschen Formel die Wahrscheinlichkeit dafür, daß monochromatische Strahlung der Frequenz ν und der Energie E vollständig in einem kleinen Teilvolumen v eines großen Hohlraums V anzutreffen ist, so ergibt sich

$$W_{\text{Strahlung}} = \left(\frac{v}{V}\right)^{E/h\nu}. \qquad (7)$$

Dies stimmt mit der entsprechenden Wahrscheinlichkeit für ein ideales Gas überein, falls man $E/h\nu$ als Teilchenzahl interpretiert.

Einstein sah in dem Stokesschen Gesetz für die Photolumineszenz, dem photoelektrischen Effekt und der Ionisation von Gasen Beweise für die Teilchenanalogie. Daher schlug er als heuristischen Standpunkt die „Annahme, daß die Energie des Lichtes diskontinuierlich im Raume verteilt sei" vor, und sich „... bei Ausbreitung eines von einem Punkte ausgehenden Lichtstrahls die Energie nicht kontinuierlich auf größer und größer werdende Räume verteilt, sondern es besteht dieselbe aus einer endlichen Zahl von in Raumpunkten lokalisierten Energiequanten, welche sich bewegen, ohne sich zu teilen und nur als Ganze absorbiert oder erzeugt werden können." Das ist die Lichtquanten-Hypothese.

Diese Ansicht mag sofort durch die große Zahl von Beweisen für die Wellennatur des Lichtes widerlegbar erscheinen. Daher bemerkte Einstein

---

21 A. Einstein, „Über einen die Erzeugung und Verwandlung des Lichts betreffenden heuristischen Gesichtspunkt", Ann. d. Physik, (4), 17, S. 132 (1905).

„... daß sich die optischen Beobachtungen auf zeitliche Mittelwerte, nicht aber auf Momentanwerte beziehen", und „es ist denkbar, daß die mit kontinuierlichen Raumfunktionen operierende Theorie des Lichts zu Widersprüchen mit der Erfahrung führt, wenn man sie auf Erscheinungen der Lichterzeugung und Lichtverwandlung anwendet."

Annahmen, die der Planckschen Theorie zugrunde liegen. In der darauf folgenden Arbeit „Zur Theorie der Lichterzeugung und Lichtabsorption"[22] untersuchte Einstein im Jahre 1906 die Entropie der Resonatoren mit dem Resultat, daß seine Formel (1) die Entropie in Übereinstimmung mit Planck ergibt, vorausgesetzt daß

1. die Energie eines Elementarresonators nur Werte annehmen kann, die ganzzhalige Vielfache von $h\nu$ sind. Daraus folgt, daß „sich die Energie eines Resonators durch Absorption und Emission sprungweise ändert" und die Maxwellsche Elektrodynamik daher auf diese Prozesse nicht angewendet werden kann;
2. die mittlere Energie eines Resonators im Strahlungsfeld mit dem Ergebnis der Maxwellschen Theorie übereinstimmt;
3. die Lichtquanten-Hypothese gültig ist, die aus der Entropie der Strahlung erschlossen werden kann.

Einstein fand daher drei Annahmen, die der Planckschen Strahlungstheorie zugrunde liegen und zeigte, daß die Plancksche Formel in einfacher Weise aus diesen Annahmen hergeleitet werden kann.

Es fragt sich, ob beide Annahmen (1) und (3) notwendig sind. Für Einstein, der einen „störenden Dualismus"[23] von Teilchen- und Feldbegriff in der klassischen Physik sah, war die Annahme natürlich, daß auf einer fundamentalen Ebene alles was für Strahlung richtig ist, auch für mechanische Objekte gültig sein muß und umgekehrt.

Quanten im Bereich der Mechanik. Im Sinne einer Vereinheitlichung der Physik wendet Einstein seine Annahmen nunmehr auch für die thermischen Schwingungen von Atomen in Festkörpern an. Wie T. S. Kuhn[24] in seinen ausführlichen historischen Studien zeigte, war dies ein bedeutender Schritt. Planck und andere Physiker hatten die Notwendigkeit erkannt,

22 A. Einstein, „Zur Theorie der Lichterzeugung und Lichtabsorption", Ann. d. Physik, (4), **20**, S. 199 (1906).
23 A. Einstein, „Autobiographisches" in *Albert Einstein als Philosoph und Naturforscher*, Hrsg. Schilpp, Kohlhammer Verlag (1949). Reprint Vieweg (1979).
24 T. S. Kuhn, "The Quantum Theory of Specific Heats: A Problem in Professional Recognition", Proc. of the XIV. Congress of the History of Science, No. 1 (1974), No. 4 (1975), Science Council of Japan, Siehe auch: M. J. Klein, „Einstein, Specific Heat and the Early Quantum Theory", Science **148**, S. 173–180 (1965).

den Phasenraum und die Energie mit Hilfe des Wirkungsquants h in diskrete Elemente zu zerlegen. Dies war für die Berechnung von Wahrscheinlichkeiten erforderlich, nach Plancks Meinung aber erst durch eine Weiterentwicklung der Theorie von Elektron und Strahlung befriedigend zu erklären. Einsteins Versuche, den Quantenbegriff auf Atomschwingungen auszudehnen, die nichts mit der Strahlung zu tun hatten, wurden mit großer Vorsicht aufgenommen.

In der bereits erwähnten Arbeit[21] bemerkt Einstein „wenn die Plancksche Theorie den Kern der Sache trifft, so müßten wir erwarten, auch auf anderen Gebieten den Widerspruch zwischen der gegenwärtigen molekularkinetischen Theorie und der Erfahrung zu finden." Tatsächlich traten in der statistischen Mechanik Schwierigkeiten bei der Anwendung des Gleichverteilungssatzes auf die Theorie der spezifischen Wärmen auf, wie Einstein betonte. Im einfachsten Modell der thermischen Bewegung in Festkörpern, der harmonischen Schwingung von Atomen um ihre Ruhelage, ergibt der Gleichverteilungssatz die Formel $c = 3R$ für die spezifische Wärme pro Mol. Viele Festkörper erfüllen dieses Dulong-Petitsche Gesetz. Dagegen spricht aber:

(a) Kohlenstoff, Bor und Silizium haben wesentlich kleinere spezifische Wärmen.
(b) Die Drudesche Analyse der optischen Dispersion in Festkörpern zeigt, daß die Elektronen einen zusätzlichen Beitrag zur spezifischen Wärme liefern sollten, der anscheinend nicht auftritt.

Die Verallgemeinerung von Einsteins Annahme (1) auf Oszillatoren in Festkörpern zeigt, daß ihre spezifische Wärme eine Funktion von $kT/h\nu$ ist, die für tiefe Temperaturen gegen Null strebt, während sie für hohe Temperaturen das Dulong-Petitsche Gesetz erfüllt. Damit war die Schwierigkeit (b) behoben. Für die ultravioletten Eigenfrequenzen der Elektronen gilt bei Raumtemperatur $kT/h\nu \ll 1$, so daß sie nicht zur spezifischen Wärme beitragen (dies wird heute allerdings auf die Fermi-Dirac-Statistik der Elektronen zurückgeführt). In bezug auf (a) konnte Einstein nur hervorheben, daß die fraglichen Elemente alle geringes Atomgewicht und hohe Infrarotfrequenzen aufweisen. Tatsächlich waren die experimentellen Beweise zur Einsteinschen Theorie der spezifischen Wärme bis 1910 eher karg, und selbst Physiker, die die Plancksche Theorie der Strahlung befürworteten, ignorierten Einsteins Verallgemeinerung[25].

In einem Brief von Walter Nernst an Ernest Solvay vom 26. Juli 1910 finden wir den Einfluß der Einsteinschen Theorie: „Wir sind zur Zeit inmitten einer revolutionierenden Reformulierung der Grundlagen der kinetischen Theorie der Materie"[26]. Nernsts Entdeckung des 3. Hauptsatzes

---

25 T. S. Kuhn, ibid.
26 Ausführlicher zitiert in T. S. Kuhn, ibid.

der Thermodynamik und die Messungen seiner Gruppe zeigten, daß die spezifische Wärme von Festkörpern bei tiefen Temperaturen fast ausnahmslos gegen Null geht, was im Widerspruch zum Gleichverteilungstheorem steht. Dieser Widerspruch wird vermieden, falls man die Bewegung von Elektronen und Atomen durch die „Doktrin der Energiequanten" beschränkt. Einsteins Verallgemeinerung der Annahme (1) auf den rein mechanischen Bereich war damit akzeptiert und eine neue Ära der Quantentheorie begann. Man erkannte die Notwendigkeit einer allgemeineren Quantenbedingung, welche nicht nur für harmonische Oszillatoren, sondern für beliebige mechanische Systeme gilt.

6. Die Bose-Einstein Statistik und der Teilchen-Welle Dualismus

Im Jahre 1909 stellte Einstein in der Arbeit „Zum gegenwärtigen Stand des Strahlungsproblems"[27] die Frage: „In welcher Beziehung steht die Plancksche Strahlungstheorie zu der auf unseren gegenwärtig anerkannten theoretischen Grundlagen ruhenden Theorie?"

Speziell konnte er weder mit der Planckschen noch mit seiner eigenen Ableitung der Strahlungsformel zufrieden sein. In beiden Ableitungen wurde die statistische Mechanik auf Resonatoren angewendet und das Resultat dann mit Hilfe der Annahme (2) auf die Strahlung übertragen. Vom Standpunkt der statistischen Mechanik sollte es möglich sein, die Strahlung direkt zu behandeln. Ferner war bei Planck die Verwendung der Komplexionen doppelt fraglich: Erstens gab es, wie bereits erwähnt, keine Garantie, daß jede der betrachteten Komplexionen gleich wahrscheinlich ist. Zweitens schien es unsinnig, über die Verteilung der Energiequanten $h\nu$ auf die verschiedenen Resonatoren zu sprechen, weil nach den Planckschen Berechnungen $h\nu$ selbst viel größer ist als die mittlere Energie $\bar{E}$ der Resonatoren.

Teilchen-Welle-Dualismus. Die Plancksche Formel war zwar nicht befriedigend hergeleitet, doch durch Experimente bestätigt. Einstein versuchte daher aus dieser Formel Rückschlüsse auf die Natur der Strahlung zu ziehen. In dem Artikel „Über die Entwicklung unserer Anschauung über das Wesen und die Konstitution der Strahlung"[28] betrachtet er nochmals das Problem von Strahlungsschwankungen in einem kleinen Teil v eines Hohlraums, das er schon einmal unter Verwendung des Wienschen Gesetzes untersucht hatte. Die Entropiebetrachtungen, die sich diesmal auf die volle Plancksche Formel gründeten, führten ihn zu einem Ergebnis, das sowohl die Teilchen-

---

27 A. Einstein, „Zum gegenwärtigen Stande des Strahlungsproblems", Physikalische Zeitschrift **10**, S. 185 (1909).
28 A. Einstein, „Über die Entwicklung unserer Anschauung über das Wesen und die Konstitution der Strahlung", Physikalische Zeitschrift, **10**, S. 817 (1909).

natur, wie auch die Wellennatur der Strahlung aufzeigte. Er fand es beachtenswert „daß die beiden Struktureigenschaften (Undulationsstruktur und Quantenstruktur) ... nicht als miteinander unvereinbar anzusehen sind." Diese Einsicht führte ihn jedoch nicht zu einer verbesserten Herleitung der Planckschen Formel.

Einsteins Interesse wandte sich in dieser Zeit mehr und mehr der Relativitätstheorie und der Gravitation zu.

Übergangswahrscheinlichkeiten. Niels Bohr hatte mittlerweile seine Theorie der Atomstruktur aufgestellt[29], wobei diskrete Energieniveaus durch die „Quantenbedingung" aus der kontinuierlichen Mannigfaltigkeit klassischer Bahnen ausgesondert wurden. Strahlung sollte durch Quantenübergänge von Elektronen von einem diskreten Niveau zu einem anderen emittiert oder absorbiert werden. Auf diesen Ideen fußend zeigte Einstein in den Jahren 1916 und 1917[30, 31], daß man die Plancksche Formel aus den Übergangsraten ableiten kann. Dabei führte er die Begriffe der Übergangswahrscheinlichkeit und der spontanen Emission ein. Diese Ableitung folgte allerdings nicht der Hauptrichtung seiner Betrachtungen zur statistischen Mechanik.

Eine gegenseitige Beeinflussung rätselhafter Art. Im Jahre 1924 erschien eine Arbeit mit dem Titel „Plancks Gesetz und die Lichtquantenhypothese"[32], in der die Plancksche Formel durch die Anwendung statistischer Methoden auf die Strahlung abgeleitet wird. Der Autor dieser Arbeit, der indische Physiker Satyendranath Bose, ersuchte Einstein, seinen Artikel zur Publikation ins Deutsche zu übersetzen.

In Einklang mit den Planckschen Überlegungen unterteilte Bose den Phasenraum der Lichtquanten in kleine Zellen der Größe h^3, wobei zu jeder Zelle nur ein Zustand eines Photons mit gegebener Polarisation gehören sollte. Der jeweilige Zustand der schwarzen Strahlung, das heißt ein Komplexion, wird durch die Verteilung vieler Punkte im Phasenraum dargestellt. Für die Anzahl der Komplexionen, die einer Verteilung entsprechen, enthält Bose die Antwort

$$W_{\text{Bose}} = \prod_s \frac{g_s!}{p_0^s! \, p_1^s! \cdots} . \tag{8}$$

---

29 N. Bohr, „Über das Wasserstoffspektrum", in *Drei Aufsätze über Spektren und Atombau*, Vieweg & Sohn, Braunschweig (1922).
30 A. Einstein, „Strahlungsemission und -absorption nach der Quantentheorie", Deutsche Physikalische Gesellschaft, Verhandlungen, **18**, S. 318 (1916).
31 A. Einstein, „Quantentheorie der Strahlung", Physikalische Zeitschrift **18**, S. 121 (1917).
32 S. Bose, „Planck's Gesetz und Lichtquantenhypothese", Zeitschrift für Physik **26**, S. 178 (1924).

Dabei bezieht sich der Index s auf eine feste Frequenz, p_k^s ist die Anzahl der Zellen in der Energieschale $(\nu_s, \nu_s + d\nu)$, die k Darstellungspunkte enthalten und g_s die doppelte Gesamtzahl von Zellen in dieser Energieschale bedeutet. Die Verdopplung entspricht dabei den beiden unabhängigen Polarisationsrichtungen für das Lichtquant.

Bose zeigte, daß die Plancksche Formel der „wahrscheinlichsten" Verteilung entspricht.

Die Abzählung der Zustände in (8) befremdete Ehrenfest, Schrödinger, Einstein und andere. Sie waren darüber beunruhigt, daß die Lichtquanten der Boseschen Theorie nicht als voneinander statistisch unabhängig behandelt wurden. Einstein konnte aber zeigen, daß die von Bose hergeleitete Komplexionenzahl (8) äquivalent zu Plancks Resultat (6) ist. Dies bedeutet, daß die von Planck angenommene Gleichwahrscheinlichkeit seiner Komplexionen nicht mit der statistischen Unabhängigkeit der Lichtquanten verträglich ist. Einstein hatte eine derartige „gegenseitige Beeinflussung ... von vorläufig ganz rätselhafter Art" schon lange vermutet.

Bose-Einstein-Statistik. Nach dem Aufkommen der Quantenmechanik, vor allem der Vielteilchentheorie, erkannte man, daß die wirkliche Bedeutung der „gegenseitigen Beeinflussung" in der Ununterscheidbarkeit der Teilchen liegt. Einstein bemerkte, daß die Anwendung der Boseschen Formel (8) auf Gase zwei Probleme löst, auf die Boltzmann gestoßen war, nämlich das Gibbssche Paradoxon und den Widerspruch zu dem experimentell bestätigten dritten Hauptsatz der Thermodynamik. Betrachtet man nämlich ein Gas am absoluten Nullpunkt, so befinden sich alle Teilchen in der Zelle mit niederster Energie. Daraus folgt sofort $W_{Bose} = 1$ und daher $S = 0$. Die Annahme unterscheibarer Teilchen führt dagegen auf $W_{Boltzmann} = N!$. Daher meint Einstein in der Arbeit „Quantentheorie des idealen Gases"[33], daß man sowohl für Gase wie auch für Strahlung das Bosesche Ergebnis anstelle der Boltzmann-Formel verwenden sollte. Die „tiefe Wesensverwandtschaft zwischen Strahlung und Gas" war mit seinen Vorstellungen über die Vereinheitlichung der Physik in Einklang.

Boses Abzählung der Komplexionen wird heute als Bose-Einstein-Statistik bezeichnet. Sie ist dadurch charakterisiert, daß die Teilchen ununterscheidbar sind und jeder Quantenzustand (oder Zelle) von einer beliebigen Teilchenzahl besetzt werden kann. Ersetzt man eine „beliebige Anzahl" durch „höchstens ein", so erhält man die Fermi-Dirac Statistik, die ein Ergebnis von Enrico Fermis Untersuchungen des dritten Hauptsatzes der Thermodynamik war[34].

33 A. Einstein, „Quantentheorie des idealen Gases", Preussische Akademie der Wissenschaften, Phys.-Math. Klasse, Sitzungsbericht, 1924, S. 261 und 1925, S. 18.
34 E. Fermi, „Zur Quantelung des idealen einatomigen Gases", Zs. f. Physik, 36, S. 902 (1926).

Die Entstehung der Wellenmechanik. In der Schwankungsformel für die Strahlungsenergie war die Teilchen-Welle-Dualität manifest geworden. Da diese Schwankungsformel eine Konsequenz von (6) ist und dieses Ergebnis wiederum äquivalent mit (8) ist, wird die Teilchen-Welle-Dualität auch von der Bose-Einstein Statistik impliziert und sollte, wie Einstein hervorhob, auch auf die Gasmolekeln zutreffen.

Die Welleneigenschaften materieller Teilchen waren in Einklang mit der Hypothese, die Louis de Broglie in seiner Dissertation[35] aufgestellt hatte. (Die Verteidigung dieser Dissertation fand am 29. November 1924 statt, kurz bevor Einstein den Teil II seiner Arbeit im Dezember 1924 fertigstellte). Dazu bemerkt Einstein im Jahre 1925: „Wie einem materiellen Teilchen bzw. einem System von materiellen Teilchen ein (skalares) Wellenfeld zugeordnet werden kann, hat Herr de Broglie in einer sehr bemerkenswerten Schrift dargetan"[33], und weiter in einer Fußnote zu diesem Satz: „In dieser Dissertation finde ich auch eine sehr bemerkenswerte geometrische Interpretation der Bohr-Sommerfeldschen Quantenregel." Man beachte, daß „sehr bemerkenswert" gleich zweimal verwendet wird. Tatsächlich hatte Einstein wiederholt auf de Broglies Arbeit aufmerksam gemacht und auch ihre Publikation befürwortet[36].

Schrödinger hob Ende 1925 hervor, daß man ein tieferes Verständnis der neuen Einsteinschen Theorie erhält, wenn man jedem Energiezustand ϵ_s eines einzelnen Teilchens einen Freiheitsgrad des gesamten Systems zuordnet und die Formulierung verwendet, daß dem Freiheitsgrad, wie beim harmonischen Oszillator, die Energie $n_s \epsilon_s$ zukommt, statt von n_s Teilchen in diesem Zustand zu sprechen. Dadurch wird die Ununterscheidbarkeit der Bose-Einstein-„Teilchen" in der üblichen, wohlfundierten Statistik evident. „Die wahre Bedeutung der Einsteinschen Gastheorie ist die", schreibt Schrödinger[37], „daß das Gas als ein System mit linearen Eigenschwingungen aufzufassen sei, ähnlich wie Strahlungsvolumen oder ein fester Körper." Nur einen Monat später traf die erste Mitteilung von Schrödingers „Quantisierung als Eigenwertproblem"[38] zur Publikation bei den Annalen der Physik ein. Auch bei der Entstehung der Wellenmechanik war also Einsteins Einfluß spürbar.

---

35 L. de Broglie, "Recherches sur la Théorie des Quantes", Thèses, Paris 1924 und Ann. d. Physik (10), 3, S. 22 (1925).
36 W. Heitler, "Erwin Schrödinger, Biographical Memoirs of Fellows of the Royal Society 1961" (Bd. 7), The Royal Society, Burlington House, London.
37 E. Schrödinger, „Zur Einstein'schen Gastheorie", Phys. Zeitschrift, 27, S. 101 (1926).
38 E. Schrödinger, „Quantisierung als Eigenwertproblem", Ann. d. Physik (4), 79, S. 361 (1926).

Die Bose-Einstein Kondensation. Aus der Einsteinschen Theorie eines idealen Gases folgt, daß einige der Gasmoleküle unterhalb einer kritischen Temperatur zu einem Zustand mit verschwindendem Impuls kondensieren. Diese Vorhersage wurde nicht besonders ernst genommen, weil sich scheinbar jedes Gas unterhalb dieser sehr niedrigen Temperatur verflüssigte. Im Jahre 1938, 14 Jahre nach Einsteins Arbeit, interessierte sich Fritz London[39] für die Bose-Einstein Kondensation und versuchte, das Verhalten von superflüssigem Helium damit zu deuten. Seine „Zweiflüssigkeitstheorie" erklärte zumindest qualitativ die verschiedenen Besonderheiten des Verhaltens dieser Flüssigkeiten.

Wenngleich die Londonsche Theorie in der Folge wesentlich modifiziert werden mußte, um auch zwischenatomare Kräfte zu berücksichtigen, blieb die Bedeutung der Bose-Einstein Kondensation bestehen. Heute ist dieser Begriff sowohl für die statistische Physik wie auch für die Elementarteilchenphysik von Bedeutung. Es hat sich gezeigt, daß nicht nur Bose-Einstein-Teilchen kondensieren, sondern auch Fermi-Dirac-Teilchen, wobei sie sogenannte „Cooper-Paare" bilden, die in der Theorie der Supraleitung von Bedeutung sind.

7. Abschließende Bemerkungen

Welche Beiträge hat Einstein zur statistischen Mechanik geleistet? In der kinetischen Gastheorie hatten Maxwell und Boltzmann die statistischen Methoden bereits zuvor zur Reife entwickelt, wobei eine detaillierte Analyse der einzelnen Beiträge der Wissenschaftsgeschichte vorbehalten bleiben muß.

Im Gegensatz zu Boltzmann, der die irreversible Zeitentwicklung des Zustands eines Gases verstehen wollte, konzentrierten sich Einstein und Gibbs auf die stationären Zustände eines Systems. Es gelang ihnen, die Methoden der statistischen Mechanik für das Gleichgewicht durch den systematischen Gebrauch kanonischer Ensembles zu entwickeln. Diese Einschränkung machte es ihnen unmöglich, den 2. Hauptsatz der Thermodynamik und das Problem der Annäherung an das Gleichgewicht dynamisch zu behandeln. Einstein versuchte zwar den 2. Hauptsatz herzuleiten, wobei er aber von der Annahme ausging, daß wahrscheinlichere Zustände auf unwahrscheinlichere folgen. Diese Idee findet sich bereits bei Boltzmann (1879).

In bezug auf Gibbs Buch „Elementary Principles in Statistical Mechanics" schrieb Einstein im Jahre 1911: „Wenn mir das Gibbssche Buch damals bekannt gewesen wäre, hätte ich jene Arbeiten überhaupt nicht publiziert,

---

39 F. London, "On the Bose-Einstein Condensation", Phys. Rev., **54**, S. 947 (1938).

sondern mich auf die Behandlung einiger wichtiger Punkte beschränkt."*
Glücklicherweise ging Einstein aber seinen eigenen Weg**, denn die darauf
folgende Entwicklung der Quantenmechanik verdankt viel der Intuition und
den Begriffen, die er in seinen Bemühungen um eine „allgemeine molekulare
Theorie der Wärme" entwickelte. Die folgenden Beiträge zur statistischen
Physik stammen jedoch zweifellos von Einstein:

Erstens, wies Einstein durch die Brownsche Bewegung auf die Beobachtbarkeit von Schwankungsphänomenen hin. Dies führte zum ersten überzeugenden Beweis für die Realität der Moleküle. Ferner machte er die Schwankungserscheinungen zu einem brauchbaren theoretischen Werkzeug auf der Suche nach der Fundamentalstruktur von Strahlung und Materie.
Zweitens, verallgemeinerte Einstein die statistische Thermodynamik über die Mechanik hinaus. Diese Verallgemeinerung war für die Anwendung der Theorie auf die Strahlung wesentlich, für die ein Hamiltonformalismus noch nicht entwickelt worden war.
Drittens initiierte Einstein die Quantenstatistik, indem er die Quantennatur der Strahlung auf die „verwandten" mechanischen Objekte übertrug.

Bemerkenswert ist der Erfolg seiner Theorie der spezifischen Wärme, welche viele Physiker von der Realität der Quanten im rein mechanischen Bereich überzeugte. Die Bose-Einstein-Statistik und die Bose-Einstein-Kondensation sind heute nicht nur für die Statistik, sondern auch für die Elementarteilchenphysik von Bedeutung.

Bei der Lektüre seiner Arbeiten wird man von der Einfachheit und der Leichtigkeit seiner Argumente beeindruckt. Ein gutes Beispiel dafür ist sein Beweis, daß ein kleiner Teil eines mikrokanonischen Ensembles ein kanonisches Ensemble bildet. Man kann Einsteins vierten Beitrag vielleicht darin sehen, daß er es verstand, einfache Bilder zu entwerfen und schlichte Interpretationen zu verschiedenen Problemen der statistischen Thermodynamik zu geben. In Übereinstimmung mit Born erscheint uns Einstein deshalb als einer der Väter der statistischen Mechanik[41].

---

* siehe [11], S. 176
** Das Buch von Gibbs wurde 1905 ins Deutsche übersetzt[40]

40   J. W. Gibbs, „Elementare Grundlagen der statistischen Mechanik", deutsche Übersetzung bearbeitet von E. Zermelo, Verlag J. A. Barth, Leipzig 1905.
41   siehe M. Born's Bemerkung bei der "International Conference on Statistical Mechanics", Suppl. Nuovo Cimento Vol. VI Series IX, S. 296 (1949).

Einsteins Entwicklung der statistischen Theorie war eng mit der Entdeckung der „Wunderwelt" der Quanten verknüpft und doch wissen wir, daß er sich davon distanzierte und nach der Formulierung der Wahrscheinlichkeitsinterpretation durch Max Born auf seiner Meinung „Gott würfelt nicht" bestand. Einstein wollte die strenge Kausalität der klassischen Physik beibehalten und die Wahrscheinlichkeit auf jene Fälle beschränken, in denen Systeme unhandlich groß sind oder die detaillierten Anfangsbedingungen unbekannt sind.

Zur Geschichte der speziellen Relativitätstheorie

Arthur I. Miller*

Physik um 1900

Die Tiefe, der wissenschaftliche Umfang und die intellektuelle Virtuosität von Einsteins Arbeit über Relativitätstheorie ist Seite für Seite ohne Gegenstück in der Geschichte der Naturwissenschaften. Dies wird besonders augenfällig, wenn man diese Arbeit in ihrem historischen Rahmen sieht.

Zwischen der Physik des Jahres 1905 und derjenigen von 1979 existieren auffallende Ähnlichkeiten. Damals wie heute suchten viele der bekanntesten Physiker nach einer einheitlichen feldtheoretischen Beschreibung der Natur, z.B. Max Abraham, H.A. Lorentz, Henri Poincare und Wilhelm Wien.

Im Jahre 1905 war das Leben jedoch „einfacher", denn man kannte nur ein einziges Elementarteilchen, das Elektron [1]. Es gab auch eine Theorie, von der man glaubte, daß sie nach einigen kleinen Verbesserungen als Grundlage für die weiteren Forschungen dienen könnte. Es war dies die elektromagnetische Feldtheorie von H.A. Lorentz. Im folgenden werde ich die wesentlichen Entwicklungsstufen des elektromagnetischen Weltbildes in den Jahren von 1900–1905 kurz skizzieren. Ziel dieser Forschungsanstrengungen war es, alle physikalischen Theorien aus der Lorentzschen Theorie abzuleiten [2]. Damit soll klar werden, wie sehr sich Einsteins Zugang zur Elektrodynamik bewegter Körper von diesem Forschungsprogramm unterschied.

Um 1900 wurde es offensichtlich, daß alle Versuche, die elektromagnetische Theorie im Einklang mit einem mechanistischen Weltbild aus den Gesetzen der Mechanik abzuleiten, wesentlich weniger erfolgreich waren, als die von Lorentz 1892 formulierte elektromagnetische Feldtheorie. So wurde z.B. das Lorentzsche Elektron im Jahre 1897 entdeckt, ein Jahr zuvor erklärte Lorentz den Zeeman-Effekt, und im Jahre 1895 gab er eine systematische Erklärung der optischen Experimente erster Ordnung in v/c, wie z.B. der Beobachtungen der Sternaberration durch Bradley, Arago und Airy, sowie der Experimente von Mascart und Jamin, Hoeck und Fizeau.

---

* Diese Arbeit wurde von der National Science Foundation unterstützt, der ich dafür herzlich danke.

Die grundlegenden Gleichungen der elektromagnetischen Feldtheorie von Lorentz, wie sie in seiner Arbeit 1892 unter dem Titel „Maxwells elektromagnetische Theorie und ihre Anwendung auf bewegte Körper" [3, 4] publiziert wurden, lauten:

$$\vec{\nabla}\vec{E} = 4\pi\rho \qquad \vec{\nabla}\vec{B} = 0 \qquad \text{Maxwell-Lorentz-Gleichungen} \qquad (1)$$

$$\vec{\nabla} \times \vec{E} = -\frac{1}{c}\frac{\partial \vec{B}}{\partial t} \qquad \vec{\nabla} \times \vec{B} = \frac{1}{c}\frac{\partial \vec{E}}{\partial t} + \frac{4\pi}{c}\rho\vec{v}$$

$$\vec{F} = \rho\vec{E} + \rho\frac{\vec{v}}{c} \times \vec{B} \qquad \text{Lorentzkraft.} \qquad (2)$$

Dabei ist ρ die Ladungsdichte des Elektrons und $c = 3 \cdot 10^8$ m/s.

Diese Gleichungen sind zu den heute gebräuchlichen äquivalent. Lorentz betrachtete das Gleichungssystem als axiomatisch und machte keinen Versuch, es aus den Gesetzen der Mechanik herzuleiten. Die Quellen des elektromagnetischen Feldes sind Elektronen, die sich durch den überall vorhandenen ruhenden Äther bewegen. Die Grundgleichungen (1) und (2) haben die oben angegebene Form jedoch nur in einem relativ zum Äther ruhenden System, denn die Lichtgeschwindigkeit ist in der Äthertheorie nur in bezug auf den Äther exakt gleich c. Daher ist auch v die Geschwindigkeit des Elektrons relativ zum Äther. In der Lorentzschen Theorie sind also die ätherfesten Bezugssysteme ausgezeichnet.

In seiner klassischen Monographie von 1895 mit dem Titel „Versuch einer Theorie der elektrischen und optischen Erscheinungen in bewegten Körpern" [5] gab Lorentz folgende Erklärung der negativen Ergebnisse aller optischen Ätherdriftexperimente erster Ordnung in ungeladenen, unmagnetischen Isolatoren:

Im ladungsfreien Raum lauten die Maxwell-Lorentzgleichungen in einem relativ zum Äther ruhenden Bezugssystem S

$$\vec{\nabla}\vec{E} = 0 \qquad \vec{\nabla}\vec{B} = 0 \qquad (3)$$

$$\vec{\nabla} \times \vec{E} = 0 \qquad \vec{\nabla} \times \vec{B} = \frac{1}{c}\frac{\partial \vec{E}}{\partial t}.$$

Wir betrachten die folgende, modifizierte Galilei-Transformation:

$$x_r = x - vt, \quad y_r = y, \quad z_r = z, \quad t_L = t - \frac{v}{c^2}x. \qquad (4)$$

Dabei sind x, y, z und t die räumlichen und zeitlichen Koordinaten in S, x_r, y_r, z_r sind die räumlichen Koordinaten in einem Intertialsystem S_r, das sich mit der Geschwindigkeit v relativ zu S entlang der gemeinsamen x-Achse bewegt. t_L ist schließlich die „lokale Zeitkoordinate" [6] — eine unphysikalische, d.h. rein mathematische Koordinate. Die reale physikalische Zeit ist sowohl in den S, als auch in S_r durch die galileische Zeit t gegeben. Verwendet man die modifizierte Galilei-Transformation und transformiert man das elektromagnetische Feld gemäß

$$\vec{E}_r = \vec{E} + \frac{\vec{v}}{c} \times \vec{B}, \qquad \vec{B}_r = \vec{B} - \frac{\vec{v}}{c} \times \vec{E}, \qquad (5)$$

so haben die Maxwell-Lorentzgleichungen (3) in S_r in erster Ordnung in v/c die gleiche Form wie in S, d.h.

$$\vec{\nabla}_r \vec{E}_r = 0 \qquad \vec{\nabla} \vec{B}_r = 0$$

$$\vec{\nabla}_r \times \vec{E}_r = -\frac{1}{c} \frac{\partial \vec{B}_r}{\partial t_L} \qquad \vec{\nabla}_r \times \vec{B}_r = \frac{1}{c} \frac{\partial \vec{E}_r}{\partial t_L}, \qquad (6)$$

wobei $\vec{\nabla}_r$ eine Differentiation in bezug auf die neuen Koordinaten andeutet. Diese näherungsweise Kovarianz wurde von Lorentz als das „Theorem der korrespondierenden Zustände" [7] bezeichnet. Die Phänomene der Optik bewegter Körper verhalten sich demnach in erster Ordnung in v/c auf der bewegten Erde ebenso wie in einem relativ zum Äther ruhenden Bezugssystem. In dieser Ordnung ist also auch die Lichtgeschwindigkeit in S_r gleich c. Lorentz konnte jedoch das Resultat des Interferometerexperiments von Michelson und Morley nicht systematisch erklären, da dies ein Experiment zweiter Ordnung in v/c ist. Dazu mußte er die Lorentzkontraktion als ad hoc Hypothese hinzufügen [8]. Dieser Mangel der Lorentzschen Theorie wurde von Poincaré einer erkenntnistheoretischen Kritik unterworfen [9].

Tatsächlich wurden Lorentz' Erfolge in der Elektrodynamik und Optik bewegter Körper unter Verwendung von Raum- und Zeittransformationen erreicht, unter denen die Newtonsche Mechanik nicht kovariant war. Dadurch verletzte die Lorentzsche Theorie das Newtonsche Prinzip der Relativität. Damit ergab sich anscheinend ein Widerspruch zwischen den Gesetzen der Mechanik und des Elektromagnetismus.

Wilhelm Wien schlug 1900 vor, die Forschung in Richtung eines elektromagnetischen Weltbildes zu orientieren, in dem die Gesetze der Mechanik aus der Lorentzschen Theorie des Elektromagnetismus abgeleitet würden [10]. Dieses Forschungsprogramm hat zur Folge, daß die Masse des Elektrons durch das eigene elektrische Feld des Elektrons hervorgerufen werden sollte und deshalb von der Geschwindigkeit des Elektrons durch den Äther abhängt. Bereits 1899 hatte Lorentz Spekulationen über diese Nichtkonstanz der Masse angestellt [11].

In der Folge entwickelten sich die Dinge rasch: In einer Reihe von Experimenten studierte Walter Kaufmann in Göttingen zu Beginn des Jahres 1901 das Verhalten schneller Elektronen einer Radium-Bromid-Quelle in parallelen elektrischen und magnetischen Feldern. Er fand tatsächlich, daß die Elektronenmasse von der Geschwindigkeit abhängt und bei der Annäherung an die Lichtgeschwindigkeit über alle Grenzen wächst. Max Abraham, Kaufmanns Kollege in Göttingen, formulierte 1902—3 die erste feldtheoretische Beschreibung eines Elementarteilchens [12]. Das Abrahamsche Elektron ist eine starre Kugel, dessen Masse ausschließlich elektromagnetischer Natur ist. Die Voraussagen von Abraham für die longitudinale Masse (m_L) und die transversale Masse (m_T) lauten:

$$m_L = m_0 \frac{c^2}{v^2} \left[\frac{2v/c}{1 - v^2/c^2} - \log\left(\frac{1+v/c}{1-v/c}\right) \right] \qquad (7)$$

$$m_T = \frac{m_0}{2} \frac{c^3}{v^3} \left[(1 + v^2/c^2) \log\left(\frac{1+v/c}{1-v/c}\right) - 2v/c \right],$$

wobei $m_0 = e^2/8\pi r c^2$ die elektrostatische Ruhenergie des Elektrons und r der Elektronenradius ist. Die transversale Masse stimmte mit den Daten von Kaufmann überein. Damit schien das Ziel eines elektromagnetischen Weltbildes erreicht zu sein.

Die Theorie von Abraham konnte jedoch nicht die Präzisionsexperimente zweiter Ordnung zur Ätherbewegung erklären. Lord Rayleigh [13] und D. B. Brace [14] versuchten 1902 und 1904 erfolglos, Doppelbrechung bei bewegten isotropen Körpern festzustellen. Dennoch glaubte Abraham, daß seine Theorie des Elektrons durch kleine Veränderungen auch diese optischen Experimente erklären könnte.

Die Kritik von Poincare und das Erscheinen neuer Daten über Experimente zweiter Ordnung in v/c (zu den Experimenten von Michelson und Morley traten die Ergebnisse von Rayleigh und Brace und von Trouton und Noble hinzu [15]) veranlaßten Lorentz, die Anwendung seiner elektromagnetischen Theorie auf eine Theorie des Elektrons zu erweitern. Die heute berühmte Arbeit von Lorentz aus dem Jahre 1904 trägt den Titel „Elektromagnetische Erscheinungen in einem System, das sich mit beliebiger, die des Lichtes nicht erreichender Geschwindigkeit bewegt" [16]. Das Lorentzsche Elektron ist deformierbar und erleidet bei der Bewegung eine Lorentz-Kontraktion (eine Annahme, die Abraham beharrlich vermied). Lorentz behauptete, daß seine Theorie den negativen Ausgang der Ätherdrift-Experimente in allen Ordnungen in v/c erklären könne. Seine Vorhersagen für die longitudinale und transversale Masse sind:

$$m_L = \frac{4}{3} \frac{m_0}{(1 - v^2/c^2)^{3/2}} \qquad m_T = \frac{4}{3} \frac{m_0}{(1 - v^2/c^2)^{1/2}} \qquad (8)$$

Lorentz behauptete, daß seine Vorhersage für die transversale Masse des Elektrons mit den Kaufmannschen Daten ebenfalls innerhalb der Fehlergrenzen übereinstimmte.

Beim "Congress of Arts and Science", der im Jahre 1904 in Saint Louis, Missouri, stattfand, lobte Henri Poincaré die neue Lorentzsche Theorie des Elektrons [17]. Er betonte, daß die Hypothese der Lorentz-Kontraktion, welche ursprünglich nur zur Erklärung eines einzigen Experiments eingeführt worden war, nun nicht mehr ad hoc sei, da damit nun mehrere Experimente zweiter Ordnung erklärt werden konnten. Die Lorentz-Kontraktion war in die neue Theorie des Elektrons als eine von mehreren „ergänzenden Hypothesen" [18] eingebaut. Poincaré bezeichnete das von Lorentz hergeleitete verallgemeinerte Theorem der korrespondierenden Zustände als „Relativitätsprinzip", das besagt, daß „Die Gesetze der Physik für einen ruhenden Beobachter die gleichen sein müssen, wie für einen gleichförmig bewegten Beobachter." [19] Poincaré stellte aber auch fest, daß die Lorentzsche Theorie des Elektrons noch weiter entwickelt werden müßte.

Am 5. Juni 1905 erschien in den Comptes Rendus eine erste kurze Version einer größeren Arbeit von Poincaré. Wie die ein Jahr später veröffentlichte ausführliche Version trug sie den Titel „Über die Dynamik des Elektrons" [20]. Darin korrigiert Poincaré einige technische Fehler der Lorentzschen Arbeit von 1904 und beweist dann, daß unter den möglichen Modellen des Elektrons mit rein elektromagnetischer Elektronenmasse nur das Lorentzsche Modell konsistent mit dem Relativitätsprinzip ist. Um dieses Ergebnis herzuleiten, mußte Poincaré einen Zusatzterm zur Lagrange-Funktion für das Eigenfeld des Elektron addieren. Er deutete diesen Term als eine Energie, die den unbekannten inneren Spannungen des Elektrons entspricht. Diese Spannungen (sie wurden später als Poincaré-Spannungen bekannt) sollten das deformierbare Lorentzsche Elektron stabilisieren. Damit war einer von Abraham in den Jahren 1903—1905 wiederholt vorgebrachten Kritik entgegnet, daß das Lorentzsche deformierbare Elektron explodieren würde [21]. Poincarés schöne klassische Arbeit enthält erstmals viele mathematische Techniken, deren physikalische Interpretation erst später von dem Göttinger Mathematiker Hermann Minkowski im Rahmen der speziellen Relativitätstheorie gegeben wurde. Zum Beispiel enthält sie die Anfänge des Vierervektor-Formalismus, ferner die Notation x, y, z, ict, mit der die Theorie der Invarianten des dreidimensionalen Raumes auf vier Dimensionen erweitert werden konnte, und schließlich die Verwendung von Lorentz-Invarianz und Kovarianz zur Formulierung physikalischer Theorien, wobei speziell eine Theorie des Elektrons und eine Theorie der Gravitation angegeben werden [22].

Fassen wir das Bisherige zusammen: bis zum Jahre 1905 betrachteten viele Physiker die Lorentzsche Theorie des Elektrons als Grundlage einer vereinheitlichten, feldtheoretischen Beschreibung der Natur. Darin wurde die Kinematik des Elektrons aus der Dynamik hergeleitet und physikalische Effekte dynamisch erklärt. Die Lorentz-Kontraktion und die Geschwindigkeitsabhängigkeit der Masse folgten aus der Wechselwirkung der gebundenen Elektronen eines makroskopischen Körpers mit dem Äther. So erklärte diese Theorie auch, warum die Lichtgeschwindigkeit in jedem Inertialsystem und in allen Richtungen stets gleich c ist. Andererseits beinhaltet die Lorentzsche Theorie zahlreiche Hypothesen, wie die neue Raum-Zeit-Transformation und die Lorentz-Kontraktion, die zur Erklärung der experimentellen Daten notwendig waren — besonders für die Messungen der Lichtgeschwindigkeit. Das Relativitätsprinzip von Lorentz und Poincaré scheint durch Induktion aus den experimentellen Daten gewonnen zu sein, besonders aus denen von Michelson und Morley. Man glaubte, daß einige (wahrscheinlich unbedeutende) Ausarbeitungen die Theorie vollenden würden — z.B. konnte das zweite Newtonsche Axiom vorläufig nur approximativ aus der Lorentzkraft hergeleitet werden, weil die Selbstwechselwirkung des Eigenfeldes des Elektrons zu Termen mit zeitlichen Ableitungen der Geschwindigkeit führten, die weggelassen werden mußten [23].

Die Mechanik schien damit zu einem Teil des Elektromagnetismus zu werden, der im Einklang mit dem Relativitätsprinzip war. Das Spiel konnte beginnen. Eine großartige neue Ära in der Wissenschaft war zu erwarten, und die Hauptakteure schienen bekannt. Waren sie es tatsächlich?

Eine Ironie der Wissenschaftsgeschichte will es, daß weniger als einen Monat, nachdem die kurze Version von Poincarés Arbeit „Über die Dynamik des Elektrons" in den Comptes Rendus erschien, ein Manuskript die Herausgeber der Annalen der Physik erreichte, das zur Publikation in Band 17 bestimmt war. Der Autor, Albert Einstein, hatte bereits zwei andere Arbeiten im gleichen Band veröffentlicht. Sein neues Manuskript trug den Titel „Zur Elektrodynamik bewegter Körper" [24].

Bevor wir diese Arbeit weiterdiskutieren, möchte ich kurz zusammenfassen, was wir über Einsteins Kenntnis der Elektrodynamik vor 1905 wissen. Eine Anzahl von Quellen bestätigen, daß Einstein als Student an der ETH Zürich in den Jahren 1896 bis 1900 die grundlegenden Arbeiten von Lorentz über die elektromagnetische Theorie (1892) und über Elektrodynamik (1895) studiert hatte. Ferner wissen wir, daß Einstein weder die Arbeit von Lorentz aus dem Jahre 1904 noch Poincarés Artikel „Über die Dynamik des Elektrons" [25] kannte. Es besteht aber Grund zur Annahme, daß Einstein vor 1905 Abrahams Theorie des Elektrons und seine Kritik der Lorentzschen Arbeit von 1904 gelesen hatte [26]. Einstein selbst stellte 1946 in „Autobiographisches" fest, daß er die Instabilität des Lorentzschen Elektrons als eine „fundamentale Krise" [27] aufgefaßt hatte. Eine noch größere Krise hatte er jedoch bereits im Jahre 1900 erkannt: weder ein elektromagnetisches noch ein mechanistisches Weltbild sind möglich, wenn man das Plancksche Strahlungsgesetz als korrekt annimmt [28].

Einsteins Arbeit über Relativitätstheorie

Betrachten wir nun Einsteins Arbeit über Relativitätstheorie, und vergleichen wir seinen Zugang zur Elektrodynamik und Optik bewegter Körper mit den Ideen der Äthertheoretiker. In der Arbeit folgt auf die Einleitung der Teil I mit dem Titel „Kinematischer Teil" und unter II der „Elektrodynamische Teil". Jeder Teil ist in fünf Abschnitte gegliedert. Die Anordnung des Inhalts ist demnach gerade umgekehrt zu den Arbeiten der Anhänger des elektromagnetischen Weltbildes, welche die Dynamik des Elektrons herausstreichen und die Kinematik daraus herleiten.

Im ersten Satz der Einleitung, des vielleicht bekanntesten Teils seiner Arbeit, beginnt Einstein mit folgender Thematik: [29] „Daß die Elektrodynamik Maxwells — wie dieselbe gegenwärtig aufgefaßt zu werden pflegt — in ihrer Anwendung auf bewegte Körper zu Asymmetrien führt, welche den Phänomenen nicht anzuhaften scheinen, ist bekannt." Man kann zeigen, daß sich Einstein hier auf die Maxwell-Lorentzsche Theorie bezieht, das heißt auf Lorentz' elektromagnetische Theorie und nicht auf die ursprüngliche Formulierung von Maxwell [30]. Einstein behauptet nicht, daß es Fehler in der Formulierung der Maxwell-Lorentztheorie gibt, sondern daß diese Theorie fehlerhaft interpretiert wird. Diese Fehlinterpretation „führt zu Asymmetrien, welche den Phänomenen nicht anzuhaften scheinen". Als Beispiel dieser Asymmetrien bespricht Einstein ein Gedankenexperiment, in dem durch die gleichförmige Bewegung eines Leiters relativ zu einem ruhenden Magneten ein Strom induziert wird. Obwohl die Größe und Richtung des induzierten Stroms nur von der relativen Geschwindigkeit von Leiter und Magnet abhängt, erklärt Einstein, daß die Maxwell-Lorentz-Theorie, „wie dieselbe gegenwärtig aufgefaßt zu werden pflegt" [31], streng zwischen dem Fall des bewegten Magneten bei ruhendem Leiter und dem umgekehrten Fall unterscheidet.

Waren auch andere Physiker der Meinung, daß die Relativbewegung von Magnet und Leiter eine Asymmetrie aufweist? Man bedenke, daß Einstein seine Arbeit mit dem Satz beginnt „... ist bekannt". Die Arbeiten von Maxwell, Hertz, Lorentz und Poincaré enthalten jedoch keine Diskussion über die Asymmetrien des Induktionsgesetzes.

Einsteins nächster Absatz ist von überragender Tragweite: „Beispiele ähnlicher Art, sowie die mißlungenen Versuche, eine Bewegung der Erde relativ zum „Lichtmedium" zu konstatieren, führen zu der Vermutung, daß dem Begriff der absoluten Ruhe nicht nur in der Mechanik, sondern auch in der Elektrodynamik keine Eigenschaften der Erscheinungen entsprechen" [32]. Die Verbindung, die Einstein zwischen dem Leiter-Magnet-Experiment und der anscheinend damit nicht zusammenhängenden Gruppe von Ätherdriftexperimenten herstellt, ist eine seiner Meisterleistungen. Einstein erkennt die Bedeutung der Tatsache, daß die Interpretation des

Leiter-Magnet-Experiments von den Gesetzen der Mechanik *und* des Elektromagnetismus abhängt. Gemäß der Newtonschen Mechanik gibt es jedoch keine ausgezeichneten Inertialsysteme, sondern es gilt dafür das Relativitätsprinzip.

Einstein schließt aus den vorangegangenen Überlegungen: „... daß vielmehr für alle Koordinatensysteme, für welche die mechanischen Gleichungen gelten, auch die gleichen elektrodynamischen und optischen Gesetze gelten, wie dies für die Größen erster Ordnung bereits bewiesen ist" [33].

Da sowohl die elektrodynamischen, wie auch die optischen Ätherdriftexperimente keinen Erfolg brachten – von besonderer Bedeutung sind für Einstein die Experimente erster Ordnung in v/c – und da die Lorentzsche Theorie Elektrodynamik und Optik vereint, sollten die Gesetze der Mechanik und des Elektromagnetismus in erster Ordnung in v/c in jedem Inertialsystem gleich sein. Daher erweitert Einstein kühn das Newtonsche Relativitätsprinzip, um sowohl die Mechanik als auch den Elektromagnetismus zu umfassen: „Wir wollen diese Vermutung (deren Inhalt im folgenden „Prinzip der Relativität" genannt werden wird) zur Voraussetzung erheben" [34].

Dann stellt Einstein ein weiteres Axiom auf: „... daß sich das Licht im leeren Raum stets mit einer bestimmten, vom Bewegungszustande des emittierenden Körpers unabhängigen Geschwindigkeit c fortpflanze." [35] In der Maxwell-Lorentzschen Theorie ist diese Aussage nur in dem im Äther ruhenden Bezugssystemen ein Axiom, nicht jedoch in anderen Inertialsystemen. Der Maxwell-Lorentzschen Theorie gemäß sind diese Bezugssysteme durch Galilei-Transformationen verbunden. Da sich das im Äther ruhende Bezugssystem nie bewegt, hat die Gruppenstruktur der Galilei-Transformationen keine physikalische Bedeutung [36]. Nach dem Relativitätsprinzip von Einstein gibt es jedoch keine ausgezeichneten Inertialsysteme und der Lorentzsche Äther wird „überflüssig" [37]. Deshalb gilt das Axiom der Konstanz der Lichtgeschwindigkeit in jedem Inertialsystem. Einstein hat damit eine weitere Asymmetrie eliminiert (er sprach einleitend von mehreren Asymmetrien).

Im Abschnitt 2 seiner Arbeit wiederholt Einstein das Relativitätsprinzip folgendermaßen: „Die Gesetze, nach denen sich die Zustände der physikalischen Systeme ändern, sind unabhängig davon, auf welches von zwei relativ zueinander in gleichförmiger Translationsbewegung befindlichen Koordinatensystemen diese Zustandsänderungen bezogen werden" [38]. Die Relativitätsprinzipien von Poincaré und Einstein haben zwar den gleichen Wortlaut, unterscheiden sich aber grundlegend. (Im übrigen wurde das Wort „Relativitätsprinzip" um 1900 häufig verwendet, vor allem bei Diskussionen über die Grundlagen der Geometrie [39]. Poincarés Relativitätsprinzip war eine Verallgemeinerung des Lorentzschen Theorems der korrespondierenden Zustände, und daher eine willkommene Vereinheitlichung. Poincarés Relativitätsprinzip war kein Axiom (oder eine Konvention [40], sondern stand in engem Zusammenhang mit den neuen experimentellen Daten, vor allem von Michelson und Morley.

Bei Einstein war dies anders. Historische Untersuchungen — vor allem die Studien von Gerald Holton — zeigten, daß die experimentellen Daten für Einsteins Überlegungen zum Relativitätsprinzip nicht entscheidend waren, obwohl vor allem die Experimente zweiter Ordnung in v/c eine gewisse Rolle spielten [41]. Einige der älteren, gut fundierten und scheinbar völlig erklärten Experimente hätten ausgereicht. Für Einstein waren die Experimente erster Ordnung — die Messungen der Aberration und Fizeaus Messungen der Lichtgeschwindigkeit im bewegten Wasser — „ausreichend" (wie Einstein selbst sagte) [42]. Diese Experimente wurden tatsächlich bereits durch Lorentz in seiner Abhandlung von 1895 systematisch erklärt, wobei er die Hypothese einer unphysikalischen lokalen Zeitkoordinate benützte [43]. Einstein schrieb später, daß er bereits vor 1905 überlegt hatte, ob man nicht die von Lorentz 1895 eingeführte mathematische Hilfsgröße als wirkliche Zeit betrachten sollte. Die mathematische Formulierung kam jedoch erst später, da zunächst die visuellen Komponenten in den Gedanken vorherrschten, die Einstein über die Natur des Lichtes anstellte und die ihn zur Relativitätstheorie führten [44]. Außer dem Magnet-Leiter-Experiment beschäftigte ihn bereits in seiner arauer Zeit (1895), was man beobachten würde, wenn man mit einer Lichtwelle mitläuft. Über dieses Gedankenexperiment schreibt Einstein in „Autobiographisches", daß es „intuitiv klar" [45] ist, daß sich für den bewegten Beobachter alles genauso ereignen sollte, wie für einen relativ zur Erde ruhenden Beobachter. Er setzt fort: „Denn wie sollte der erste (bewegte) Beobachter wissen bzw. konstatieren können, daß er sich im Zustand rascher gleichförmiger Bewegung befindet" [46]. Im Nachhinein betrachtete Einstein dieses Paradoxon als den „Keim zur speziellen Relativitätstheorie" [47]. Zunächst mußte er aber zu der Einsicht gelangen, daß „das Axiom des absoluten Charakters der Zeit bzw. der Gleichzeitigkeit unerkannt im Unterbewußten verankert war." „Das kritische Denken", dessen es für diese Entdeckung bedurfte, fand Einstein in den philosophischen Werken von Hume und Mach [48]. Wahrscheinlich hat Einstein 1905 erkannt, daß das obige Gedankenexperiment im Prinzip jedes der optischen Ätherdriftexperimente enthält. Einstein arbeitet also am gleichen Problem wie Lorentz und Poincaré: Warum ist die Lichtgeschwindigkeit in jedem Inertialsystem stets gleich c? Lorentz versuchte diesen Effekt, dessen Gültigkeit bis in zweite Ordnung in v/c bekannt war, auf dynamische Gründe zurückzuführen und durch eine mathematische Zeitkoordinate (die lokale Zeit) zu erklären. Einstein konzentrierte sich andererseits auf die Experimente erster Ordnung, ferner die Gedankenexperimente, die philosophischen Schriften von Hume und Mach, und — wie Martin J. Klein betont hat — die Gesetze der Thermodynamik [49]. Gegen alle Zeitströmungen durchschlug er den gordischen Knoten, indem er eine Physik entwarf, in der derartige Probleme nicht auftauchen konnten. Die beiden Axiome der Einsteinschen Relativitätstheorie erklären den negativen Ausgang der Ätherdriftexperimente nicht, sie lassen also auch unerklärt, warum die Lichtgeschwindigkeit stets gleich c ist und warum man eine Lichtwelle nicht einholen kann. Vielmehr müssen diese Experimente per Definition negativ ausgehen und per Definition ist auch der Raum in jedem Inertialsystem homogen und isotrop für die Lichtausbreitung. In der Arbeit zur Relativitätstheorie macht Einstein von dieser Eigenschaft des Raumes oft Gebrauch.

Im letzten Absatz der Einleitung kehrt Einstein nochmals zum Magnet-Leiter-Experiment zurück. Er erklärt, daß seiner Meinung nach die Schwierigkeiten der Elektrodynamik bewegter Körper in der Kinematik und nicht in der Dynamik wurzeln, d.h. in den „Beziehungen zwischen starren Körpern (Koordinatensystemen), Uhren und elektromagnetischen Prozessen" [50]. Die Einführung des starren Körpers als irreduzible Einheit bedeutet, daß Einstein nicht vorhat, über die Zusammensetzung der Materie zu spekulieren. In seiner Nobelpreisrede von 1923 betonte er, daß die Zeit im Jahre 1905 für derartige Spekulationen noch nicht reif war und dieses Problem die Physiker von damals „überforderte" [51].

Die Definition der Gleichzeitigkeit

Teil I der Arbeit über Relativitätstheorie trägt den Titel „Definition der Gleichzeitigkeit". Einstein beginnt darin mit operationellen Definitionen der Begriffe Inertialsystem und Lage relativ zu einem Inertialsystem. Diese Definitionen basieren auf der Verwendung von „starren Maßstäben unter Benutzung der Methoden der euklidischen Geometrie" [52]. Einstein empfand es als wichtig, hier von operationellen Definitionen auszugehen, da diese Konzepte in der Äthertheorie nur in vager und inkonsistenter Art besprochen wurden. In dieser Theorie konnte man die wahre Länge eines Körpers anscheinend niemals bestimmen, weil man die Geschwindigkeit der Erde relativ zum Äther nicht feststellen konnte. Einstein erklärt dann, daß die Koordinaten eines bewegten materiellen Punktes Funktionen der Zeit sind, und wir daher verstehen müssen, was wir mit „,Zeit" meinen [53].

Im weiteren argumentiert Einstein, daß Gleichzeitigkeit kein absoluter Begriff sei, man sollte eher zwischen lokaler und entfernter Gleichzeitigkeit unterscheiden. Einstein vermeidet es, die Sinnesempfindungen über dieses Problem entscheiden zu lassen, so wie es die Mechanisten, die Äthertheoretiker oder die philosophisch orientierten Naturwissenschaftler wie Mach und Poincaré [54] taten. Es ist vielmehr eine im Prinzip operationelle Definition erforderlich, um entfernte Gleichzeitigkeit und Zeit zu definieren. Einstein gibt eine Definition der Synchronisation von Uhren, und damit der Zeit für Uhren, die relativ zueinander zu einem beliebigen Inertialsystem ruhen. Diese, zumindest im Prinzip operationelle Vorgangsweise verwendet die Homogenität und Isotropie des Raumes für die Lichtausbreitung. In einem Zweigexperiment werden Lichtsignale zwischen zwei Uhren ausgetauscht. Zwei Uhren mögen relativ zueinander an den Punkten A und B in einem Intertialsystem ruhen. Licht geht zum Zeitpunkt t_A von der Uhr A aus, trifft zum Zeitpunkt t_B bei der Uhr in B ein, wo es sofort nach A zurückreflektiert wird und zur Zeit t'_A ankommt. Einstein definiert dann die Zeit t_B als

$$t_B = \frac{1}{2}(t_A + t'_A). \tag{9}$$

Paragraph 2 trägt den Titel „Über die Relativität von Längen und Zeiten". Einstein wiederholt zunächst die beiden Prinzipien der Relativitätstheorie und zeigt dann, unter Benützung der Definition der Gleichzeitigkeit aus Paragraph 1, daß Längen und Zeiten relative Größen sind. Im Gegensatz zu der Theorie von Lorentz gibt es daher keine wahren Längen, und auch die Zeit ist keine absolute Größe.

Der Rest der Arbeit über Relativitätstheorie hat die Form einer geometrischen Abhandlung: Alle Resultate folgen aus den beiden Postulaten der Relativitätstheorie und der Definition der Gleichzeitigkeit, die in Paragraph 1 gegeben wurde. Es scheint, als hätte Einstein die Relativitätsarbeit im Stil einer anderen großen Abhandlung über Mechanik geschrieben, die 218 Jahre früher publiziert und absichtlich im Stil von Euklids „Elementen" gehalten war — nämlich Newtons *Principia* [55].

Im dritten Paragraphen „Theorie der Koordinaten- und Zeittransformation von einem ruhenden auf ein relativ zu diesem in gleichförmiger Translationsbewegung befindliches System" deduziert Einstein die Transformationsgleichungen für Raum- und Zeitkoordinaten. Bei Poincaré und Lorentz sind diese Transformationen separate Hypothesen, bei denen nicht einmal alle Symbole genaue operationelle Bedeutung haben. Schon wegen der unbekannten Geschwindigkeit der Erde relativ zum Äther war dies unmöglich. In der Einsteinschen Theorie gibt es jedoch keine unbekannten oder unerkennbaren Größen — räumliche Abstände relativ zu einem Inertialsystem werden mit starren Maßstäben gemessen und die Zeit in jedem Punkt wird von einer Uhr abgelesen, die in diesem Punkt relativ zum Inertialsystem ruht. Dabei muß die Synchronisation mit der Definition aus Paragraph 1 vorgenommen werden. Nach einigen Seiten kommt Einstein zu den wohlbekannten relativistischen Transformationsgleichungen

$$x' = \frac{1}{\sqrt{1-v^2/c^2}}(x-vt), \quad y'=y, \quad z'=z, \quad t' = \frac{1}{\sqrt{1-v^2/c^2}}(t-vx/c^2) \tag{10}$$

bei denen sich die gestrichenen und ungestrichenen Raum- und Zeitkoordinaten auf verschiedene Inertialsysteme beziehen [56]. Einstein interpretiert diese Formeln als Beziehungen zwischen den Ablesungen von Uhren und Maßstäben in den beiden Systemen. (Es war Einstein nicht bekannt, daß mathematisch äquivalente Gleichungen bereits in Lorentz' Arbeit aus dem Jahre 1904 erschienen waren und von Poincaré 1905 als Lorentztransformationen bezeichnet wurden [57]).

In Abschnitt 4 über die „Physikalische Bedeutung der erhaltenen Gleichungen, bewegte starre Körper und bewegte Uhren betreffend" deduziert Einstein die scheinbare Kontraktion von bewegten Körpern, die von einem Beobachter in einem anderen Inertialsystem gemessen wird, und die Gleichung für die Zeitdilatation. Für Lorentz und Poincaré war die Längenkontraktion eine separate Hypothese. Außerdem gaben sie keine klare physikalische Bedeutung dieser Hypothese, da ihnen operationelle Methoden fehlten, um die Längenänderung festzustellen. Beispielsweise führt die Kongruenz-Methode nicht zum Ziel, da sich alle Körper gleichermaßen verkürzen; Experimente mit Lichtsignalen wurden als äquivalent zum Michelson-Morley-Experiment angesehen. Auch existieren in der Äthertheorie wahre Längen und Geschwindigkeiten relativ zum Äther, die jedoch nicht experimentell festgestellt werden können. Das Phänomen der Zeitdilatation hat in der Äthertheorie überhaupt keine operationelle Bedeutung, da dort die Zeit eine absolute Größe ist [58].

Im Paragraph 5 mit dem Titel „Additionstheorem der Geschwindigkeiten" leitet Einstein das neue Gesetz für die Addition der Geschwindigkeiten her und beweist, daß die relativistischen Transformationen eine Gruppe bilden. In der Theorie von Lorentz und Poincaré enthielt das entsprechende Resultat unbekannte Geschwindigkeiten und die Gruppeneigenschaft der relativistischen Transformationen hatte keine physikalische Bedeutung [59].

Soweit zum Teil I der Einsteinschen Arbeit.

Der elektrodynamische Teil

Im Teil II wendet Einstein die neue Kinematik auf die Elektrodynamik an. Er beginnt mit Paragraph 6, der den Titel „Transformation der Maxwell-Hertzschen Gleichungen für den leeren Raum. Über die Natur der bei der Bewegung in einem Magnetfeld auftretenden elektromotorischen Kräfte" trägt. Zunächst diskutiert er die Eigenschaften der Strahlung im Vakuum, wobei Einstein von den Gleichungen (1) und (2) mit $\rho = 0$ ausgeht, welche er als Maxwell-Hertzsche Gleichungen ohne Quellterm bezeichnet. Eigentlich sind es die Maxwell-Lorentz-Gleichungen und in seinem Übersichtsartikel von 1907 benützt Einstein diesen Namen dafür [30, 60]. Einstein betrachtet diese Gleichungen als Axiome. Er fordert ihre Kovarianz — im Einklang mit den beiden Axiomen der Relativitätstheorie — und deduziert daraus neue Gesetze der Physik, nämlich die Relativität der elektromagnetischen Feldgrößen. In der Elektronentheorie von Lorentz und Poincaré ist die Kovarianz eine rein mathematische Eigenschaft, die als Transformation der Feldgleichungen in ein mathematisches Koordinatensystem interpretiert wird, welches alle Eigenschaften eines im Äther ruhenden Bezugssystems hat. Einstein zeigt dann, daß die Lorentzkraft nicht wie in der Lorentzschen Theorie ein separates Axiom ist und erzielt damit eine weitere glänzende Reduktion „unnötiger" Zusatzannahmen. Im Paragraph 10 wird dieses Problem nochmals im Detail aufgegriffen.

Das Ende von Paragraph 6 ist charakteristisch für den Stil von Einsteins Arbeit: „Es ist ferner klar, daß die in der Einleitung angeführte Asymmetrie bei der Betrachtung der durch Relativbewegung eines Magneten und eines Leiters erzeugten Ströme verschwindet. Auch werden die Fragen nach dem „Sitz" der elektrodynamischen elektromotorischen Kräfte (Unipolarmaschine) gegenstandslos" [61]. Einstein sagt also zunächst, daß seine Ergebnisse die Asymmetrie des Magnet-Leiter-Experiments verschwinden lassen. Die Details dieses Beweises überläßt er dem Leser als Übungsaufgabe. Seinem eigenen Stil treu bleibend, beendet Einstein diesen Paragraphen, indem er in einem einzigen Satz ein Problem als bedeutungslos abtut, das von allen großen Elektrodynamikern als überaus verwirrend betrachtet wurde, nämlich die Bestimmung des Orts der elektromotorischen Kraft in einer Unipolarmaschine.

In den Paragraphen 7 und 8 verwendet Einstein die Resultate des Paragraphen 6 und die neue Kinematik, um einige Probleme der Strahlung im Vakuum zu lösen. Im Paragraph „Theorie des Dopplerschen Prinzips und der Aberration" verwendet Einstein die Invarianz der Phase einer ebenen Welle, um zwei Probleme exakt zu lösen, die in der Äthertheorie keine exakte Lösung gefunden hatten – den optischen Dopplereffekt und die Aberration des Sternenlichts. In der Lorentzschen Theorie verhinderten die unbekannten Geschwindigkeiten eine vollständige Lösung dieses Problems. Außerdem erforderte die Erklärung der Aberration des Sternenlichtes in erster Ordnung sogar zwei verschiedene dynamische Überlegungen, jenachdem ob dieser Effekt in einem geozentrischen System oder in einem System beobachtet wurde, das im Äther ruhte. Dadurch hatte Einstein eine weitere Asymmetrie beseitigt, die den „Phänomenen nicht anzuhaften scheint".

Paragraph 8 „Transformation der Energie der Lichtstrahlen. Theorie des auf vollkommene Spiegel ausgeübten Strahlungsdruckes" beginnt mit dem Beweis, daß das Verhältnis der Energie zur Frequenz eines „Lichtkomplexes", also eines Lichtpulses, invariant ist [62]. Einstein findet dieses Ergebnis „bemerkenswert" [63]. Es ist tatsächlich bemerkenswert! Mit einem Flair von Untertreibung, das man normalerweise nur in literarischen Werken von hohem Rang findet, wies Einstein nicht auf das Hauptresultat seiner ersten Publikation im Band 17 der Annalen der Physik [64] hin. Dort hatte er gezeigt, daß Licht, welches das Wiensche Strahlungsgesetz erfüllt, als ein Ensemble von unabhängigen Teilchen oder Pulsen beschrieben werden kann, deren Verhältnis von Energie und Frequenz eine universelle Konstante ist, nämlich die Plancksche Konstante. In Paragraph 8 löst Einstein ferner zwei alte Probleme, nämlich die Reflexion von Licht an einem bewegten Spiegel und den dabei ausgeübten Lichtdruck. Die beiden kurzen Abschnitte bringen nicht zum Ausdruck, von welch grundlegender Bedeutung diese Probleme für die Physik von 1905 waren, in der sie als zentrale Aspekte der Thermodynamik der Strahlung betrachtet wurden. Zwar konnten beide Probleme auch in der Lorentzschen Äthertheorie des Elektromagnetismus exakt gelöst werden, wie Abraham 1904 gezeigt hatte, doch erfordert dies eine höchst langwierige und mühsame Herleitung, die mehr als 40 Seiten seiner bekannten Arbeit in Anspruch nimmt [65]. Obwohl Einsteins und Abrahams Lösungen mathematisch äquivalent erscheinen, unterscheiden sie sich doch in bezug auf ihre experimentelle Bedeutung, da die Abrahamsche Arbeit unbekannte Geschwindigkeiten relativ zum Äther enthält.

In Paragraph 9 „Transformation der Maxwell-Hertzschen Gleichungen mit Berücksichtigung der Konvektionsströme" und Paragraph 10 analysiert Einstein die sogenannten Maxwell-Hertz-Gleichungen für den Fall, daß Quellen vorhanden sind. Diese Quellen sind punktförmige Elektronen, mit rein mechanischer Masse. Die Maxwell-Hertz-Gleichungen, die Einstein hier diskutiert, sind mathematisch äquivalent zu den Gleichungen (1), doch haben die darin enthaltenen Symbole wegen der Relativität der Gleichzeitigkeit eine verschiedene Bedeutung. Weil Einstein die Bewegung eines Elektrons untersucht, stellt er schließlich fest, daß „diese Gleichungen die elektromagnetische Grundlage der Lorentzschen Elektrodynamik und der Optik bewegter Körper" sind [66].

In Paragraph 10 „Dynamik des (langsam beschleunigten) Elektrons" geht Einstein von der bekannten Form des 2. Newtonschen Axioms aus, das er im momentanen Ruhsystem eines Elektrons anschreibt, welches sich in einem externen elektromagnetischen Feld befindet. Durch Transformation in das Laborsystem berechnet Einstein die longitudinale und transversale Masse des Elektrons:

$$m_L = \frac{m'}{(1-v^2/c^2)^{3/2}} \qquad m_T = \frac{m'}{1-v^2/c^2}, \qquad (11)$$

wobei m' die mechanische Masse des Punktelektrons ist. Eine unglückliche Wahl der Definition der Kraft macht den Ausdruck für die transversale Masse unzweckmäßig, wie Max Planck 1906 feststellte [67]. Das Resultat sollte vielmehr lauten

$$m_T = \frac{m'}{\sqrt{1-v^2/c^2}}. \qquad (12)$$

Dies ist mathematisch äquivalent zu Lorentz' Ergebnis (8).

Um die kinetische Energie eines Elektrons in einem äußeren elektrostatischen Feld zu berechnen, führt Einstein die einzige Integration in der gesamten Arbeit aus. Die volle Bedeutung der Lösung dieses Problems erkannte Einstein erst später im Jahre 1905 — sie stellte sich als buchstäblich welterschütternd heraus [68].

Wir kommen damit zu den letzten Seiten der Einsteinschen Arbeit von 1905. Zum Schluß, gleichsam als Nachwort, gibt Einstein drei Experimente zur Überprüfung der neuen Theorie an. Ich glaube nicht, daß irgendein Experimentalphysiker diese Tests damals hätte ausführen können. Vielleicht hat Einstein in einem kühnen Schachzug seine Vorhersage der transversalen Masse des Elektrons nicht zusammen mit den anderen experimentellen Tests angeführt, da sein Ergebnis mit den ihm bekannten experimentellen Daten von Kaufmann nicht übereinstimmte.

Wenn wir Einsteins Arbeit zur Relativitätstheorie in ihren historischen Gesamtzusammenhang stellen, so ergibt sich, daß sie nicht nur der Physik von 1905 völlig entgegengesetzt war, sondern auch, daß es nicht möglich war, seine Theorien mit Hilfe der existierenden Daten zu überprüfen [69].

Das Jahr 1905 bedeutet für Einstein natürlich nicht das Ende seiner Arbeit. Bereits 1907 versuchte er die spezielle Relativitätstheorie zu verallgemeinern, um damit die „logischen Schwächen" [70] zu beseitigen, die er in der Verwendung des Begriffes Inertialsystem und im Anschein von Effekten ohne dynamische Ursachen sah [71]. Denn im Gegensatz zu Newton sollte Einstein noch ein zweites Annus Mirabilis haben.

Literatur

[1] Diesem Aufsatz liegt die Arbeit "The physics of Einstein's relativity paper of 1905 and the electromagnetic world picture of 1905," American Journal of Physics, 45, 1040–1048 (1977) zugrunde.

[2] Eine ausführliche Diskussion dieses Forschungsprogramms findet sich bei *A. I. Miller*, "A Study of Henri Poincaré's 'Sur la dynamique de l'électron'", Achive for History of Exact Sciences, 10, Nos. 3–5, 207–328 (1973).

[3] *H. A. Lorentz*, "La théorie électromagnétique de Maxwell et son application aux corps mouvants," Arch. néerl., 25, 363 (1892); siehe auch Collected Papers (9 Vols., Nijhoff, The Hague, 1935–1939), Vol. 2, 164–243.

[4] Eine Diskussion der bedeutenden Arbeiten von Lorentz aus dem Jahre 1892 und weitere Zitate finden sich in Anmerkung 2 und bei *A. I. Miller*, "On Lorentz's Methodology," The British Journal for the Philosophy of Science, 25, 29–45 (1974).

[5] *H. A. Lorentz*, Versuch einer Theorie der elektrischen und optischen Erscheinungen in bewegten Körpern (1. Auflage, Brill, Leiden, 1895; 2. Auflage, Teubner, Leipzig, 1906). Dieses Buch ist in [2] und [4] ausführlich diskutiert. Alle Seitenangaben beziehen sich auf die 2. Auflage, welche ein unveränderter Neudruck der ersten Auflage ist.

[6] a.a.O., S. 49.

[7] a.a.O., S. 85.

[8] Die Frage, ob die Lorentz'sche Kontraktionshypothese ad hoc war, wird in [4] weiterdiskutiert.

[9] Poincaré's Kritik der Lorentz'schen elektromagnetischen Theorie in den Jahren 1895–1904 wird in Teil 5 von [2] diskutiert.

[10] W. Wien, „Über die Möglichkeit einer elektromagnetischen Begründung der Mechanik," Recueil de travaux offerts par les auteurs à H. A. Lorentz (Nijhoff, The Hague, 1900), pp. 96–107.

[11] H. A. Lorentz, "Theorie simplifiée des phénomènes électriques et optiques dans des corps en mouvement," Versl. Kon. Akad. Wetensch. Amsterdam, 7, 507 (1899); abgedruckt in Collected Papers, Vol. 5, 139–155.

[12] M. Abraham, „Dynamik des Elektrons", Nachr. Ges. Wiss. Göttingen, 20–41 (1902); „Prinzipien der Dynamik des Elektrons," Annalen der Physik, 10, 105–179 (1903). Siehe Teil 3 von [2] bezüglich einer weiteren Diskussion der Abraham'schen Elektronentheorie.

[13] Lord Rayleigh, "Does Motion through the Aether cause Double Refraction?," Phil. Mag., 4, 678–683 (1902).

[14] D. B. Brace, "On Double Refraction in Matter moving through the Aether", Phil. Mag., 7, 317–329 (1904).

[15] Trouton und Noble versuchten erfolglos das Drehmoment auf einen Kondensator zu messen, der an einem Faden frei drehbar aufgehängt war. Siehe dazu F. T. Trouton und H. R. Noble, "The Mechanical Forces Acting on a Charged Electric Condenser Moving through Space," Phil. Trans. Roy. Soc. London A, 202, 165–181 (1903).

[16] Abgedruckt in H. A. Lorentz, A. Einstein, H. Minkowski, Das Relativitätsprinzip, eine Sammlung von Abhandlungen, mit einem Beitrag von H. Weyl und Anmerkungen von A. Sommerfeld (Wissenschaftliche Buchgesellschaft, Darmstadt 1958), S. 11–34. Dieser Band wird in der Folge als RP zitiert. Siehe auch [2] und [4] für weitere Diskussionen.

[17] H. Poincaré, "L'état actuel et l'avenir de la Physique mathématique," Rede am Internationalen Kongress für Kunst und Wissenschaft in St. Louis (24. September 1904), abgedruckt in H. Poincaré, The Value of Science, übersetzt von G. B. Halsted (Dover Publications, New York, 1958), S. 91–111.

[18] a.a.O., S. 100.

[19] a.a.O., S. 94.

[20] H. Poincaré, "Sur la dynamique de l'électron," Comptes rendus de l'Académie des Sciences, 140, 1504–1508 (1905); Rend. del. Circ. Mat. di Palermo, 21, 129–175 (1906), eingereicht am 23. Juli 1905. Diese klassische Arbeit wird in [2] eingehend untersucht.

[21] Siehe Ref. 12, M. Abraham, „Die Grundhypothesen der Elektronentheorie", Phys. Z., 5, 576–579 (1904) und M. Abraham, Theorie der Elektrizität (2 Bände; Teubner, Leipzig, 1905), Band 2, speziell S. 205 ff. Siehe Teil 4.7 von [2] bezüglich einer Diskussion von Abrahams Kritik.

[22] Der Dank Minkowskis an Poincaré ist enthalten in H. Minkowski, „Das Relativitätsprinzip", vorgetragen am 5. November 1907 vor der Mathematischen Gesellschaft in Göttingen und veröffentlicht in Annalen der Physik, 47, 927–938 (1916). Siehe Teil 7.1 von [2] für weitere Diskussionen von Poincarés Einfluß auf Minkowski.

[23] Bezüglich der Details siehe Teil 6.8 von [2].

[24] A. *Einstein*, „Zur Elektrodynamik bewegter Körper," Annalen der Physik, 17, 891–921 (eingelangt am 30. Juni 1905); abgedruckt in RP, S. 37–65.
[25] Siehe *G. Holton*, "On the Origins of the Special Relativity Theory," in *G. Holton*, Thematic Origins of Scientific Thought: Kepler to Einstein (Harvard University Press, Cambridge, 1973), pp. 165–183. Dieses Buch wird in der Folge als "Thematic Origins" zitiert, und alle Zitate von Holtons Arbeit beziehen sich auf Thematic Origins. *G. Holton*, "Influences on Einstein's Early Work", in Thematic Origins, S. 197–217. Siehe *M. Born*, Physik im Wandel meiner Zeit (Vieweg, 1957), speziell S. 104 bezüglich einer Übersetzung eines Briefes von Einstein an seinen Biographen C. Seelig.
[26] Siehe *A. I. Miller*, "On Einstein, Light Quanta, Radiation and Relativity in 1905." American Journal of Physics 44, 912–923 (1976).
[27] *A. Einstein*, „Autobiographisches" in *P. A. Schilpp* (Hrsg.), Albert Einstein als Philosoph und Naturforscher, (W. Kohlhammer Verlag, 1949; Vieweg reprint 1978), S. 14.
[28] a.a.O., S. 19.
[29] Siehe (24), S. 37.
[30] Zum Beispiel bezieht sich Einstein in seinem Aufsatz „Relativitätsprinzip und die aus demselben gezogenen Folgerungen", Jahrbuch der Radioaktivität und Elektronik, 4, 411–462 (1907) auf die Gleichungen (1–5) als „Maxwell-Lorentz Gleichungen" (S. 427), und bespricht nur „H. A. Lorentz' Elektrodynamik bewegter Körper" (S. 412).
[31] Siehe (24), S. 37.
[32] a.a.O.
[33] a.a.O., S. 37–38. Der Stern bezieht sich auf eine Fußnote von Sommerfeld. Bedauerlicherweise haben die Herausgeber nicht zwischen Einsteins und Sommerfelds Fußnoten unterschieden. Einsteins Relativitätsarbeit aus 1905 enthält nur vier Fußnoten und keine Zitate.
[34] a.a.O., S. 38.
[35] a.a.O.,
[36] Nach Lorentz ist die physikalische Koordinatentransformation die Galilei-Transformation – z.B. ist die lokale Zeitkoordinate in Gleichung (2) eine weitere mathematische Skalentransformation der Galilei-Zeit, d.h. der absoluten Zeit. Da sich das im Äther ruhende System S nie bewegt, hat die Umkehrtransformation keine physikalische Bedeutung. Siehe [56] für weitere Diskussionsbemerkungen.
[37] Siehe [24], S. 38.
[38] a.a.O., S. 41.
[39] Siehe [2], Fußnote 62 auf S. 233.
[40] Eine ausführliche Diskussion von Poincaré's Wissenschaftstheorie und ihrem Einfluß auf seine Forschungsarbeit findet sich in [2] und bei *A. I. Miller*, „Poincaré and Einstein: A Comparative Study," (erscheint in Band 31 der Boston Studies in the Philosophy of Science).
[41] Siehe *G. Holton:* „Einstein, Michelson, and the "Crucial Experiment," in Holton, Thematic Origins, S. 261–352.
[42] *R. S. Shankland*, "Conversations with Albert Einstein", American Journal of Physics, 31, 47–57 (1963), S. 48.
[43] Siehe [30], S. 413.

[44] Die visuelle Komponente von Einsteins Denken wird bei *G. Holton*, "On Trying to Understand Scientific Genius," in Holton, Thematic Origins, S. 353–380 diskutiert.
[45] Siehe [27], S. 19.
[46] a.a.O.
[47] a.a.O.
[48] a.a.O.
[49] Siehe z.B. *M. J. Klein*, "Thermodynamics in Einstein's Thought," Science, 157, 509–516 (1967).
[50] Siehe [24], S. 38.
[51] *A. Einstein*, "Fundamental Ideas and Problems of the Theory of Relativity," gehalten am 11. Juli 1923 anläßlich der Verleihung des Nobelpreises; in Nobel Lectures: 1901–1921 (Elsevier, New York, 1967), S. 482–490, speziell S. 484.
[52] Siehe [24], S. 38.
[53] a.a.O., S. 39.
[54] Siehe z.B. meinen Aufsatz "Poincaré and Einstein ..." in [40].
[55] Weitere Vergleiche zwischen dem Stil von Einsteins Relativitätsarbeit und Newtons Principia finden sich bei Holton "On the Origins ...." in [25], speziell S. 170–171.
[56] Siehe [2] und [4] bezüglich eines Vergleiches der Einstein'schen Transformationen mit den Lorentz'schen.
[57] Siehe [20], S. 130 der Arbeit von 1906.
[58] Weitere Diskussionen geben [2] und [4].
[59] Siehe Teil 6.5 von [2] bezüglich einer Diskussion von Poincaré's Analyse der Lorentzgruppe.
[60] Im Jahre 1905 könnte Einstein die Bezeichnung Maxwell-Hertz-Gleichungen benützt haben, um auszudrücken, daß er keine Spekulationen bezüglich des Aufbaus der Materie anstellen wollte. Die Hertz'sche Elektrodynamik hatte keine atomistische Grundlage, sie war vielmehr eine Elektrodynamik kontinuierlicher Medien. Ferner benützte Einstein die Hertz'sche Bezeichnungsweise für elektrische und magnetische Größen, und nannte sie „elektrische und magnetische Kräfte" (siehe [24], S. 52, wobei er ihnen zumindest im Prinzip operationale Definitionen gab (siehe [24], S. 54).
[61] Siehe [24], S. 55.
[62] Dieser Abschnitt von Einsteins Relativitätsarbeit wird im Detail in [26] diskutiert.
[63] Siehe [24], S. 58.
[64] *A. Einstein*, „Über einen die Erzeugung und Verwandlung des Lichtes betreffenden heuristischen Gesichtspunkt," Annalen der Physik, 17, 132–148 (1905). Diese Arbeit wird im Detail von *M. J. Klein* "Einstein's First Paper on Quanta," The Natural Philosopher, 2, 59–86 (1963) diskutiert. Einstein veröffentlichte auch noch eine dritte Arbeit im Band 17 der Annalen, „Die von der molekularkinetischen Theorie der Wärme geforderte Bewegung von in ruhenden Flüssigkeiten suspendierten Teilchen," Annalen der Physik, 17, 549 (1905). In allen drei Arbeiten behandelt Einstein einen gemeinsamen Punkt – die Natur der Strahlung, die in [26] diskutiert wird.
[65] *M. Abraham*, „Zur Theorie der Strahlung und des Strahlungsdruckes," Annalen der Physik, 14, 236–287 (1904). Siehe [26] bezüglich einer Diskussion von Abrahams Arbeit.

[66] Siehe [24], S. 60.
[67] *M. Planck*, „Das Prinzip der Relativität und die Grundgleichungen der Mechanik," Verh. d. p. Ges., 4, 136–141 (1906). Bis 1911 wurden die Ergebnisse der Einstein'schen Relativitätsarbeit von den meisten Physikern als Verallgemeinerungen der Lorentz'schen Theorie des Elektrons betrachtet und der Terminus „Lorentz-Einstein" Theorie eingeführt.
[68] Einstein diskutierte die Äquivalenz von Masse und Energie in der vierten Arbeit, die er im Jahre 1905 veröffentlichte: „Ist die Trägheit eines Körpers von seinem Energiegehalt abhängig?", Annalen der Physik, 18, 630–641 (1905).
[69] Ich behaupte hier nicht, daß Einstein an experimentellen Bestätigungen oder der Existenz empirischer Daten nicht interessiert war. Im Fall der Entstehung der speziellen Relativitätstheorie – überhaupt in der Geschichte der Wissenschaften – ist das Wechselspiel zwischen empirischen Daten oder empirischen Bestätigungen und der naturwissenschaftlichen Entdeckungen nicht so einfach und klar, wie uns die meisten positivistisch orientierten Philosophen sowohl 1905 als auch 1975 glauben machen möchten. Heute ist diese Wechselwirkung ein zentrales Problem der Geschichte und Theorie der Wissenschaften. Siehe z.B. die oben zitierten Aufsätze von Holton, meinen Aufsatz in [4] und [40], sowie *A. I. Miller* „Albert Einstein und Max Wertheimer: A Gestalt Psychologist's View of the Genesis of Special Relativity Theory," History of Science, 13, 75–103 (1975); und *A. I. Miller*, "Book Review of Adolf Grünbaum's Philosophical Problems of Space and Time" ISIS 66, 590–594 (1975), a.a.O., 68, 449–450 (1977).
[70] Siehe [51], S. 484.
[71] In Teil V von [30] „Relativity Principle and Gravitation" verallgemeinerte Einstein das Relativitätsprinzip auf beschleunigte Bezugssysteme und führte auch das Äquivalenzprinzip ein.

Zur Theorie der speziellen Relativitätstheorie

Einsteins Methoden zur Theorienbildung

Gerald Holton

1. Der erkenntnistheoretische Imperativ

Nach seinen Veröffentlichungen und Briefen zu schließen, betrachtete es Albert Einstein als eine seiner wichtigsten Aufgaben, seine Ansichten über die Philosophie der Naturwissenschaften immer wieder zu formulieren und auszuarbeiten. Dafür scheint es zwei Gründe zu geben. Zunächst erfuhr Einstein bei seinen eigenen frühen Arbeiten und auch bei seinen „fähigsten Studenten", wie wichtig Diskussionen über die Ziele und Methoden der Wissenschaft sind.[1] Die Klärung derartiger Fragen war nicht nur ein Anliegen intellektueller Neugier, sondern betraf seiner Meinung nach den Kern wissenschaftlicher Neuerungen: Erkenntnistheorie und Wissenschaft „sind aufeinander angewiesen. Erkenntnistheorie ohne Kontakt mit Wissenschaft wird zum leeren Schema. Wissenschaft ohne Erkenntnistheorie ist - soweit überhaupt denkbar - primitiv und verworren." Andererseits warnte er aber davor, „sich bei der Konstruktion der Begriffswelt allzusehr durch Festhalten an einem erkenntnistheoretischen System beschränken zu lassen." (Schilpp, S. 507, 508). Einstein könnte demnach eher als philosophischer Opportunist, denn als Schulphilosoph erscheinen. Diese Anschuldigung scheint ihn aber ebensowenig beunruhigt zu haben, wie die vielen ernsteren Angriffe auf seine Wissenschaft und seine anderen Ansichten.

Einstein hatte noch einen zweiten Grund, warum ein Wissenschaftler, der sich mit Grundlagenproblemen beschäftigt, erkenntnistheoretische Überlegungen nicht vermeiden darf: Es gibt einfach keinen anderen Weg. In einer Zeit, in der sich die Grundlagen der Wissenschaft rasch verändern „kann der Physiker die kritischen Betrachtungen der Grundlagen nicht einfach der Philosophie überlassen, weil er nur selber am besten weiß und fühlt, wo ihn der Schuh drückt." (Journal of the Franklin Institute 221, 313 (1936), (F.I.); englische Übersetzung in *Ideas and Opinions*, (I.O.) S. 290).

Aus den angeführten Gründen veröffentlichte Einstein immer wieder Arbeiten über die Philosophie der Naturwissenschaften, und es ist bezeichnend, daß er dies vor allem auch während der schöpferischen Periode seiner wissenschaftlichen Arbeit tat (z.B. 1914: Die Prinzipien der theoretischen Physik; 1916: Über Ernst Mach; 1918: Motiv des Forschens; 1921: Geometrie und Erfahrung; 1933: Über die Methoden der theoretischen

---

[1] A. Einstein, *Phys. Zs.*, **17** (1916), pp. 101 ff.

Physik; 1936: Physik und Realität. Es wären noch viele andere Beispiele anzuführen, vor allem auch aus seinen Briefen an Besso, Solovine und andere Freunde). Mit charakteristischer Beharrlichkeit, ja Hartnäckigkeit, stellte er sich immer wieder die Aufgabe, sein „erkenntnistheoretisches Credo" zu formulieren. Die innere Geschlossenheit seiner Darstellungen ist eindrucksvoll — zumindest ab 1914, nachdem seine „Lehr- und Wanderjahre" beendet waren, die ihn durch verschiedene Bereiche der Philosophie geführt hatten.

In den letzten vier Jahrzehnten seines Lebens war er daher nicht nur als bedeutender Wissenschaftler aktiv, sondern auch als Verfasser populär-wissenschaftlicher Schriften, als Lehrer, aber auch als Philosoph und Wissenschaftler ("philosopher-scientist") in der Tradition von Henri Poincaré, Ernst Mach und anderen der vorangegangenen Generation. Er nahm seine Rolle als Populärwissenschaftler sehr ernst und war unablässig bemüht, seine Ideen für den intelligenten Laien klar zu formulieren. Dadurch wurde der Mann, der am besten für sein legendäres Ringen um die unzugänglichsten und unverständlichsten Theorien bekannt ist, zu einem der lesbarsten und verbreitetsten wissenschaftlichen Autoren - und ist es bis heute geblieben. Seine Aufsätze sind in vielen Sprachen und in allen Erdteilen erschienen, und es gibt unzählige Bücher, in denen seine Ideen analysiert werden. Im Sinn von Einsteins eigenen Absichten möchte ich hier der Einladung nachkommen, die wichtigsten Grundlagen seiner erkenntnistheoretischen Position in einer Weise zu analysieren, die sie einem größeren Kreis zugänglich macht.

2. Briefe an Solovine

In allen Schriften Albert Einsteins kehrt eine wesentliche Grundidee immer wieder. Sie handelt von einem Modell des wissenschaftlichen Denkens oder vielleicht sogar des Denkens im allgemeinen. Dieses Modell ist das zentrale Anliegen der ersten Seiten seiner Autobiographie[2], die ich an anderer Stelle analysiert habe[3]. Die prägnanteste und anschaulichste Formulierung seines Modells findet sich aber in einem Brief, den Einstein im Jahre 1952 an seinen Freund Maurice Solovine geschrieben hat. Die Virtuosität der Ausdrucksweise und die knappe Zusammenfassung komplexer und tiefer Gedankengänge machen ihn zu einem einzigartigen Dokument. Er bildet den geeigneten Ausgangspunkt für einen Überblick über

---

2 Einstein schrieb den Essay 1946 als Einleitung für das Buch *Albert Einstein als Philosoph und Naturforscher* (Hrsg. P. A. Schilpp); siehe Hauptzitate am Ende des Artikels.

3 G. Holton, "What, Precisely, is 'Thinking'? Einstein's Answer", im Jubiläumsband zum hundertsten Geburtstag Einsteins der International Commission on Physics Education, Hrsg. A. P. French (im Druck).

Einsteins erkenntnistheoretisches Credo. Ein Vergleich seiner kurzen Erklärungen mit ausführlicheren Artikeln über diese Thematik wird es uns ermöglichen, die methodologischen Ideen zusammenzufassen, die in Einsteins Schriften verstreut sind.

Solovine war einer von Einsteins ältesten Freunden. Sie hatten einander in Bern im Jahre 1902 kennengelernt und einen Briefwechsel aufrechterhalten, nachdem Solovine übersiedelt war. In einem Brief vom 25. April 1952 bekennt Solovine, daß er bei der Übersetzung eines Artikels von Einstein ins Französische Schwierigkeiten hat, eines der Argumente zu verstehen. Er ersucht Einstein, „einen Absatz genau zu erklären, der nicht ganz klar ist. Du schreibst: Die Rechtfertigung (Wahrheitsgehalt) des Systems beruht auf dem Beweis der Nützlichkeit der resultierenden Theoreme auf der Grundlage der Sinneserfahrung, wobei die Beziehung der letzteren zu den ersteren nur intuitiv verstanden werden kann..." Dieser Absatz verwirrt Solovine und er stellt dazu einige Fragen.

In seiner Antwort vom 7. Mai 1952 beginnt Einstein in seiner charakteristischen, lockeren und unpompösen Art: „Lieber Solo! In Ihrem Brief geben Sie mirs für zwei Sünden auf den Popo. ... Mit der erkenntnistheoretischen Sache haben Sie mich gründlich mißverstanden. Wahrscheinlich habe ich mich schlecht ausgedrückt." Darauf folgt eine bemerkenswerte Erklärung der Bedeutung von Sinneserfahrungen, Intuition und Logik für das schöpferische Denken. Erwartungsgemäß legt Einstein das Hauptgewicht auf die Reihenfolge der einzelnen Schritte bei der wissenschaftlichen Arbeit, bei Entdeckungen oder Formulierungen einer Theorie. Die spätere Ausarbeitung der Ergebnisse, in einer Form, die den Herausgebern wissenschaftlicher Zeitschriften akzeptabel erscheint, war ihm weniger wichtig, ebenso wie ihre Darstellung für Philosophen, die an der Rechtfertigung wissenschaftlicher Theorie interessiert sind.

Sowohl aus Solovines Fragestellung als auch aus Einsteins Antwort geht klar hervor, daß Einstein über ein Modell des wissenschaftlichen Denkens schreibt. Bemerkenswerterweise verwendet er dabei nirgends das Wort „Wissenschaft", und auch die angedeuteten Beispiele (z.B. die Beziehung zwischen dem Begriff „Hund" und den entsprechenden Erfahrungen) sind nicht aus dem Bereich wissenschaftlicher Theorien genommen. Dies stimmt mit seiner üblichen Ablehnung unnatürlicher und unnotwendiger Grenzen überein. Er stellte wiederholt fest, daß man es hier mit kontinuierlichen Übergängen zu tun hat: „Das wissenschaftliche Denken ist eine Fortbildung des vorwissenschaftlichen." (Weltbild, S. 138) „Dies alles gilt in gleicher Weise für das Denken des Alltags und für das mehr bewußt systematisch gestaltete Denken in den Wissenschaften." (Weltbild, S. 39; siehe dazu aber auch I. O., S. 324). Am prägnantesten kommt diese Ansicht wahrscheinlich in der Feststellung zum Ausdruck: „Alle Wissenschaft ist nur eine Verfeinerung des Denkens des Alltags." (F.I., S. 313). Eben aus diesem Grund sollte der kritisch denkende Physiker seine Begriffsuntersuchungen nicht auf sein eigenes Arbeitsgebiet einschränken, sondern sollte „auch das viel schwierigere Problem, die Natur des Alltagsdenkens kritisch zu analysieren" (ibid.) berücksichtigen. Vielleicht stellte Einstein aus diesem Grund die Frage „Was ist eigentlich „Denken"?" ziemlich an den Anfang seines Kapitels „Autobiographisches" und bezog sich in der weiteren Diskussion nur selten auf die Wissenschaft.

3. Gegeben ist: „Ein Gewirr von Sinnesempfindungen"

Einstein beginnt seine Ausführungen für Solovine mit dem Satz: „Ich sehe die Sache schematisch so" — und dann folgt ein Diagramm (Einsteins Vorliebe für visuelles Denken ist bekannt). Diese einfache und ausdrucksvolle Skizze konzentriert in wenigen Linien einen Reichtum an Information (Bild 1). Das Diagramm deutet einen im wesentlichen zyklischen Prozeß

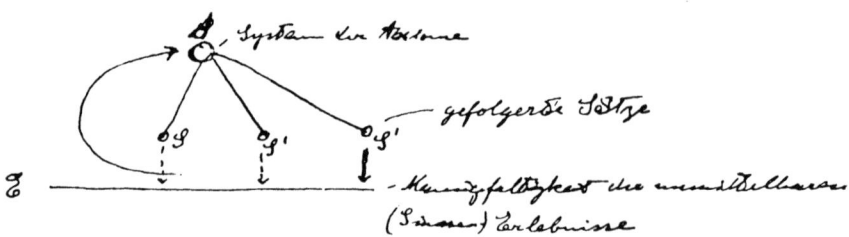

Bild 1

an, und Einstein beginnt seine Diskussion mit der Angabe des Anfangs- und Endpunktes dieses Vorganges:
„1. Die E (Erlebnisse) sind uns gegeben."

Dieser Hinweis bezieht sich auf die horizontale Linie am unteren Rand der Abbildung, die mit E bezeichnet ist und die Legende „Mannigfaltigkeit der unmittelbaren (Sinnes)Erlebnisse" aufweist. Sie kommen — wie üblich — in seinen Erläuterungen zuerst, genauso wie er das „Empfangen von Sinneseindrücken" sofort auf die Frage „Was ist eigentlich Denken?" in Autobiographisches folgen läßt. Die Sinneseindrücke werden auch am Ende der Überlegungen stehen, wenn wir überprüfen, ob unsere Theorie einen möglichst großen Ausschnitt aus der Gesamtheit der Erfahrungstatsachen erfassen kann — was schließlich der ausschlaggebende Test jeder Theorie ist.

Die dünne Linie E täuscht. Man sollte sie sich besser als unendliche Ebene vorstellen, auf der die verschiedenen Sinneserfahrungen oder Beobachtungen, die unsere Aufmerksamkeit beanspruchen, die einzelnen Punkte bilden. Diese Ebene könnte die „Gesamtheit der Erfahrungstatsachen" (Weltbild, S. 114) oder die „Gesamtheit der Sinneserfahrungen" (Schilpp, S. 11 ff) darstellen. Für sich genommen, sind die Punkte dieser Ebene verwirrend, sie bilden eine Anhäufung von Elementen, ein wahrhaftes „Gewirr von Sinnesempfindungen... dessen Charakter der Illusion oder Halluzination gegenüber doch nie vollkommen gesichert erscheint". (F.I., S. 315) Tatsächlich kann man so das letzte Ziel jeder Wissenschaft formulieren: „Wissenschaft ist der Versuch, die chaotische Vielfalt unserer Sinneserfahrungen in ein logisch einheitliches Gedankensystem einzubauen" (I.O., S. 323). Die chaotische Vielfalt der „Tatsachen" wird durch die Konstruktion einer Gedankenstruktur bewältigt, die Beziehungen und Ordnung schafft: „In diesem System müssen einzelne Erfahrungen mit der theoretischen Struktur so in Beziehung gesetzt werden, daß das Ergebnis eindeutig und überzeugend ist" (ibid.).

Übrigens war sich Einstein bewußt, daß Sinneserfahrungen oder „Beobachtungen" fast niemals rein und unverfälscht sind. Sogar der Urheber des Positivismus, Auguste Comte, hat geschrieben (Positive Philosophy, 1829), daß ohne eine Theorie, welche die Phänomene durch einige Grundgedanken verknüpft, „es unmöglich wäre, die isolierten Beobachtungen zu verbinden und sinnvolle Schlüsse zu ziehen. Es wäre nicht einmal möglich, sich an die einzelnen Tatsachen zu erinnern, und sie würden unseren Augen meist entgehen."

Tatsächlich spricht Einstein von „Erfahrung" oder „Tatsachen" oft in einer Weise, die sich sehr von Ernst Machs Behandlung der „Elemente" unterscheidet. Unter die Tatsachen hat Einstein in verschiedenen Schriften die Unmöglichkeit eines Perpetuum mobile eingereiht, aber auch die Inertialbewegung, die Konstanz der Lichtgeschwindigkeit und die Übereinstimmung von schwerer und träger Masse (F.I., S. 330, 332; vgl. auch den Brief an Besso, zitiert bei Holton, Thematic Origins, S. 229). Dennoch kann die Linie E in Bild 1 am einfachsten als gewöhnliche Sinneserfahrung gedeutet werden.

4. Der Weg zu einem Axiomensystem

Das Diagramm im Bild 1 geht nun zu dem zentralen Thema von Einsteins Erkenntnistheorie über. Knapp über dem Chaos der beobachtbaren Größen E beginnt ein gebogener Pfeil, der zur Spitze des Diagramms weist. Er kann einen kühnen Gedankensprung bedeuten, einen „wildspekulativen" Versuch (zitiert in Holton, Thematic Origins, S. 254), einen „tastenden Konstruktionsversuch" (ibid., S. 286), aber auch einen letzten verzweifelten Ansatz, wenn alle anderen Wege fehlgeschlagen haben. Hoch über der unendliche Ebene E schwebt ein wohlbegrenzter Bereich „A - System der Axiome" wie der Lichtblitz eines Feuerwerks am Ende einer Raketenbahn. Einstein gibt dazu folgende Erklärung:

„2. *A* sind die Axiome, aus denen wir Folgerungen ziehen. Psychologisch beruhen die *A* auf *E*. Es gibt aber keinen logischen Weg von den *E* zu *A*, sondern nur einen intuitiven (psychologischen) Zusammenhang, der immer „auf Widerruf" ist."

Einstein ist also der Meinung, daß bei der Formulierung von Ideen — sowohl im Alltag, als auch in der Wissenschaft — die Entdeckungen und Denkprozesse nicht dem klassischen Modell von Mill folgen, bei dem allgemeine Sätze durch einen schrittweisen Induktionsvorgang aus einzelnen Beobachtungen gewonnen werden. Diese Methode entspricht nur „dem jugendlichen Stand der Wissenschaft" (Weltbild, S. 144). Einstein folgt auch nicht Ernst Mach, der geraten hatte, der Erfahrungsebene *E* möglichst nahe zu bleiben und sich auf die Suche nach den denkökonomischsten Beziehungen zwischen ihren Elementen zu beschränken. Was dabei verloren ginge, erklärte Einstein in „Autobiographisches", sei gerade die „dem Wesen nach konstruktive und spekulative Natur alles Denkens und im besonderen des wissenschaftlichen Denkens". (Schilpp, S. 8)

Der große Bogen im Bild 1 stellt gerade diesen spekulativen Sprung oder das konstruktive Tasten nach dem System der Axiome dar, das in Ermangelung eines logischen Weges zunächst als Vermutung, Idee, Inspiration, Ahnung oder Vorgefühl postuliert werden muß. Die Konstruktion von Theorien ist ein innerer Vorgang, der von anderen nicht kontrolliert werden kann und oft sogar von seinem Urheber schlecht verstanden wird. Der Sprung zur Spitze des Diagramms symbolisiert gerade den seltenen Augenblick größter Energie, die Reaktion auf das verwunderte Staunen und die „Leidenschaft des Verstehens" (I.O., S. 342), die aus der Begegnung mit der chaotischen Erlebnisebene *E* stammen könnte. Es gibt eine klare und offensichtliche Parallelität zwischen dem in Bild 1 beschriebenen Vorgang und dem von Einstein vorgeschlagenen Modell der Forschungsmotivation. Um dem Chaos der Erfahrungswelt zu entrinnen, konstruiert der Wissenschaftler, Gelehrte oder Künstler ein „vereinfachtes und übersichtliches Bild der Welt", das dann zum „Schwerpunkt seines Gefühlslebens" wird (Weltbild, S. 108).

Erwartungsgemäß behandelt Einstein die Vorgangsweise nicht, mit der man eine Vermutung oder „Inspiration" in den Rang eines Axiomensystems oder eines fundamentalen Prinzips erhebt. In seiner wissenschaftlichen Arbeit hat er dies mehrfach getan, und es auch offen zugegeben. Beispielsweise bezieht er sich in den ersten Seiten der grundlegenden Arbeit über spezielle Relativitätstheorie nur oberflächlich auf einige wohlbekannte Experimente. Er erwähnt sie und stellt dann ohne weitere Umschweife fest, daß sie „zu der Vermutung" führen, die er als Relativitätsprinzip bezeichnet. Ohne weitere Entschuldigung oder Erklärung schreibt er dann „wir wollen diese Vermutung ... zur Voraussetzung erheben." Unmittelbar darauf führt er ohne weitere Vorbereitung „die mit [dem

Relativitätsprinzip] nur scheinbar unverträgliche Voraussetzung" ein, daß die Lichtgeschwindigkeit in allen Inertialsystemen den gleichen Wert hat.

Es ist bekannt, daß der Weg zu diesen Vermutungen und der Mut, sie zu fundamentalen Prinzipien zu erheben, auf jahrelangen tastenden Versuchen beruhten und nicht das Ergebnis eines spontanen Entschlusses waren. Die grundlegende Theorie, die Einstein konstruieren wollte, *konnte* auf keinem anderen Weg gewonnen werden. Wie er in „Autobiographisches" berichtet, war es ein Verzweiflungsakt, als er kurz nach 1900 entdeckte, daß die traditionelle Vorgangsweise sich nur zur Gewinnung „konstruktiver Theorien" eignete, aber nicht für die tieferliegenden „Prinzipien-Theorien": „Nach und nach verzweifelte ich an der Möglichkeit, die wahren Gesetze durch auf bekannte Tatsachen sich stützende konstruktive Bemühungen herauszufinden. Je länger und verzweifelter ich mich bemühte, desto mehr kam ich zu der Überzeugung, daß nur die Auffindung eines allgemeinen formalen Prinzips uns zu gesicherten Ergebnissen führen könnte." (Schilpp, S. 19-20)[4]

5. Die zwei logischen Sprünge auf dem Weg zur Theorie

Wir müssen uns nun etwas ausführlicher mit dem Weg beschäftigen, der zur Theorie führt. Wie Einstein oft betonte (z. B. in „Autobiographisches" oder (I.O., S. 291), gibt es auf diesem scheinbar glatten Weg zwei logische Sprünge. Betrachten wir einmal „gewisse sich wiederholende Komplexe von Sinnesempfindungen" (F.I., S. 314), denen wir „einen Begriff zuordnen" (ibid.). Der Begriff wird dann zu einer Art „geistiger Verbindung" (ibid.) zwischen Sinneseindrücken und ist „primär" (F.I., S. 315), falls er den Sinneseindrücken nahesteht. Der Begriff wird dabei aber ohne logische Notwendigkeit, gleichsam „willkürlich" (I.O., S. 291) gewählt, denn „Logisch betrachtet ist dieser Begriff nicht identisch mit der Gesamtheit jener Sinnesempfindungen, sondern er ist eine freie Schöpfung des menschlichen (oder

---

4 Die Skizze in dem Brief an Solovine bezieht sich auf die Gestaltung von Prinzipien-Theorien. Das heißt nicht, daß Einstein nie eine konstruktive Theorie entworfen hat. Tatsächlich ist die Photonentheorie mit der Erklärung des Photoelektrischen Effekts aus dem Jahr 1905 ein Beispiel dafür. Aber gerade deshalb, weil er die Einführung der Quanten als einen „heuristischen Gesichtspunkt" zur Lösung des Problems betrachtete, war für ihn die Quantenphysik nur eine vorübergehende Beschreibung. Er war der Ansicht, daß nur in den Prinzipien-Theorien die postulierten Axiome genügend hoch über der Erlebnisebene und genügend weit von *ad hoc* Überlegungen liegen, um zu einem kreativen Schema zu führen, das die Gesamtheit der Erfahrungen beschreibt. Über Einsteins Ansichten bezüglich Prinzipien-Theorien gegenüber konstruktiven Theorien, die er von 1919 an diskutierte, siehe I.O., pp. 228, 302–303, 318–319, und Holton, *Thematic Origins*, pp. 230, 252, 316 und 348.

tierischen) Geistes." (ibid. – „Menschlicher oder tierischer Geist": eine weitere unnötige Barriere wird hier ohne Umstände durchbrochen!).

Die Thematik des logischen Sprunges bei der Begriffsbildung greift Einstein immer wieder auf. So schreibt er z. B. in Autobiographisches: „Alle Begriffe, auch die erlebnisnächsten, sind vom logischen Gesichtspunkte aus freie Setzungen" (Schilpp, S. 5). Und nochmals: „Es gibt keine induktive Methode, welche zu den Grundbegriffen der Physik führen könnte. Die Verkennung dieser Tatsache war der philosophische Grundirrtum so mancher Forscher des 19. Jahrhunderts." (F.I., S. 330)

Wiederholt bezieht sich Einstein auf David Humes Kritik der Induktion, die zeigte „daß von uns als wesentlich betrachtete Begriffe wie z. B. die kausale Verknüpfung aus dem durch die Sinne gelieferten Material nicht gewonnen werden können." (Weltbild, S. 37). Auch erinnerte Einstein seine Leser des öfteren (z.B. F.I., S. 321) an den fatalen Fehler, die Grundlagen der Euklidischen Geometrie so lang als logisch notwendig zu betrachten. Man hatte dabei die empirische Grundlage, und damit auch den beschränkten Erfahrungszusammenhang aller Begriffe vergessen. Ein ähnlicher Irrtum war das Hindernis auf dem Weg zur speziellen Relativitätstheorie (F.I., S. 321–322). Man glaubte nämlich an die Existenz einer universellen Zeit, die sich auf alle Ereignisse im Raum bezieht. Dieser Zeitbegriff wurde lange als notwendig und a priori gegeben betrachtet, und als unabhängig von unseren Sinneserfahrungen. Man vergaß dabei, daß der Zeitbegriff selbst unserem Alltagsleben entspringt, in dem wir die Reihenfolge der Ereignisse an einem Ort beobachten, und nicht im gesamten Raum. Ohne jede Gewißheit, daß unsere Begriffe in einer notwendigen Verbindung mit den entsprechenden Erfahrungen stehen, beginnen wir uns der Unsicherheit jeder Theorienkonstruktion bewußt zu werden. Wir können aber nichts Besseres machen. Wir schaffen neue Begriffe, die anfänglich vielleicht nur in vorläufiger Weise formuliert werden, und verbinden sie mit alten Begriffen, deren Nützlichkeit sich früher erwiesen hatte, wobei wir uns bewußt sind, daß alle diese Begriffe weder heilig und unveränderlich sind, noch durch Induktion oder auf einem anderen sicheren Weg aus der Erfahrungsebene gewonnen wurden. Vielleicht wird dieser Sprung durch den kleinen Abstand angedeutet, der in Bild 1 zwischen der horizontalen Ebene E und dem Bogen liegt, der zu A führt.

Es gibt noch einen zweiten logischen Sprung, der es verfehlt erscheinen läßt, „das theoretische Beschreiben direkt abhängen zu lassen von Akten empirischer Konstatierungen" (Schilpp. S. 500). Dieser logische Sprung betrifft die Beziehungen der Begriffe untereinander, in denen sie bei der Formulierung eines Axiomensystems stehen („Sätze, die Beziehungen zwischen „primären Begriffen" aussagen" (F.I., S. 316)).

Nicht nur die einzelnen Begriffe, sondern das gesamte „Begriffsystem ist eine Schöpfung des Menschen" (Autobiographisches, S. 4-5), die im „freien Spiel" gewonnen wird und deren Rechtfertigung nur im pragmatischen Erfolg des gesamten Begriffsgebäudes liegt, nämlich „in dem Maße der Übersicht über die Sinneserlebnisse, die wir mit seiner Hilfe erreichen können." (Autobiographisches, S. 3).

Dieser zweifache logische Sprung ist der Hauptgrund einer von Einstein in verschiedenen Worten oft wiederholten Feststellung: „Zu diesen elementaren Gesetzen [der Physik] führt kein logischer Weg, sondern nur die auf Einfühlung in die Erfahrung sich stützende Intuition." (Weltbild, S. 109). Die beharrliche Wiederholung dieser Feststellung war eine Antwort auf die damals gültige Form des logischen Positivismus, die eine denkökonomische Formulierung von Beziehungen zwischen Observablen als Ziel wissenschaftlicher Arbeit ansah. Auch heute noch ruft Einsteins These Widerspruch, ja sogar Feindschaft bei manchen philosophischen Richtungen hervor, die dieses Element der Einsteinschen Erkenntnistheorie übertrieben herausheben. (Andererseits hat Einsteins Anti-Induktivismus einige der bedeutendsten Beiträge zur heutigen Wissenschaftstheorie gefördert.)

Einsteins beharrliche Ansicht kann aber keinesfalls als Freibrief der Irrationalität oder als Primat der Intuition gewertet werden. Sie enthält vielmehr zwei Wahrheiten, die er sozusagen am eigenen Leib erfahren mußte.

Weil alle Theorien Menschenwerk sind und „das Ergebnis eines extrem mühsamen Adaptierungsprozesses", sind sie einerseits „hypothetisch, niemals völlig endgültig, immer Zweifeln und Fragen unterworfen" (I.O., S. 23). Dieser traurigen Einsicht steht andererseits die Ermunterung von Einfallsreichtum und Erneuerung gegenüber, die sich sowohl innerhalb als auch außerhalb der Wissenschaft und gegebenenfalls auch gegen das vorherrschende Dogma durchsetzen muß. (Einstein bemerkte einmal: „Hätte Faraday das Induktionsgesetz entdeckt, wenn er eine reguläre Universitätsausbildung gehabt hätte?", (I.O., S. 344). Beschuldigt, die „grundlegenden Gedanken der Naturwissenschaft aus dem Olymp herabzuziehen und ihre irdischen Ursprünge zu offenbaren" (I.O., S. 365) antwortete Einstein, daß er dies tat, um „diese Ideen von einem Tabu zu befreien und so größere Freiheit bei der Formulierung von Ideen und Begriffen zu erzielen. Es ist der unsterbliche Verdienst von David Hume und Ernst Mach, daß sie, vor allen anderen, diese kritischen Ideen entwickelten." (ibid.).[5]

---

[5] Jedoch wurden Mach und W. Ostwald von Einstein (Schilpp p. 18) wegen ihrer „positivistischen philosophischen Einstellung" gerügt, welche zur Ablehnung der Atomtheorie führte. Sie wurden Opfer von „philosophischen Vorurteilen", wobei „der Glaube, daß die Tatsachen allein ohne frei begriffliche Konstruktionen wissenschaftliche Erkenntnisse liefern könnten und sollten".

6. Beschränkungen und Freiheiten

Die Begriffe, die zur Formulierung von Axiomen dienen, weisen einige wichtige Eigenschaften auf. Obgleich dies Einstein nicht oft ausdrücklich betont, verhindert die Definition jedes abstrakten Terms (Punkt, Beistrich, Länge, Zeitintervall, elektrische Ladung ...) das unkontrollierte Schweben eines Begriffes im geistigen Raum. Während die Definition jedes Terms vom Standpunkt der Logik her willkürlich erfolgen kann, ist sie doch mit unseren Observablen durch eine „operationale Definition" oder „semantische Zuordnungsregel" verbunden, die nach ihrer Formulierung beibehalten wird. Schon im Jahre 1916 schrieb Einstein: „Begriffe haben nach dem Gesagten nur Sinn, sofern die Dinge aufgezeigt werden können, auf die sie sich beziehen, sowie die Gesichtspunkte, gemäß welchen sie diesen Dingen zugeordnet sind."[1]

Gute Beispiele für diesen operationalen Standpunkt finden sich in Einsteins grundlegender Arbeit zur Relativitätstheorie, in der er die geistigen (mathematischen) und physikalischen Operationen bei der Zeitmessung untersucht, oder in seinen Beschreibungen der Begriffe „fester Körper" oder „Raum" in einigen seiner späteren Aufsätze. Man könnte daher das Diagramm in Bild 1 weiter ausführen, indem man dünne vertikale Linien zwischen E und A zeichnet. Sie sollen die Verbindungen andeuten, die entstehen, wenn wir die „Bedeutung" eines Terms aus dem wissenschaftlichen Vokabular festlegen.

Obgleich die Grundbegriffe der Physik „rein fiktiven Charakter" haben, und „freie Erfindungen des menschlichen Geistes [sind], die sich weder durch die Natur des menschlichen Geistes, noch sonst in irgendeiner Weise a priori rechtfertigen lassen" (Weltbild, S. 115), gibt es doch eine weitere Einschränkung bei der Begriffswahl. Es ist die Einfachheit und Sparsamkeit bei der Einführung von Begriffen, die Einstein fordert. Letzten Endes ist das Ziel jedes guten theoretischen Systems die „möglichste Sparsamkeit in bezug auf ihre logisch unabhängigen Elemente (Grundbegriffe und Axiome)" (Schilpp, S. 5). Jede Redunanz muß vermieden werden, „ ... vornehmstes Ziel aller Theorien ist es, jene irreduziblen Grundelemente so einfach und so wenig zahlreich als möglich zu machen" (Weltbild, S. 115). Seiner Ansicht nach war es beispielsweise „ein unbefriedigender Zug der klassischen Mechanik, daß in den Grundgesetzen dieselbe Masse eine zweifache Rolle spielt, nämlich als träge Masse in den Bewegungsgleichungen und als schwere Masse in den Gesetzen der Gravitation."

Die Gleichheit dieser beiden Arten von Massen war für ihn der Hinweis auf eine Wahrheit, die er in der allgemeinen Relativitätstheorie als grundlegendes Axiom formulierte. Dadurch war eine Begriffsvielfalt beseitigt, die den Phänomenen nicht anzuhaften schien.

Einsteins eigener Arbeit und seinem Beispiel ist es wesentlich zu verdanken, daß die Physik unseres Jahrhunderts mit einer sehr kleinen Anzahl von Grundgesetzen, die überraschend wenige grundlegende Begriffe enthalten, zumindest im Prinzip eine stets wachsende unübersehbare Menge separater Erfahrungstatsachen umfassen und erklären konnte. Das bedeutet nicht, daß alles erklärt oder auch nur im Prinzip erklärbar ist, aber es ist doch ein „Wunder" und eine Motivation für weitere Arbeit. Dieser Erfolg der Physik hat auch einige sonderbare Konsequenzen, auf die wir noch zu sprechen kommen werden.

Eine der Folgerungen der hypothetischen Arbeitsweise ist es, daß der Physiker beim „Sprung zu den Axiomen" seiner neuen Theorie eine Möglichkeit zur Bewährung geben muß. In diesem frühen und üblicherweise nicht öffentlichen Stadium der Theorienbildung muß der Forscher sich die Freiheit zuerkennen, Zweifel zurückzuweisen und vorzeitige Versuche einer Falsifizierung nicht zuzulassen[6]. Eine zweite Folgerung ist noch beunruhigender. Genauso wie es im Prinzip unendlich viele Punke auf der Erfahrungsebene E gibt, so existieren auch im Prinzip unendlich viele mögliche Axiomensysteme A an der Spitze des Diagramms in Bild 1. Die Wahl, die ein Wissenschaftler aus all diesen Möglichkeiten trifft, kann nicht vollständig willkürlich sein, da sie sonst wahrscheinlich zu einer Suche ohne Ende führen würde. Wie trifft er dann diese Wahl?. Welche Richtlinien oder Einschränkungen existieren, die den Forscher bei dem Sprung zum Axiomensystem helfen (oder ihn auch behindern) und ihn zu einem System A führen, während ein anderer Forscher, auf der Grundlage derselben Erfahrungen E, vielleicht zu einem anderen Axiomensystem A', gelangen würde? Darüber sagt Einstein in seinem Brief nichts; andere seiner Schriften werden uns aber bei der Beantwortung dieser Frage weiterhelfen, wie wir noch sehen werden.

7. Der logische Weg

Wir kehren nun zu Einsteins Brief an Solovine zurück. Er setzt seine Erklärung des Themas folgendermaßen fort: „3. Aus A werden auf logischem Wege Einzel-Aussagen S abgeleitet, welche Ableitungen den Anspruch auf Richtigkeit erheben können." Dieser Satz führt uns zu dem

---

6 Eine Abhandlung über den Begriff der „Aufhebung der Zweifel" findet sich bei Holton, *The Scientific Imagination: Case Studies* (New York and Cambridge: Cambridge Univ. Press, 1978), pp. 71–72. Selbst der Kopf der damaligen logischen Positionen, Hans Reichenbach, hätte zugestimmt, indem er sagte: „Der Physiker, der nach neuen Entdeckungen sucht, darf nicht allzu kritisch sein. Im Anfangsstadium seiner Arbeit ist er auf Vermutungen angewiesen und er wird seinen Weg nur finden, wenn er sich von einem bestimmten Glauben leiten läßt, der diesen Vermutungen Direktiven gibt." (Schilpp, S. 191). Im weiteren bestreitet er jedoch, daß dies von Interesse für den „Naturphilosophen" sei.

Bereich des Diagramms, in dem das strenge analytische Denken vorherrscht und der Erfindungsreichtum der Wissenschaft einen „logischen Weg" erfordert. „Logisches Denken ist notwendig deduktiv" (F. I., S. 330) und beginnt bei den hypothetischen Axiomen und Begriffen, die während des vorangegangenen Aufstiegs zum Axiomensystem postuliert wurden. Wir schreiten nun von den Axiomen nach unten, und leiten dabei die notwendigen Konsequenzen und Vorhersagen ab: Wenn A, dann S', S'' ... ; ein Beispiel dafür findet sich in der ersten Abhandlung zur speziellen Relativitätstheorie: Wenn das Relativitätsprinzip und das Prinzip der Konstanz der Lichtgeschwindigkeit als Axiomensystem A angenommen werden, dann folgen notwendig, und ohne weitere grundlegende Annahmen die Transformationsgleichungen für die Raum- und Zeitkoordinaten, die Relativität der Gleichzeitigkeit, die Längenkontraktion und die Zeitdilatation und (am Ende der Arbeit) „die dem Experimente zugänglichen Eigenschaften der Bewegung des Elektrons" ... die „ein vollständiger Ausdruck für für Gesetze [sind], nach denen sich gemäß vorliegender Theorie das Elektron bewegen muß." Einsteins leistungsfähiges deduktives System liefert so eine Fülle von Ergebnissen. In einer ausgezeichneten Abhandlung "Logical Economy in Einstein's 'On the Electrodynamics of Moving Bodies' " hat Robert B. Williamson[7] klar gezeigt, wie denkökonomisch und logisch konsistent Einstein bei seinen Ableitungen vorgegangen ist. Dadurch wird noch plausibler, daß die gesamte Arbeit der Kristallisationspunkt jahrelanger Anstrengungen war.

Einige Kritiker haben Einstein vorgeworfen, die Rolle der Intuition und anderer logisch spekulativer Begriffe zu stark zu betonen. Sie haben dabei übersehen, welche wesentliche Rolle Einstein dem logischen Stadium des wissenschaftlichen Denkprozesses zugeschrieben hat. Zwar fordert er die Anerkennung der notwendigen Intuition bei der Theoriebildung und der Erstellung des Axiomensystems A, aber dann sagt er auch: „Die Ratio gibt den Aufbau des Systems" (Weltbild, S. 115). Dieser Teil der wissenschaftlichen Arbeit, wo eine Ableitung auf die andere folgt, erfordert „viel große und schwierige Denkarbeit" (Weltbild, S. 144), die man aber zumindest im Prinzip „auf der Schule" (Weltbild, S. 110) erlernen kann. Nur für den vorangehenden Schritt, die Erstellung der Axiome und Prinzipien, von denen die Deduktion ausgeht, „gibt es keine erlernbare, systematisch anwendbare Methode, die zum Ziele führt. Der Forscher muß vielmehr der Natur jene allgemeinen Prinzipe einfach ablauschen" (Weltbild, S. III).

---

[7] *Stud. Hist. Phil. Sci.* **8** (1977), pp. 49–60. Siehe auch P. Mittelstädt, "Conventionalism in Special Relativity", *Foundations of Physics*, 7, pp. 573–583 (1977).

8. Überprüfung an der Erfahrung

In seinem Brief an Solovine kommt Einstein nun zum vierten und abschließenden Schritt, der uns zu der Ebene zurückführt, von der wir ausgingen: „4. Die S werden mit den E in Beziehung gebracht (Prüfung an der Erfahrung)." Auf die notwendige Unterscheidung zwischen den logischen und den außerlogischen Schritten bei der Theorienkonstruktion bedacht, fügt Einstein hinzu: „Diese Prozedur gehört genau betrachtet ebenfalls der extralogischen (intuitiven) Sphäre an, weil die Beziehung der in den S auftretenden Begriffe zu den Erlebnissen E nicht logischer Natur sind. [Vielleicht hat Einstein deshalb die vertikalen Pfeile von S, S' ... als punktierte Linie gezeichnet.] Diese Beziehung der S zu den E ist aber (pragmatisch) viel weniger unsicher als die Beziehung der A zu den E. (Beispiel der Begriff Hund und die entsprechenden Erlebnisse). Wäre solches Entsprechen nicht mit großer Sicherheit erzielbar, (obwohl nicht logisch faßbar), so würde die logische Maschinerie für das „Begreifen der Wirklichkeit" völlig wertlos (Beispiel Theologie). — Die Grundessenz ist der ewig problematische Zusammenhang alles Gedanklichen mit dem Erlebbaren (Sinnes-Erlebnisse)."

In diesem Absatz ist vor allem der erste Satz wichtig: „Die S werden mit den E in Beziehung gebracht." Auch diese einfache Ausdrucksweise verbirgt nicht die Schwierigkeit des Inhalts. Wir sind nun bei der kritischen letzten Phase des Diagramms und gehen von den Vorhersagen und anderen Konsequenzen (S, S', ...) des hypothetisch-deduktiven Schemas zur Frage über, ob entsprechende Beobachtungen sich tatsächlich auf der Erfahrungsebene E finden. Falls es diese gibt, können wir sagen, daß unsere verschiedenen Vorhersagen durch die Beobachtung bestätigt wurden und daß wir deshalb die vorhergehenden Schritte mit mehr Vertrauen betrachten können — sowohl den Sprung J (diese Bezeichnung steht für "jump") von E nach A, als auch die Aufstellung von A und die Deduktion der S haben sich bewährt. Damit haben wir einen Diagrammzyklus $E \to J \to A \to S \to E$ durchlaufen. Der Einfachheit halber bezeichnen wir dieses Schema als Einstein EJASE-Prozeß der wissenschaftlichen Theorienkonstruktion.

Einstein wußte aber selbst sehr wohl, daß man sich der Korrektheit der Theorie — also der gesamten Struktur aus Vermutungen, Postulaten und Ableitungen, nicht allzu sicher sein kann, auch wenn alle Vorhersagen zutreffen. Dafür gibt es drei Gründe. Zunächst können richtige Vorhersagen auch aus falschen Axiomen hergeleitet werden. Einige Theorien, die sich als grundlegend falsch erwiesen haben (wie z.B. die Aristotelische Theorie der Elemente, die Phlogiston-Theorie, die Theorie des Caloricum) wurden dennoch lange als „verifiziert" betrachtet, da Ableitungen und Beobachtungen übereinstimmten.

Zweitens ist es sogar im Prinzip unmöglich, eine Theorie als „endgültig bewiesen" zu betrachten, da dies unendlich viele Überprüfungen an der Erfahrung erfordern würde, und zwar nicht nur jetzt, sondern für alle Zukunft. Es gibt keine endgültige Verifizierung oder Bestätigung einer Theorie durch das Experiment und die Beobachtung. Das Beste, was man erhoffen kann, ist, daß eine Theorie sich als immer nützlicher und plausibler erweist, wenn sich nämlich die verschiedenartigsten Vorhersagen, die man aus ihr gewinnen kann, in einem wachsenden Bereich der Sinneserfahrungen bestätigen – und es immer weniger Widersprüche zum Experiment gibt.

Als dritten und wichtigsten Punkt erkannte Einstein, daß man sich nur in den allereinfachsten Fällen ohne tiefschürfende Untersuchungen auf „experimentelle Tatsachen" verlassen kann. Die „Bestätigungen" von Theorien haben sich oft als Ergebnis von Fehldeutungen der experimentellen Daten oder von fehlerhaften Apparaten erwiesen. Mehr als einmal war Einstein bei seiner theoretischen Arbeit durch experimentelle Ergebnisse behindert, die sich später als falsch erwiesen. Um 1920 soll er dazu gesagt haben: „Die Beobachtung ist ja im allgemeinen ein sehr komplizierter Prozeß. Der Vorgang, der beobachtet werden soll, ruft irgendwelche Geschehnisse in unserem Meßapparat hervor. Als Folge davon laufen dann in diesem Apparat weitere Vorgänge ab, die schließlich auf Umwegen den sinnlichen Eindruck und die Fixierung des Ergebnisses in unserem Bewußtsein bewirken. Auf diesem ganz langen Weg vom Vorgang bis zur Fixierung in unserem Bewußtsein müssen wir wissen, wie die Natur funktioniert, müssen wir die Naturgesetze wenigstens praktisch kennen, wenn wir behaupten wollen, daß wir etwas beobachtet haben."[8]

9. Kriterien einer guten Theorie: I. „Äußere Bewährung"

Welche Beziehung können wir zwischen S und E in einer entsprechenden Theorie erwarten, zumindest in einer der umfassenderen Theorien, an denen Einstein interessiert war, die die „Gesamtheit der physikalischen Erscheinungen" (Schilpp, S. 8) zum Gegenstand hat? Einsteins Feststellung „die S werden mit den E in Beziehung gebracht" ist nicht das gleiche wie „die S werden an den E verifiziert", was man erwarten würde, wenn der vorgeschlagene Test einer guten Theorie die „Verifikation" wäre. Aber diese Ansicht hatte sich im 20. Jahrhundert als allzu optimistische Einschätzung der Zuverlässigkeit wissenschaftlicher Theorien erwiesen. Tatsächlich hatte Einstein einige Jahre zuvor zwei Kriterien für eine gute Theorie vorgeschlagen, zwei Tests „nach denen physikalische Theorien überhaupt kritisiert werden können." (Schilpp, S. 8). Den ersten Test nannte Einstein das Kriterium der „äußeren Bewährung" und hat „mit der Bewährung der theoretischen Grundlage an einem vorliegenden Erfahrungsmaterial

---

8 W. Heisenberg. *Schritte über Grenzen* (R. Piper & Co. Verlag, München 1971), p. 63.

zu tun" (Schilpp, S. 8). Das Kriterium ist einfach: „Die Theorie darf Erfahrungstatsachen nicht widersprechen" (Schilpp, S. 8).

Dieses *Falsifikationskriterium* ist weit anspruchsvoller als jede Aufforderung, „Bestätigungen" der Theorie durch empirische Tests zu suchen. Es ist großzügiger, da man die Theorie bei fehlender Widerlegung beibehalten kann – „ist eine theoretische Idee einmal gewonnen, so sollte man so lange an ihr festhalten, bis sie zu einem unhaltbaren Schluß führt" (I.O., S. 343). Die Falsifikation ist aber auch ein schärferes Abgrenzungskriterium, da glaubwürdige falsifizierende Tatsachen eine Theorie bald zweifelhaft erscheinen lassen, während fehlende Verifikation die endgültige Entscheidung nur verzögert.

Das Falsifikationskriterium bedeutet aber nicht, daß mutmaßliche Bestätigungen, also Übereinstimmungen von S mit entsprechenden Elementen von E, unerwünscht wären, ganz im Gegenteil. Tatsächlich gehen die meisten experimentellen Untersuchungen von der Hoffnung aus, derartige Entsprechungen zu finden, welche die Plausibilität einer bereits bekannten Theorie erhöhen würden. Aus den angeführten Gründen sind aber Verifikationen einer Theorie in keiner Richtung schlüssig und erlauben es einem, der Theorie wahlweise entweder skeptisch gegenüberzustehen oder sie bis auf weiteres beizubehalten. Was wirklich entscheidend ist, sind beharrliche und wiederholte Beweise der Falsifikation.

Es muß sich dabei aber wirklich um beharrliche und wiederholte Beweise handeln. Man kann eine Theorie nicht sofort aufgeben, wenn ein Gegenbeispiel bekannt wird. Ein derartig extremer Standpunkt wäre in Anbetracht der heiklen und schwierigen Experimente der modernen Naturwissenschaft nicht gerechtfertigt. Man sollte Experimenten, die eine Theorie falsifizieren, mit der gleichen vernünftigen Skepsis gegenüberstehen wie denjenigen, die die Theorie bestätigen – besonders wenn die Falsifikation einer Theorie zur Stützung einer anderen Theorie dient, die aus anderen Gründen weniger ansprechend ist.

10. Kriterien für eine gute Theorie: II. „Innere Vollkommenheit"

Was können diese anderen Gründe sein? Was kann neben der „äußeren Bewährung" für die Anziehungskraft einer Theorie entscheidend sein? Die Antwort ist in Einsteins zweitem Kriterium zur kritischen Analyse einer Theorie enthalten. Er nannte es das Kriterium der „inneren Vollkommenheit". Es betrifft die Wahl des besten Überbaus im EJASE-Schema, nämlich die Wahl von J, A und S. Es gibt ja keine Garantie dafür, daß die Elemente einer Theorie in einem gegebenen Fall eindeutig sind. Sehr oft entstehen zwei ganz unterschiedliche Theorien, mit verschiedenem J, A und S, aus der Beschäftigung mit demselben empirischen Material, und darüber hinaus geben auch beide Theorien eine gleich gute Übereinstimmung zwischen der Menge der S und den entsprechenden Sinnesdaten. Am bekanntesten ist wohl das Beispiel der Theorien von Ptolemäus und Kopernikus im 16. Jahrhundert. Diese Theorien unterschieden sich in ihren grundlegenden Axiomen, entstanden aber beide aus dem Bedürfnis, die gleichen Regelmäßigkeiten und Unregelmäßigkeiten in E, den beobachteten Bewegungen der Himmelskörper, zu erklären. Auch die Vorhersagen, die aus den beiden Theorien hergleitet werden konnten, waren in etwa gleicher Übereinstimmung mit den Beobachtungen.

Einsteins zweites Kriterium ist in „Autobiographisches" klar formuliert: „Der zweite Gesichtspunkt hat nichts zu schaffen mit der Beziehung zu dem Beobachtungsmaterial, sondern mit den Prämissen der Theorie selbst, mit dem, was man kurz aber undeutlich als „Natürlichkeit" oder „logische Einfachheit" der Prämissen (der Grundbegriffe und der zugrundegelegten Beziehungen zwischen diesen) bezeichnen kann." (Schilpp, S. 8). Diese Idee ist sicher nicht neu, und Einstein bestätigt, daß sie „von jeher bei der Wahl und Wertung der Theorien eine wichtigte Rolle" gespielt hat. In der Praxis war die Forderung nach Natürlichkeit oder logischer Einfachheit, oder auch „Einheitlichkeit und Sparsamkeit" (Weltbild, S. 39) nie einfach zu befolgen. Einstein warnt uns hier vor Theorien, die mit zahlreichen ad hoc Annahmen so zusammengeflickt werden, daß ihre Folgerungen mit den jeweiligen Experimenten gerade übereinstimmen. „Man kann nämlich häufig, vielleicht sogar immer, an einer allgemeinen theoretischen Grundlage festhalten, indem man durch künstliche zusätzliche Annahmen ihre Anpassung an die Tatsachen möglich macht"(Schilpp, S. 8). In seinen früheren Arbeiten hatte Einstein die Lorentzsche Elektronentheorie als ein Beispiel eines derartigen Flickwerkes betrachtet, da sie der experimentellen Falsifikation nur durch Annahmen entging, die speziell zu diesem Zweck eingeführt worden waren (Einführung der Längenkontraktion, um den negativen Ausgang der Ätherdriftexperimente zu erklären). Diese Vorgangsweise könnte durch in Bild 2 gezeigte Modifikation des EJASE-Prozesses dargestellt werden, wobei C_1 zu C_2 modifiziert wird, indem man das Axiomensystem A durch $A + a$ ersetzt, wobei a eine Veränderung von A bedeutet, die zur Erzielung besserer Übereinstimmung zwischen den Vorhersagen S und den Tatsachen E vorgenommen wurde.

Sicherlich wachsen Theorien des öfteren in ähnlicher Weise, wenn sie auf neue Erfahrungsbereiche angewendet werden. Auch sind Kriterien wie „Natürlichkeit" oder „logische Einfachheit" oder „Denkökonomie" oder „Einheitlichkeit und Sparsamkeit" nicht einfach zu verteidigen oder auch nur genau festzulegen, da ihre „exakte Formulierung auf große Schwierigkeiten stößt" (Schilpp, S. 8). Sie erfordert nämlich nicht nur eine bloße „Abzählung der logisch unabhängigen Prämissen", sondern „eine Art gegenseitiger Abwägung inkommensurabler Qualitäten" (ibid.), also ein Urteil, in das ästhetische Überlegungen und andere Vorlieben wesentlich eingehen können.

Einsteins Methoden zur Theorienbildung 127

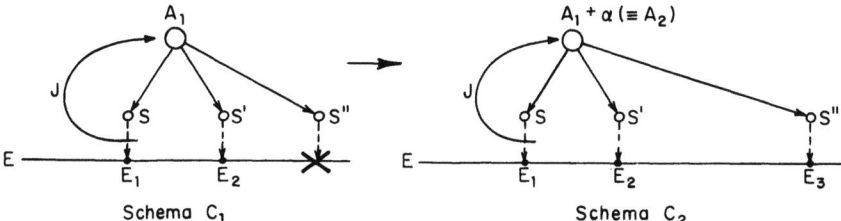

Bild 2

Einstein war sich der paradoxen Situation bewußt, daß er umfangreiche und komplexe Erfahrungsbereiche behandeln wollte und doch Ausschau hielt nach „Einfachheit und Sparsamkeit in den Grundannahmen. Das Vertrauen, daß diese beiden Ziele nebeneinander existieren können, ist in Anbetracht des primitiven Zustands unserer wissenschaftlichen Kenntnisse ein Glaubenssatz. ...Diese gewissermaßen religiöse Haltung eines Wissenschaftlers hat einen gewissen Einfluß auf seine gesamte Persönlichkeit" (I.O., S. 357).Ungefähr gleichzeitig (1950) bekennt er an anderer Stelle die *a priori* Unwahrscheinlichkeit „daß die Gesamtheit aller Sinneserfahrungen aufgrund eines begrifflichen Systems „verstanden" werden kann, das auf die Annahme größtmöglicher Einfachheit aufgebaut ist. Der Skeptiker wird sagen, daß dies ein „Wunderglaube" ist. Zugegebenermaßen ist dies so, aber dieser Wunderglaube wurde durch die Entwicklung der Wissenschaft in erstaunlichem Maße bestätigt" (I.O., S. 342)

Ein Beispiel für Einsteins Bindung an die Einfachheit und Natürlichkeit der wissenschaftlichen Grundbegriffe war seine unerschütterliche Abneigung gegen die Konzepte und das Programm der Quantenmechanik. Sie beschäftigte und verfolgte ihn einen großen Teil seines wissenschaftlichen Lebens. Die mathematische Formulierung der Quantenmechanik beschäftigt sich nämlich im Prinzip mit statistischen Ideen (z. B. Dichten in einem Ensemble von Systemen) und eliminiert dadurch sogar die prinzipielle Möglichkeit, das detaillierte Verhalten eines einzelnen Objekts oder Systems zu beschreiben — ein Verhalten, das unserer Erfahrung aber am nächsten kommt, wie z.B. die Sinnesdaten, die von Blasenkammern, Zählern usw. geliefert werden. An die Korrektheit dieses Programms zu glauben ist „logisch widerspruchsfrei möglich, widerspricht aber meinem wissenschaftlichen Instikt so lebhaft, daß ich es nicht unterlassen kann, nach einer vollständigeren Auffassungsweise zu suchen." (F.I., S. 342); siehe auch ähnliche Bemerkungen wie z.B. I.O., S. 316; Briefe an Max Born, Diskussionen mit Niels Bohr usw.). Er wußte, daß diese Suche nach einer vollständigeren Beschreibung zum Scheitern verurteilt sein könnte. „Letzten Endes wird die Wahl [von der Gesamtheit der Physiker] danach getroffen, welche Art der Beschreibung die einfachste Grundlage vom Standpunkt der Logik liefert." Bis zum Vorliegen überwältigender Bestätigungen betrachtet er es aber als sein Recht, die Ansicht abzulehnen, daß „die Ereignisse in der Natur einem Glücksspiel gleichen. Es steht jedermann frei, die Richtung seines Strebens zu bestimmen" (I.O., S. 334-335)

Die Verwendung der ausdrucksvollen Worte „Instinkt", „Streben", „Intuition" und „Wunder" provozierte einige Wissenschaftler und Philosophen, ohne daß dies Einstein beabsichtigt hatte. Noch schlimmer war seine Erwähnung eines anderen Beitrags zum Wachstumsprozeß von Theorien, der jedem praktisch arbeitenden Wissenschaftler bekannt ist, aber nur schwer definiert werden kann. Während er nämlich zugab, daß die beiden Kriterien der „äußeren Bestätigung" und „inneren Perfektion" nicht exakt beschrieben werden können, war er doch der Meinung, daß unter den „Auguren", die mit dem Wesen physikalischer Theorien vertraut sind, zu jeder Zeit Übereinstimmung bezüglich des Grades äußerer Bestätigung und innerer Perfektion einer Theorie existiert (Schilpp, S. 8-10). Das Fehlen einer exakten Definition hinderte auch hier Einstein nicht, einen nützlich erscheinenden Begriff zu verwenden, wie eben hier den Gruppenkonsens innerhalb der wissenschaftlichen Gemeinschaft.

11. Weitere Ausarbeitung

Bei der Zusammenstellung von Einsteins erkenntnistheoretischen Ansichten, bei der ich mich so weit wie möglich an seine eigenen Worte gehalten habe, habe ich versucht, seinem peinlich genauen Gefühl für die Realität gerecht zu werden, dem Mangel an endgültiger Sicherheit, den vorläufigen, fehlbaren und menschlichen Aspekten jedes Elements der Theorienkonstruktion und auch dem „ewigen Gegensatz der beiden unzertrennlichen Komponenten unseres Wissens, Empirie und Ratio" (Weltbild, S. 114). Das Bild, das dabei entstand, ist weit von der selbstsicheren und axiomatischen Behandlung wissenschaftlicher Methoden entfernt, die Einstein mit Recht als unzutreffend für die tatsächliche wissenschaftliche Praxis ablehnte. Wir dürfen aber auch nicht in der entgegengesetzten Richtung übertreiben. Trotz aller Einwände enthält Einsteins Diagramm nichts weniger als eine Beschreibung des bestmöglichen Gedankenganges zur Theorienbildung, den die Wissenschaft kennt. Selbstverständlich war Einsteins Brief an Solovine nicht eine offizielle Publikation, sondern eine Kurzfassung für einen Freund. Ihre Überzeugungskraft fordert aber in Einsteins Sinn dazu heraus, zu überprüfen, wie weit seine Ideen auch zur Lösung anderer Probleme der Theorienkonstruktion und der wissenschaftlichen Erfindungskraft dienen können. Genau wie in der Wissenschaft selbst verstärkt sich unser Vertrauen in eine Vorgangsweise, wenn sich herausstellt, daß sie nicht nur zur Bewältigung des Problembereiches dienen kann, für die sie ad hoc geschaffen wurde, sondern auch noch darüber hinaus erfolgreich ist. Es gibt im besonderen zwei Probleme, bei denen Einsteins Diagramm uns weiterhelfen kann: Die Frage, wie wissenschaftliche Theorien wachsen und durch andere Theorien ersetzt werden und das Problem der Kontroverse zwischen grundlegend verschiedenen Theorien, welche die gleichen Erfahrungstatsachen erklären sollen.

12. Das Wachstum einer Theorie

Das im Bild 1 gezeigte Diagramm stellt keine statische Situation dar, sondern einen Vorgang, der zyklisch von E über J nach A, S und zurück zu E verläuft. Es ist kaum möglich, eine Theorie bei einem einmaligen Durchlaufen dieses Zyklus zu schaffen und zu testen. Sogar die Theorien, die wir im täglichen Leben benützen, und a fortiori die etablierten wissenschaftlichen Theorien, die wir anerkennen und mit denen wir arbeiten, wurden uns von früheren Forschern überliefert. Sie sind das Ergebnis von Kontroversen und vielen Zyklen allmählicher Anpassung, die sie durch fortgesetzte Rückkoppelung immer brauchbarer machen. Dieser Veränderungs- und Wachstumsprozeß setzt sich fort, sobald neue Erfahrungstatsachen gefunden werden, die den ursprünglichen Anwendungsbereich erweitern. „Physik ist ein in Entwicklung begriffenes Gedankensystem... Die Entwicklung vollzieht sich in der Richtung wachsender Einfachheit des logischen Fundaments", (F.I., S. 346). Die Notwendigkeit, viele Zyklen ($C_1 \rightarrow C_2 \rightarrow C_3$ ...) des EJASE-Prozesses zu durchlaufen, entsteht zumindest durch die Begrenztheit der menschlichen Möglichkeiten. Weder das Denken selbst, noch die Sinneserfahrung allein führt zu verläßlichem menschlichen Wissen. Die Analyse von Begriffen führt uns zwar zu einer Sicherheit der Art, „die uns bei der Mathematik so viel Achtung einflößt. Diese Sicherheit aber ist durch inhaltliche Leerheit erkauft" (Weltbild, S. 139). Andererseits haben wir gesehen, daß die Sinneserfahrung nur mit Begriffen verknüpft werden kann, wenn man im wesentlichen willkürliche Definitionen (Konventionen) akzeptiert, so daß auch hier keine Hoffnung auf Sicherheit besteht. Das höchste Ausmaß an Vertrauen dürfen wir in Theorien setzen, die aus dem Zusammenspiel von Denken und Sinneserfahrung stammen, das im Laufe der Zeit viele Zyklen durchlaufen hat. Theorien müssen deshalb „weit ausgearbeitet" (Weltbild, S. 144) sein und sich allmählich entwickeln — zunächst im Geist des Forschers vor der Publikation und dann in der Gemeinschaft der Wissenschaftler durch Diskussion oder Kontroverse.

Beim ersten Durchlaufen des Zyklus können die Vorhersagen (S_1, S'_1, S''_1 ...) einer Theorie mit den empirischen Tatsachen E beispielsweise nur unvollkommen übereinstimmen. Einstein erwähnt z.B. einige Überlegungen, die ihn „von 1907 bis 1911 beschäftigten": Bei seinen ersten Versuchen zur Verallgemeinerung der Relativitätstheorie war nämlich

„die Unabhängigkeit der Fallbeschleunigung von der Horizontalgeschwindigkeit bzw. von der inneren Energie eines Systems nicht vorhanden", und „dies paßte nicht zur alten Erfahrung" (Weltbild, S. 135). Eine derartige Diskrepanz macht es erforderlich, die Axiome A nochmals neu zu überdenken, und das ursprüngliche Axiomensystem A_1 zu einem neuen Axiomensystem A_2 umzuformen. (Wir erinnern an Einsteins Warnung, daß eine derartige Modifikation nicht ad hoc erfolgen darf, sondern z. B. durch eine Umformulierung der Axiome in eine allgemeinere Form, die weitere Deduktionen S_2, S_2', S_2'' ... erlaubt, die mit E verglichen werden können. Das neue Axiomensystem soll womöglich sogar weniger unabhängige Begriffe enthalten. So war Einstein in der Lage, von den Grundprinzipien der speziellen Relativitätstheorie, nämlich der Kovarianz der Naturgesetze und den Lorentz-Transformationen, zum Grundprinzip der allgemeinen Relativitätstheorie fortzuschreiten, wonach alle Naturgesetze so formuliert werden sollen, daß sie ihre Form in allen Koordinatensystemen und bei beliebiger Bewegung beibehalten (I.O., S. 329). Dadurch behob Einstein seine Unzufriedenheit mit dem eingeschränkten Relativitätsprinzip seiner ursprünglichen Relativitätstheorie, das sich nur auf Systeme in gleichförmiger Bewegung bezog, denen aber keine absolute Bedeutung zukam. Die Einführung des Äquivalenzprinzips vermied den Widerspruch zwischen der vorhergesagten Beschleunigung eines fallenden Körpers und den Beobachtungen und beseitigte auch eine unnötige Duplikation (zwei Bedeutungen der Masse, wie zuvor beschrieben).

Bild 3 zeigt schematisch den Fortschritt von dem früheren Zustand einer Theorie zu einem späteren Zustand, von C_1 zu C_2 oder von C_2 zu C_3. Hier könnte C_3 für den nächsten Schritt stehen, den Einstein nach der Aufstellung der allgemeinen Relativitätstheorie für erforderlich hielt. Er war überzeugt daß „die Theorie sich auf diesem Erfolg nicht ausruhen konnte ... Die Existenz zweier voneinander unabhängiger Strukturen in der Raum-Zeit, nämlich der metrisch-gravitativen und der elektro-magnetischen, widersprach dem Geist der Theorien" (I.O., S. 285). Hier finden wir die Wurzel von Einsteins hartnäckigen Versuchen, eine Feldtheorie zu finden,

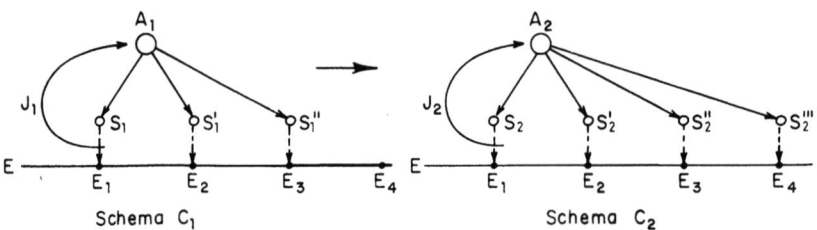

Bild 3

die eine „vereinheitlichte Struktur des Raumes" liefert (ibid.). Immer wieder winkt die „Einheitlichkeit" als Einsteins endgültiges Ziel — das „Streben nach möglichster logischer Einheitlichkeit des Weltbildes unter Verwendung eines Minimums von primären Begriffen und Relationen", (F.I., S. 316). „So geht es fort, bis wir zu einem System von denkbar größter Einheitlichkeit und Begriffsarmut der logischen Grundlagen gelangt sind, das mit der Beschaffenheit des sinnlich gegebenen vereinbar ist", (F.I., S. 317).

Ein anderes Beispiel der treibenden Kraft, die von C_1 nach C_2 und C_3 führt: Newtons Mechanik erschien von Einsteins Gesichtspunkt der größtmöglichen logischen Einfachheit der Grundlagen als „mangelhaft", insofern als die Wahl des Exponenten 2 im Gravitationsgesetz — dem Kernstück von Newtons größtem Triumpf — als heuristisch oder *ad hoc* betrachtet werden muß, da sie nur durch die Berufung auf das Experiment gerechtfertigt werden kann. Auch das Gravitationsgesetz selbst war ein zusätzliches Postulat, das mit den anderen Begriffen der Mechanik weder verbunden noch aus ihnen herleitbar war — wogegen es sich in der allgemeinen Relativitätstheorie von selbst aus den Grundprinzipien ergab. Ähnlich betrachtete Einstein die von H. A. Lorentz erzielte Synthese der Newtonschen Mechanik mit der Maxwellschen Feldtheorie als „offensichtlich unnatürliche" Mischung totaler Differentialgleichungen (Bewegungsgleichungen für Teilchen) mit partiellen Differentialgleichungen (Maxwellsche Feldgleichungen). Sie führte zur Notwendigkeit, Teilchen endlicher Größe anzunehmen, um zu verhindern, daß die Felder auf ihrer Oberfläche unendlich werden. Einstein erschien es sicher, daß „im Fundamente einer konsequenten Feldtheorie neben dem Feldbegriff nicht der Partikelbegriff auftreten darf" (F.I., S. 330).

Man könnte den Forschritt wissenschaftlicher Theorien auch als die Entwicklung immer höherer „Begriffsschichten" deuten, wobei der Kontakt der einzelnen Schichten mit der Vielfalt der Sinneserscheinungen immer indirekter wird (F.I., S. 315—317). So wird eine phänomenologische Theorie aus der Frühzeit der Wissenschaft, wie z.B. die Theorie der Wärme vor Maxwell, durch ein selbständiges System von Begriffen und Axiomen ersetzt, das z.B. die kinetische Theorie oder die statistische Mechanik charakterisiert. Ein solches System erlaubte es schließlich, bei der Untersuchung der Brownschen Bewegung die Grenzen der Anwendbarkeit der klassischen Gesetze zu finden und erlaubte zusätzlich die Bestimmung der Atomradien auf mehrere voneinander unabhängige Arten.

Dieser Klärungsprozeß fordert allerdings seinen Preis. Bei der schrittweisen Durchlaufung verschiedener Zyklen von Theorien entfernen sich die Begriffe immer weiter von der direkten Erfahrung (z.B. Atomismus). Der Abstand von E zu A wächst zunehmend und die Verbindung mit dem gesunden Menschenverstand reißt immer mehr ab. Dafür werden aber die grundlegenden Ideen und Gesetze der Wissenschaft immer einheitlicher (vgl. F.I., S. 327). Schließlich sollten alle Wissenschaften diesen Endzustand erreichen.

Noch einen weiteren Preis erfordert dieser wissenschaftliche Fortschritt. Je allgemeiner eine Theorie ist, desto länger kann die Beziehung zwischen ihren Vorhersagen und der Erfahrung auf sich warten lassen. In der allgemeinen Relativitätstheorie wurde erst 1919 ein geeigneter Bezug mit E hergestellt. Diese Verzögerung kann das Selbstvertrauen des Theoretikers bis zum Äußersten beanspruchen. „Es kann langjähriger empirischer Forschungsarbeit bedürfen, um zu erfahren, ob die Prinzipe der Theorie der Wirklichkeit entsprechen." (Weltbild, S. 112); da es so lange dauern kann, bis das notwendige „Tatsachenmaterial" (Weltbild, S. 113) gefunden ist.

13. Darstellungen einer fertigen Theorie

Üblicherweise führt die Entwicklung einer Theorie zu einer ausgereiften kanonischen Form. Sie wird in den Lehrbüchern üblicherweise in einer pädagogischen Version dargestellt, bei der die axiomatische Struktur hervorgehoben wird und alle Spuren der spekulativen Phase verborgen bleiben, welche die Anfänge der Theorienbildung motivierten und charakterisierten. Speziell versuchen Lehrbücher den Prozeß J schamhaft zu verbergen. In diesem Stadium ihres wissenschaftlichen Lebens wird die Theorie – und die auf ihr basierenden Forschungsarbeiten[9] – zumeist wie in Bild 4 dargestellt. Einige Beobachtungen (E_1, E_2 im Bild 4) werden erwähnt, aus denen das Axiomensystem angeblich durch Induktion gewonnen worden war. Aus diesem System werden dann einige Vorhersagen abgeleitet, für die entsprechende experimentelle Belege (E_3, E_4 ...) tatsächlich angeführt werden können. Manchmal wird aber auch der in Bild 5 gezeigte Weg eingeschlagen. Die gesamte Theorie wird so dargestellt, als ob ihr Ausgangspunkt die Entdeckung des Axiomensystems gewesen wäre, aus dem alles Weitere folgt. Dies ist die Vorgangsweise von Newtons Principia und auch der meisten Schulbücher, in denen z. B. die Newtonschen Bewegungsgesetze und das Gravitationsgesetz den Anfang bilden. Davon ausgehend wird die Periodizität der Gezeiten, die Form der Planeten usw. hergeleitet, und diese Vorhersagen werden dann direkt anhand der experimentellen Tatsachen bestätigt. Andere Kapitel gehen von den Grundpostulaten der kinetischen Theorie aus, es folgen die Zustandsgleichungen von Gasen,

---

9 Die allgemein anerkannte Vorgangsweise beim Schreiben von wissenschaftlichen Publikationen, die das Sammeln von Daten und die davon ausgehende induktive Verallgemeinerung an den Beginn wissenschaftlicher Arbeit zu stellen scheint, veranlaßte P. B. Medawar wissenschaftliche Veröffentlichungen als „Schwindel" und als „Travestie naturwissenschaftlichen Denkens" zu bezeichnen. P. B. Medawar, "Is the Scientific a Fraud?" *The Listener* (1963), pp. 377–378.

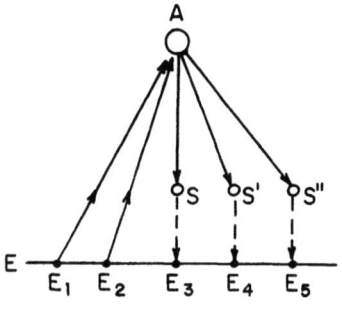
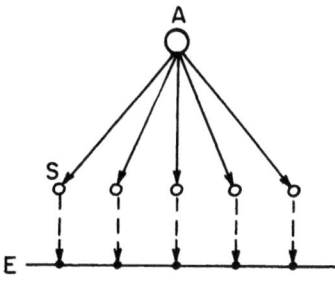

Bild 4   Bild 5

die Viskosität, Diffusion und Wärmeleitung usw., und erwartungsgemäß können alle diese Vorhersagen mit den entsprechenden Naturerscheinungen verknüpft werden.

Abgesehen von der Tatsache, daß eine derartige Darstellung die Entstehung einer Theorie nicht zum Ausdruck bringt (was üblicherweise die wenigsten Wissenschaftler und Philosophen beunruhigt), hebt die in Bild 5 gezeigte Darstellung die verblüffende Kraft und Stringenz wohlentwickelter wissenschaftlicher Theorien hervor. Sie geben uns – um Einsteins Bezeichnung zu gebrauchen – einen „Überblick", der die Vielfalt der unmittelbaren Sinneseindrücke verschiedenster Art in ein einheitliches, und daher verständliches Schema einordnet.

14. Fortschritt durch die Vereinheitlichung von Theorien

Der nächste Abschnitt des historischen Fortschritts der Wissenschaft tritt ein, wenn die Vereinheitlichung von zwei oder mehr Theoriensystemen zustandekommt, z. B. bei Galileis Synthese von terrestrischer und zölestischer Physik, oder bei Maxwells Vereinheitlich von Elektrizität, Magnetismus und Optik. Vor dieser Synthese hat jedes der Theoriensysteme sein eigenes Netzwerk von Begriffen, das der Erfahrung vielleicht näher steht als die nach der Vereinheitlichung entwickelten Begriffe, aber dafür keine Einheitlichkeit innerhalb der verschiedenen Grundpostulate aufweist, welche mit Hilfe dieser Begriffe formuliert werden (vgl. F.I., S. 326). Bild 6 zeigt diese Situation in unserer graphischen Stenographie. Auf der linken Seite sind die separaten Axiomensysteme der Elektrizität, des Magnetismus und der Optik dargestellt, die wie unabhängige Pyramiden verschiedene Gebiete der Erfahrungsebene E dominieren. Nach der von Maxwell er-

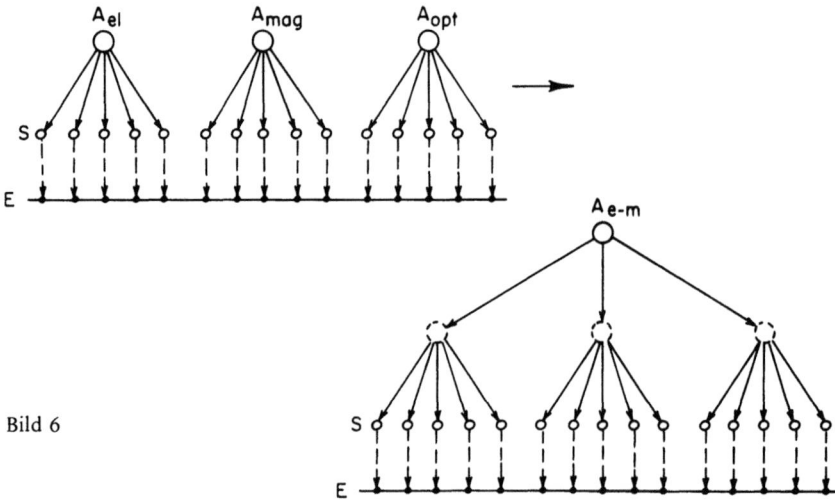

Bild 6

zielten Synthese sind die verschiedenen Axiomensysteme nur Spezialfälle eines allgemeinen Systems, das die Maxwellschen Gleichungen enthält. Die Trennung zwischen den drei Gebieten der Erfahrungsebene verschwindet, und die früher miteinander verknüpften Tatsachengruppen werden nun Teil eines größeren Netzwerkes, dessen theoretische Beschreibung sich dadurch vereinfacht (vgl. I.O., S. 223).

Dieselbe symbolische Darstellung würde sich für viele andere große Fortschritte der Wissenschaft eignen, so z. B. für die Arbeit von P. A. M. Dirac in den späten Zwanzigerjahren, durch die große Gebiete sowohl der Physik als auch der Chemie zur Domäne der Quantenmechanik wurden. Heute sind die Versuche zur Vereinheitlichung der Wechselwirkungen zwischen Elementarteilchen ein weiteres Kapitel des Bestrebens, womöglich die Gesamtheit von E, also alle Punkte der Erfahrungsebene, durch möglichst wenige unabhängige Axiomensysteme zu beschreiben. Es war Einsteins Hoffnung, daß die Feldtheorie eine solche vereinheitlichte Grundlage der gesamten Physik liefern würde (vgl. I.O., S. 328-329). Einstein hat dies klar formuliert: „Von Anfang an gab es stets Versuche, eine einheitliche theoretische Grundlage aller Einzelwissenschaften zu finden, die aus einem Minimum von Begriffen und theoretischen Beziehungen besteht, aus denen alle anderen Begriffe und Beziehungen der Einzelwissenschaften auf logische Weise hergeleitet werden können. Dies verstehen wir unter der Suche nach einer Grundlage der gesamten Physik. Im Vertrauen auf die Erreichbarkeit dieses letzten Zieles liegt die Hauptquelle des leidenschaftlichen Strebens, das den Forscher stets beflügelte" (I.O., S. 324). Die Möglichkeit, die Größen und Beziehungen auf der rechten Seite von Bild 6 im Geist zu behalten, ist vielleicht gerade, was der Ausdruck „ein Weltbild zu haben" bedeutet.

15. Die Bedeutung thematischer Voraussetzungen

Wir müssen nun zu einem wichtigen Problem zurückkehren, das wir offen gelassen haben. Wir können es folgendermaßen formulieren: Da der Sprung von E nach A am Anfang des Diagramms in Bild 1 nicht den Regeln der Logik, sondern dem „freien Spiel" der Phantasie gehorcht und zu unendlich vielen verschiedenen A führen kann — von denen fast alle für die Konstruktion einer Theorie ungeeignet sein werden —, kann man doch bei diesem Vorgang bestenfalls einen Zufallserfolg erwarten? Die Antwort muß sein, daß die Möglichkeiten des J-Prozesses die Freiheit beinhalten, einen Sprung zu *machen*, aber nicht die Freiheit, einen *beliebigen* Sprung zu machen. Etwas muß J leiten und führen, weil das Ergebnis zumindest später die Tests der Natürlichkeit und Einfachheit bestehen muß, um Einsteins zweites Kriterium für eine gute Theorie zu erfüllen.

Die wichtigste Leitlinie, jeder größeren neuartigen wissenschaftlichen Arbeit ist die Einschränkung, die aus expliziten, oder üblicherweise impliziten Vorlieben, Voraussetzungen und Vorurteilen stammt. Einstein selbst hat dies auch erkannt und darüber wiederholt geschrieben: „Ginge der Forscher ohne jedes Vorurteil an seine Arbeit heran, wie sollte er dann überhaupt aus der unendlichen Vielfalt komplexer Erfahrungen jene Tatsachen herausfinden, die einfach genug sind, um naturgesetzliche Verknüpfungen evident zu machen?"[10] Als Beispiel besprach er das Dilemma bei der Formulierung der Grundgesetze der Mechanik, bei denen man entweder „der natürlichen Tendenz der Mechanik, Massenpunkte anzunehmen" folgen müsse, was notwendigerweise zur Voraussetzung des Atomismus führt, oder andererseits eine Mechanik kontinuierlicher Medien aufzubauen, die auf der „Fiktion" beruht, daß „die Dichte und Geschwindigkeit der Materie kontinuierlich von den Koordinaten und der Zeit abhängen" (F.I., S. 325). Diese „Fiktion" — verwandt mit den von Frank Kermode sogenannten „notwendigen Fiktionen", die den Mittelpunkt jedes literarischen Werks bilden — sind natürlich von beträchtlicher praktischer Bedeutung. Sie sind für die Entwicklung der mathematischen Hilfsmittel (in Einsteins zuletzt zitiertem Beispiel sind es partielle Differentialgleichungen) ausschlaggebend, aber auch darüber hinaus von Bedeutung. Er beschrieb sie als „Kategorien" oder Schemen des Denkens, deren Wahl uns im Prinzip völlig frei steht, deren Berechtigung nur danach beurteilt werden kann, inwieweit ihr Gebrauch dazu beiträgt, die Gesamtheit der Bewußtseinsinhalte intelligibel zu machen" (Schilpp, S. 500).

Ein Beispiel einer derartigen Kategorie ist die Unterscheidung zwischen Sinneseindrücken und „bloßen Ideen" (ibid.). Er fügte aber hinzu, daß

---

10 A. Einstein, „Induktion und Deduktion in der Physik", *Berliner Tageblatt*, 25. Dezember 1919.

„wir die ‚Kategorien' nicht als unabänderlich (durch die Natur des Verstandes bedingt [und in dieser Beziehung „unterscheidet sich die hier vertretene Auffassung von der Kants"]), aber als (im logischen Sinne) freie Setzungen auffassen. „A priori" erscheinen sie nur insofern, als Denken ohne die Setzung von Kategorien und überhaupt von Begriffen so unmöglich wäre wie Atmen in einem Vakuum" (Schilpp, S. 500). Wie ich in mehreren Fallstudien wissenschaftlicher Arbeit, die sich von der Zeit Keplers über Born und Einstein bis zur heutigen Grenze der Forschung hinziehen, zu zeigen versucht habe, können wir die Existenz derartiger weder verifizierbarer, noch falsifizierbarer, und dennoch nicht willkürlicher Begriffe zu allen Zeiten feststellen. Diese Begriffe habe ich als „Themen" bezeichnet. In verschiedenen Phasen wissenschaftlicher Arbeit wird die Einführung und der Gebrauch derartiger Themen sogar zur Notwendigkeit.

Unter den Themen, die Einsteins Theorienkonstruktion leiteten, treten folgende klar hervor: Primat der formalen (und nicht der materialistischen) Erklärung; Einheit (oder Vereinheitlichung) und kosmische Reichweite (gleiche Anwendbarkeit aller Gesetze in der gesamten Mannigfaltigkeit der Sinneserfahrungen); logische Sparsamkeit und Notwendigkeit; Symmetrie; Einfachheit; Kausalität; Vollständigkeit; das Kontinuum; und natürlich Konstanz und Unveränderlichkeit. Diese Themen erklären in Einzelfällen, warum Einstein seine Arbeit konsistent in einer Richtung weiterführte, wenn auch die Überprüfung am Experiment schwierig oder unmöglich war. Sie erklären auch, warum Einstein nicht bereit war, Theorien anzuerkennen, die zwar durch ihre Übereinstimmung mit den Erfahrungstatsachen wohl begründet waren, aber auf thematischen Voraussetzungen beruhten, die seinen eigenen entgegengesetzt waren (wie z. B. im Fall der Quantenmechanik der Bohrschen Schule).

Diese Vorstellung führt zu einer Modifikation von Bild 1, welche die Rolle der Themen beim EJASE-Prozeß aufzeigt. Bild 7 zeigt mehrere verschiedene Sprünge, die von E nach A führen, aus denen die Themen, die ein Forscher seinem Denkprozeß zugrundelegt, aber nur eines (oder

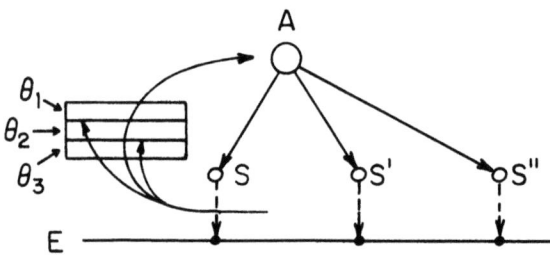

Bild 7

einige) herausfiltern. Z.B. sind die beiden Vermutungen, die Einstein am Beginn seiner grundlegenden Arbeit zur speziellen Relativitätstheorie zu Postulaten erhob, thematisch geformte Vorurteile. Sie entsprechen den früher aufgestellten Forderungen universeller und uniformer Gültigkeit der Naturgesetze, der Invarianz, der logischen Sparsamkeit und dem Primat formaler Erklärungen.

16. Konfrontation rivalisierender Theorien

Das nunmehr vollendete EJASE-Schema läßt sich gut auf Situationen anwenden, bei denen zwei verschiedene Theorien ungefähr übereinstimmende experimentelle Daten deuten wollen. Einstein betonte oft, daß seine relativistische Mechanik zumindest in der Anfangszeit zu den gleichen testbaren Konsequenzen führte wie die Newtonsche Mechanik, obwohl den beiden Theorien „zwei wesentlich verschiedene Grundlagen" (Weltbild, S. 116) entsprachen.

Bei der Analyse von Kontroversen zwischen rivalisierenden Erklärungen der gleichen empirischen Daten — zuletzt bei der Kontroverse zwischen Millikan und Ehrenhaft über die Existenz der elektrischen Elementarladung[11] — wurde immer wieder offensichtlich, daß die von den Rivalen verschieden gewählten Themen die Form ihrer Theorien und den Verlauf der Kontroverse weitgehend bestimmen. Dies ist in abgekürzter Form in Bild 8 angedeutet. A_1 soll das Axiomensystem des ersten Forschers darstellen. Seine Themen sind durch θ_1 angedeutet. Das Aussagensystem führt zu den Folgerungen $S_1, S_1', S_1'' \ldots$, wie angedeutet. Den meisten davon entsprechen Erfahrungen E_1, E_2, E_3, die mit den Ableitungen verknüpft werden können. Wie üblich verbleiben einige Vorhersagen (S_1''') zumindest für den Moment ohne derartige „Verifizierung", wenngleich Untersuchungen darüber in Gang sein können.

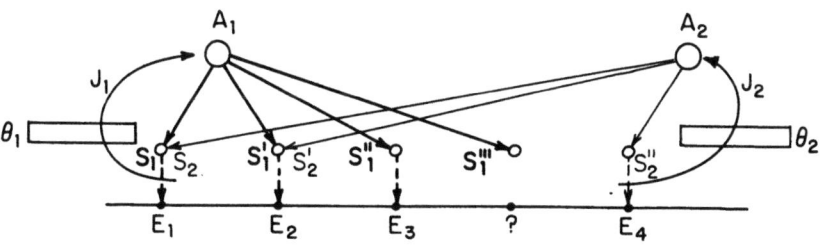

Bild 8

---

11 G. Holton, *The Scientific Imagination*, Kapitel 2.

Der zweite Forscher wird durch das System auf der rechten Seite der Abbildung dargestellt. Sein Axiomensystem A_2 geht von vorläufigen Anschauungen aus, die das einschränkende Filter θ_2 durchlaufen, das seinen eigenen Themen entspricht. Insgesamt unterscheidet sich das System A_2 nicht so grundlegend von A_1, daß es zu keinen Überlappungen zwischen den Vorhersagen der beiden Forscher käme. So beziehen sich die Vorhersagen S_2, S_2' des zweiten Forschers auf die gleichen Phänomene E_1 und E_2 wie S_1 und S_1', zumindest so weit dies zur Zeit bekannt ist. Darüber hinaus führt A_2 aber zu einer Vorhersage S_2'', die keine Entsprechung im ersten System hat und die mit einer Erfahrungstatsache E_4 verknüpft werden kann.

Auf diese Weise kann sich ein wissenschaftlicher Streit für einige Zeit hinziehen. Die Axiomsysteme A_1 oder A_2, oder auch beide, können sich im Verlauf dieser Debatte allmählich verändern, wobei sich entsprechende Änderungen auch in S_1 und S_2 ergeben. Schließlich siegt eines der beiden Systeme und dies geschieht üblicherweise auf eine von zwei Arten. Die beiden Systeme können getrennt voneinander in ein Stadium geraten, in dem es keinen wesentlichen Unterschied mehr zwischen der Anzahl und der Art der Phänomene (empirische Bestätigungen) gibt. So kann z.B. eine *ad hoc* Veränderung von A_2 dazu führen, daß auch dieses Axiomensystem E_3 „erklären kann". Wenn diese Situation einige Zeit anhält, wird eine Entscheidung zwischen den zwei Systemen aufgrund der „Überzeugungskraft" ihrer grundlegenden Annahmen getroffen. Die wissenschaftliche Gemeinschaft trifft dann eine Entscheidung, die auf einer Bevorzugung der Themensysteme θ_1 oder θ_2 beruht. In einem frühen Stadium, als Einsteins Relativitätstheorie aufgrund testbarer Vorhersagen noch nicht klar von den Theorien von Lorentz oder Abraham unterscheidbar war, gestand Max Planck bei einer wissenschaftlichen Tagung, als er befragt wurde, warum er Einsteins System von Postulaten mehr Glauben schenke als den seiner Rivalen: „Mir ist das eigentlich sympathischer".[12]

Eine andere Möglichkeit ergibt sich, wenn eines der beiden Systeme eine größere Anzahl verifizierbarer Vorhersagen von beobachtbaren Ereignissen macht als das andere, und weniger (oder gar keine) unliebsame Gegenbeispiele auftreten. Fast nie ist die Situation so klar, daß die Unfähigkeit eines Theoriensystems, ein spezielles Experiment zu behandeln, sofort eine Entscheidung zu seinen Ungunsten herruft. Es ist viel wahrscheinlicher, daß, während noch Versuche zur Lösung scheinbarer Schwierigkeiten unternommen werden, das Pendel der wissenschaftlichen Meinung zugunsten eines der Theoriensysteme ausschlägt und das andere System allmählich verschwindet, ohne jemals endgültig „widerlegt" zu werden.

---

12 M. Planck, „Prinzip der Relativität", Vortrag bei der Deutschen Physikalischen Gesellschaft am 23. März 1906.

Einsteins Schema der Theorienbildung hat uns auf ein Modell geführt, das sich auch in anderen Situationen als nützlich erwiesen hat, und es ermöglichte, weitere Details des wissenschaftlichen Ideenreichtums zu verstehen. Dies soll noch an anderer Stelle ausgeführt werden. Die Sammlung von Einsteins Ansichten und ihr Vergleich mit dem von ihm selbst vorgeschlagenen Schema hat uns zu einer konsistenten Darstellung eines Weges geführt, auf dem der menschliche Geist die Ordnung hinter den Erscheinungen entdecken kann, und diese Entdeckung anderen in überzeugender Weise mitteilen kann. Trotz dieser hochgesteckten Ziele dürfen wir nicht glauben, daß Einstein auf diesem Gebiet seine Ansichten anderen in absolutistischer Weise aufdrängen wollte. Er war sich des vorläufigen Charakters des Verständnisses für wissenschaftliche Methoden nur allzu bewußt. Der Geist, in dem er seine Ideen vorschlug, kommt in einem Absatz aus „Autobiographisches" gut zum Ausdruck, der seiner Antwort auf die Frage „Was ist eigentlich ‚Denken'?" unmittelbar folgt:

„Mit welchem Recht — so fragt nun der Leser — operiert dieser Mensch so unbekümmert und primitiv mit Ideen auf einem so problematischen Gebiet, ohne den geringsten Versuch zu machen, etwas zu beweisen? Meine Verteidigung: All unser Denken ist von dieser Art eines freien Spiels mit Begriffen; die Berechtigung dieses Spiels liegt im Maße der Übersicht über die Sinneserlebnisse, die wir mit seiner Hilfe erreichen können". (Schilpp, S. 3).

Als beschränkte menschliche Wesen können wir in Anbetracht des scheinbar unbegrenzten und verzahnten Puzzles des Universums nur hoffen, — wie Newton dies ausdrückte — mit den Kieselsteinen am Ufer eines großen Ozeans zu spielen. Wenn wir das gut machen, kann uns dieses Spiel auf eine höchst wünschenswerte Form des Wissens führen: Auf einen Überblick über die Welt der Natur, der uns einen Einblick in die Ordnung der unendlich vielfältigen Phänomene gibt und in ihre unerschöpfliche Vielzahl der Wechselwirkungen.

Danksagung

Für die Hilfe und die Erlaubnis, Material aus dem Albert Einstein Nachlaß zitieren zu können, danke ich Frau Helen Dukas und Herrn Dr. Otto Nathan. Ferner bin ich der National Science Foundation und der National Endowment for Humanities für die Unterstützung zu Dank verpflichtet.

Literatur

A. Einstein: Mein Weltbild, Hrsg. C. Seelig, Ullstein Bücher (1955) Frankfurt/M. Daraus werden im speziellen folgende Artikel in dieser Arbeit zitiert:
„Bertrand Russell und das philosophische Denken", pp. 35—40
„Prinzipien der Theoretischen Physik", pp. 110—113
„Prinzipien der Forschung", pp. 107—110
„Was ist Relativitätstheorie", pp. 127—131
„Geometrie und Erfahrung", pp. 119—127
„Das Raum-, Äther- und Feld-Problem der Physik", pp. 138—147.

A. Einstein: Ideas and Opinions, neue Übersetzungen und Berichtigungen durch Sonja Bargmann (New York: Crown Publishers, Inc., 1954, und, mit etwas geänderter Paginierung, New York: Dell Publishing Co., 1954).
"A Mathematician's Mind", 1945 (Letter to J. S. Hadamard), pp. 25—26
"On the Method of Theoretical Physics", 1933 (Herbert Spencer Lecture), pp. 270—276
"Physics and Reality", 1936, pp. 290—323
"The Fundaments of Theoretical Physics", 1940, pp. 323—335
"On the Generalized Theory of Gravitation", 1950, pp. 341—356.

Paul Schilpp, Hrsg., „Albert Einstein als Philosoph und Naturforscher", W. Kohlhammer Verlag (1949)
Dieses Buch enthält neben Einsteins „Autobiographisches" (pp. 1—42) eine Reihe hervorragender Beiträge von Wissenschaftlern und Philosophen über Einsteins Arbeiten und zusätzliche Kommentare von Einstein (pp. 493—511).
Einsteins „Autobiographisches" soll als separates Buch unter den Herausgebern P. A. Schilpp und O. Nathan 1979 erscheinen.

Albert Einstein and *Leopold Infeld*, „Die Evolution der Physik", P. Zsolnay Verlag Wien (1950).

Albert Einstein, "Lettres a Maurice Solovine" (Paris: Gauthier-Villars, 1956).

Philipp Frank, „Einstein, Sein Leben und seine Zeit", Verlag Paul List, München-Leipzig (1949).

Banesh Hoffmann, „Albert Einstein, Schöpfer und Rebell", in Zusammenarbeit mit Helen Dukas (Stuttgart, Belser 1976).

Gerald Holton, "The Scientific Imagination: Case Studies" (New York and Cambridge: Cambridge University Press, 1978), Kapitel 1—3.

Gerald Holton, "Thematic Origins of Scientific Thought: Kepler to Einstein", (Cambridge: Harvard University Press, 1973), Kapitel 5—10.

Einsteins Behandlung theoretischer Größen

Bernulf Kanitscheider

I. Die Physik und das Unsichtbare

In allen Bereichen der Natur stieß die Wissenschaft immer wieder auf das Problem, für eine grundlegende Erfassung der Phänomene theoretische Begriffe einführen zu müssen, die von nicht wahrnehmbaren Entitäten handeln. In der Methodologie der Wissenschaften gab es angesichts dieser Situation von alters her zwei Verfahren, die sich deutlich in den Prinzipien der Theorienkonstruktion spiegeln: Die eine besteht darin, von der Ebene der Phänomene ausgehend sich extrapolierend in die empirisch nicht zugänglichen Bereiche vorzuarbeiten. Dabei wird *möglichst wenig* von theoretischen Konstrukten, das sind Prädikate und Relationen, die keine unmittelbaren Gegenstücke in der Erfahrung haben, Gebrauch gemacht. Wenn ihre Einführung aber doch unumgänglich ist, versucht man diese Konstrukte als Hilfsbegriffe einzuführen, die keine semantische Referenz besitzen, sondern nur eine syntaktische Mittlerrolle zwischen den Termen mit empirischer Bedeutung spielen. Demgegenüber steht jenes andere Verfahren, das bei der Konstruktion einer faktischen Theorie ohne Bedenken von Termen Gebrauch macht, die sich auf nicht wahrnehmbare Entitäten beziehen. Diese Vorgangsweise sieht die sprachliche Referenz gerechtfertigt, wenn bei der Ausarbeitung von logischen Folgerungen eine Bewährung auf der Erfahrungsebene erzielt worden ist. In diesem Fall spricht man davon, daß der Bezug der theoretischen Terme auf die verborgenen Objekte validiert wurde.

Historisch gesehen ist die zweite Vorgangsweise sicher älter. Die Erdbebenhypothese des Thales[1] und Anaximanders Theorie von der Aufhängung der Zylindererde[2] im Kosmos sind deutlich Erklärungsansätze, bei denen Elemente der sichtbaren Welt durch hypothetisch angenommene, aber als real angesetzte Ursachen der Erscheinungen verständlich gemacht werden sollen. Im ersten Fall handelt es sich um die schwimmende Lagerung der Erde im Okeanos, im anderen um die innere strukturale Symmetrie der Welt. Dagegen hat die erste Vorgangsweise ihren Ursprung vermutlich im Versagen von Theorien, die einen inneren Mechanismus in erklärender Absicht annehmen.

---

1 W. Capelle: Die Vorsokratiker, Hamburg 1953, S. 70, Nr. 3.
2 W. Capelle: a.a.O., S. 79, Nr. 13.

Das Scheitern der Theorie der homozentrischen Sphären von Eudoxos, Kalippos und Aristoteles — vor allem, weil sie der variablen Helligkeit der Planeten nicht Rechnung tragen konnte — löste Zweifel an der methodischen Korrektheit jener Vorgangsweise aus, die nach dem unsichtbaren, im Sinne des platonischen Axioms aber realen Mechanismus sucht, der die Erscheinungen rettet. Natürlich ist es vom logischen Standpunkt aus immer berechtigt, beim Scheitern einer Theorie auch deren methodische Basis in Zweifel zu ziehen. Der Zweifel an dem aristotelischen Grundsatz, in der Astronomie eine realistisch interpretierbare Darstellungstheorie zu verwenden, führte zu Ptolemaios' phänomenalistischem Ansatz, d.h. zu einer Theorie, die zwar eine instrumentalistische Handhabung des Erfahrungsmaterials zum Zweck der Prognose ermöglichte, aber keine echten Erklärungen der tatsächlichen Bewegungsformen der Himmelskörper liefern konnte.[3] Erst mit Kopernikus änderte sich diese Methodologie wieder. Er griff die kühne Vermutung des Aristarch und Seleukos wieder auf, daß die Irrwege der Planeten durch die terrestrische Perspektive zustandekommen. Kopernikus sah in ihnen mit dem menschlichen Wohnort zusammenhängende Zufälligkeiten, die sich kausal verstehen lassen, wenn man sich entschließen kann, unbeobachtbare Vorgänge zuzulassen, nämlich die drei Bewegungsformen der Erde.

Noch deutlicher spiegelt sich der Streit der beiden methodischen Positionen in der Geschichte des Atomismus wider. Demokrit versuchte seine epistemologische Grundidee zu verwirklichen, daß sich die sichtbare Welt durch Anhäufung einer kleinen Zahl von transempirischen Objekten erklären läßt. Die räumliche Anordnung und die Art der Verbindung zwischen den Mikroobjekten sollten auf der Wahrnehmungsebene die bekannten Strukturen reproduzieren. Die Entwicklung der Atom-Hypothesen zeigt deutlich, daß der Mechanismus der Verbindung der Elementarkonstituenten wie auch die Koppelung der entstandenen Atomkomplexe mit der Phänomenebene viel zu unscharf bestimmt waren, als daß sie hätten Vertrauen in die dabei verwendete Methodologie auslösen können. Die Indizien für diese wurden allerdings stärker, als Berzelius die elektrische Natur der Bindungskräfte entdeckte und Dalton mit dem Gesetz der multiplen Proportionen die Verbindung mit der (chemischen) Erscheinungsebene festigte. Jedoch ergaben sich auch dann nur sehr indirekte Hinweise auf die unsichtbare Mikroebene; man kann sie höchstens als abgeleitete, aber nicht als direkte Evidenz ansprechen.[4] Infolgedessen konnten die Gegner der Atom-Hypothese bei Zugrundelegung einer positivistischen Erkenntnishaltung durchaus noch dafür plädieren, die Atome als nützliche fiktive Rechengröße zu behandeln, die nur die früher erwähnte syntaktische Hilfsfunktion

---

3 Norwood Russell Hanson: Constellations and Conjectures, Dordrecht 1973, S. 89.
4 Von direkter Evidenz kann man im Zusammenhang mit der Atom-Hypothese eigentlich erst nach der Erfindung des Feldionenmikroskops sprechen.

ausüben, bestimmte Erfahrungsbefunde zu verknüpfen, ihnen die (referentielle) Bedeutung aber abzusprechen. Wie stark die Grundsätze der empiristischen Methodologie damals wirkten, sieht man daran, daß selbst Planck zuerst große Zweifel an der Zuverlässigkeit der Atom-Hypothese hegte. Er ließ sich erst bekehren, als er bei der Begründung seines Strahlungsgesetzes von der Wahrscheinlichkeitsformel, die auf der molekularkinetischen Annahme fußt, Gebrauch machen mußte.[5] Nur wenige Forscher konnten sich dem Mach-Kirchhoffschen Deskriptivismus mit seiner Befürwortung von Denkökonomie, ontologischer Sparsamkeit und seinem Mißtrauen gegenüber unbeobachtbaren Größen entziehen. Zu denen, die dem damaligen Trend des Immanenzpositivismus widerstehen konnten, gehörte Ludwig Boltzmann. Er erkannte klar den hypothetisch setzenden Charakter der theoretischen Entitäten:

„Daß derartige winzige Einzeldinge bestehen (die Moleküle), deren Zusammenwirken erst die sinnlich wahrnehmbaren Körper bildet, ist freilich nur eine Hypothese, *gerade* so wie es nur eine Hypothese ist, daß das, was wir am Himmel sehen, durch so große, so weit entfernte Weltkörper bewirkt wird, wie es im Grunde genommen auch nur eine Hypothese ist, daß außer mir noch andere Lust und Schmerz empfindende Menschen existieren."[6]

Der Grund für Boltzmanns dem Zeittrend entgegengesetzte Haltung läßt sich auch verstehen: Sein Forschungsprogramm bestand in der Errichtung eines einheitlichen mechanistischen Weltbildes. Seine Erkenntnistheorie stand also im Dienste einer umfassenden Idee, welche es als untragbar erscheinen ließ, daß es zwei Klassen von Phänomenen gebe, die reversiblen, die durch die Mechanik und Elektrodynamik, und die irreversiblen, die durch die Thermodynamik beschrieben werden. Um der theoretischen Vereinheitlichung willen mußte Boltzmann von der molekularkinetischen Hypothese Gebrauch machen; aber er tat es nicht in einem bloß fiktionalistischen Sinn, sondern verwendete, wie das obige Zitat zeigt, die Atome als postulierte Entitäten, die ihre Existenzberechtigung aus der Validierung der Theorie ziehen. Dabei mußte er von einer Voraussetzung Gebrauch machen, die erst viel später philosophisch reflektiert wurde und die ihre Rechtfertigung genau genommen erst von einem durchgefeilten semantischen Standpunkt aus finden konnte. Wir können diese Voraussetzung das *Grundpostulat eines hypothetischen Realismus* nennen: Die Art und die Zahl der Objekte, über die eine Theorie spricht, kann grundsätzlich anders sein als die der Phänomene, an denen sich der Wahrheitsanspruch der Theorie prüfen läßt, und wird es fast immer sein, wenn es sich um eine hochrangige Theorie mit großer prognostischer und explanativer Reichweite handelt. Eine physikalische Theorie kann also über eine Klasse von empirisch unzu-

---

5 M. Jammer: The conceptual development of quantum mechanics, N. Y. 1966, S. 19.
6 L. Boltzmann: Populäre Schriften, Leipzig 1905, S. 30.

gänglichen Objekten reden, solange sie in ihrer Semantik Koppelungsaussagen enthält, die die verborgenen Entitäten und die dazwischen ablaufenden Prozesse mit den phänomenologischen Testinstanzen verbinden. Dies überschreitet den positivistischen Standpunkt in dem Sinne, daß die unkontrollierbare Metaphysik nicht schon dort beginnt, wo über Unsichtbares gesprochen wird. Sie fängt erst dort an, wo es nicht gelingt, das Unsichtbare über einen klar durchschaubaren Wechselwirkungsmechanismus, der in einem anderen theoretischen Zusammenhang wieder prüfbar ist, mit der Beobachtungsebene zu verbinden.

II. Operationalistische und realistische Elemente in Einsteins Epistemologie

Es ist von besonderer Bedeutung für die philosophische Auswertung von Einsteins physikalischen Ideen, daß er in seiner Frühzeit nicht nur anerkanntermaßen unter dem Einfluß Machs stand, sondern auch von Boltzmanns kinetischer Theorie der Gase sein Wissen über die statistische Mechanik bezog. Gerade in Einsteins frühen Arbeiten zur statistischen Physik läßt sich eine mit Boltzmanns Forschungsprogramm gleichgeartete objektwissenschaftliche Intention finden, zudem realisiert er aber, wie er später in der Retrospektive selbst bestätigt, in eindeutiger Weise auch dessen Methodologie: „Mein Hauptziel war es, Tatsachen zu finden, welche die Existenz von Atomen von bestimmter endlicher Größe möglichst sicherstellten."[7] Um diese Behauptung zu verifizieren, ist es sinnvoll, einen etwas genaueren Blick auf Einsteins frühe Arbeiten zur statistischen Physik zu werfen. Das Problem, das er sich in seiner Arbeit zur Brownschen Bewegung stellte[8], bestand darin, Bindeglieder zwischen der unsichtbaren, von Boltzmann zur Erhöhung der Erklärungskraft und zur einheitlichen Beschreibung eingeführten Mikroebene und der Ebene der phänomenologischen Thermodynamik zu finden. Entsprechend letzterer gibt es in der Entwicklung thermischer Systeme so etwas wie einen statischen End- und Gleichgewichtszustand. In Einklang mit der molekularkinetischen Hypothese wird dieser als stationärer Zustand des Systems gedeutet, in dem die Mikroprozesse so schnell ablaufen, daß sie im allgemeinen auf der Phänomenebene nicht wahrnehmbar sind. Es fragte sich aber, ob in speziellen Fällen nicht doch eine Verbindung herstellbar ist. Einstein fand sie, erstaunlicherweise ohne Anregung durch die historische Tatsache, daß Robert Brown schon 1827 die Zitterbewegung von in einer

---

7 A. Einstein: Autobiographisches, in: P. A. Schilpp (Hrsg.): Albert Einstein, Philosoph und Naturforscher, Stuttgart 1955, S. 18, Vieweg-Reprint 1979.
8 A. Einstein: Über die von der molekularkinetischen Theorie der Wärme geforderten Bewegungen von in ruhenden Flüssigkeiten suspendierten Teilchen, Ann. Phys. 17 (1905), S. 549--560.

Flüssigkeit suspendierten Teilchen untersucht und festgestellt hatte, daß die Schwankungen mit der Temperatur zunehmen und wachsender Pollengröße abnehmen. Sein Motiv war demnach nicht, ein vorhandenes Faktum in die neue molekularkinetische Theorie der Materie einzugemeinden, sondern einen Indikator für die hypothetisch vermutete Realitätsschicht zu finden. Dazu unterwarf er die nicht beobachtbare Verschiebung x eines kleinen, jedoch gegenüber den Molekülen großen Teilchens, einem logischen Konstruktionsschritt und gewann so die mittlere Verschiebung $\xi = (\overline{x^2})^{1/2}$.[9] Der entscheidende Koppelungsschritt zwischen den Ebenen bestand dann in der Identitätsaussage, daß eine aus ξ mathematisch konstruierte Größe einem makroskopisch beobachtbaren Parameter, dem Diffusionskoeffizienten D, gleichsetzbar ist: $D = \xi^2/2\tau$, wobei τ das betrachtete Zeitintervall darstellt. Bedeutsam für den Fortschritt des zum ersten Mal von Demokrit formulierten Programms ist hier, daß die Verbindung zwischen den beiden Ebenen quantitativer Natur ist, daß D in einer genau angebbaren Weise mit der Größe der Atome gekoppelt ist, $D = kT/6\pi\eta a$ (η = Zähigkeit der Flüssigkeit, a = Radius der kugelförmigen Teilchen, k = Boltzmann-Konstante $k = R/N$), und daß D in einer theoretischen Makrobeziehung, der Diffusionsgleichung, auftritt.

Die quantitative Verbindung ermöglichte Jean Perrin die Bestimmung der Avogadro-Zahl mit einer vorher nicht gekannten Genauigkeit. Damit ließ sich die geforderte Kontrolle der hypothetisch eingeführten theoretischen Entitäten effektiv durchführen. Die Unterschiede im Widerstand gegen den realistischen Gebrauch theoretischer Begriffe sind daran zu ermessen, daß Ostwald, vorher auch ein Gegner des Atomismus, durch Einsteins Abhandlung überzeugt wurde, während Mach in seiner Skepsis erst schwankend wurde, als er auf einem Szintillationsschirm die Lichtblitze von α-Teilchen wirklich sah.[10]

In bezug auf die Anerkennung theoretischer Entitäten muß man die psychologische und die logische Ebene unterscheiden. Logisch gesehen kann es natürlich keinen graduellen Übergang von der instrumentalistischen zur realistischen Deutung theoretischer Größen geben. Hier handelt es sich um eine einfache Alternative: keine Größe kann eine Zwischenrolle zwischen realen und fiktiven Entitäten einnehmen, denn es gibt keine Abstufung von „real". Psychologisch ist ein solcher stetiger Übergang allerdings verständlich, nämlich dann, wenn die Koppelungen zwischen theoretischer und empirischer Ebene immer zahlreicher werden und damit auch das Vertrauen wächst, daß die theoretischen Begriffe nicht über reine Fiktionen sprechen. Außerdem muß man sich klar sein, daß im Prinzip niemand argumentativ

---

9 Cornelius Lanczos: The Einstein Decade, London 1974, S. 59.
10 S. G. Brush: A History of Random Processes I. Arch. Hist. Exact Sci. **5** (1969), S. 35; ders.: Mach and Atomism, Synthese **18**, 213 (1968), S. 208.

zur Zustimmung gezwungen werden kann, wenn er etwa die Lichtblitze beim radioaktiven Zerfall nicht als die Wirkungen von letztlich unsichtbaren Konstituenten der Materie akzeptiert, sondern diesen nur einen linguistischen Status zuordnet, sie als bequeme sprachliche Hilfsmittel betrachtet für die bessere Ordnung der Lichtblitze. Die Kausalrelation wird hierbei auf die Verbindung dieser Erscheinungen beschränkt, nicht aber auf das Zustandekommen der Erscheinungen selbst angewandt. Eine im psychologischen Sinn verstärkende Rolle spielt allerdings die Konkordanz von empirischen Ergebnissen bei Verwendung verschiedener theoretischer Wege und anschließender verschiedener Experimentalanordnungen. Daß die Bestimmung der wahren Molekulargröße einmal aus dem Strahlungsgesetz[11] und zum anderen aus der Brownschen Bewegung den gleichen Wert liefert, muß für den, der die fiktionalistische Position vertritt, ein höchst erstaunlicher und nicht weiter reduzierbarer Tatbestand bleiben, während vom realistischen Standpunkt aus sich darin eine natürliche Konsequenz aus der Grundannahme darstellt, daß es sich in beiden Fällen um die gleichen wirkenden Entitäten handelt. Speziell für die Bestimmung der Molekülgröße ist heute das Konkordanzargument durch die Existenz von so vielen logisch unabhängigen Meßmethoden für die Loschmidtsche Zahl derart verstärkt, daß ein Fiktionalist schon an eine universelle Konspiration von seiten der Phänomene glauben muß, will er leugnen, daß dies auf eine gemeinsame unabhängige Ursache zurückgeht. Jedoch muß man sich klar sein, daß vom rein logischen Standpunkt aus niemand gezwungen werden kann, die Erstaunlichkeit der hohen Konkordanz zu erklären. Es können nur erkenntnistheoretische Gründe sein in Richtung auf ein kohärentes Erkenntnismodell, welche hierzu den Ausschlag geben.[12]

Einsteins hypothetisch setzende Denkweise ist gerade an seinen Arbeiten zum Strahlungsproblem sehr deutlich sichtbar.[13] Kaum jemals ist eine theoretische Arbeit in der Physik geschrieben worden, die in ihren Konstruktionselementen sich stärker von den Phänomenen gelöst hat als diese. Daß sich Einstein der Kühnheit seiner Annahmen bewußt war, ist schon aus dem vorsichtigen Ausdruck „heuristischer Gesichtspunkt" anstatt „Hypothese" zu entnehmen, und es gehört zu den schönsten Skurrilitäten der Wissenschaftsgeschichte, daß Planck die Lichtquantenhypothese in seinem Gutachten für die Aufnahme Einsteins in die Preußische Akademie der Wissenschaf-

---

11 M. Planck: Zur Theorie des Gesetzes der Energieverteilung im Normalspektrum, in: Dokumente der Naturwissenschaft, hg. v. A. Hermann, Bd. 12, Stuttgart 1969, S. 25–33.
12 Vgl. B. Kanitscheider: Die Philosophie der modernen Physik, Abschnitt II: Sprache und Erkenntnis, Darmstadt 1979.
13 Über einen die Erzeugung und Verwandlung des Lichtes betreffenden heuristischen Gesichtspunkt, Ann. Phys. 17 (1905), S. 132–148.

ten als Spekulation bezeichnet, in der dieser über das Ziel hinausgeschossen hat.[14] In der wissenschaftstheoretischen Literatur wird gelegentlich versucht zu zeigen, daß der Gedankengang, der zur Lichtquantenhypothese führt, aus dem hypothetisch-deduktiven Schema grundsätzlich herausfällt und unter eine andersartige Strategie, etwa als "deduction from the phenomena", zu subsumieren ist[15]. Die Beziehung des theoretischen Ergebnisses zu den Phänomenen weist aber bei genauem Hinsehen doch die gleiche indirekte Form auf. Sicher ist, daß an der heuristischen Basis seiner Arbeit nicht etwa der Wunsch lag, das Rätsel des Photoeffekts zu lösen, der seit den Experimenten von Hertz und Hallwachs (1888) und vor allem seit den quantitativen Analysen von Lenard als ein erratischer Block in der Feldtheorie des Elektromagnetismus herumlag, sondern recht allgemeine Symmetrieüberlegungen naturphilosophischer Art. Zwischen den begrifflichen Gebilden, mit denen man feste Körper und Gase beschreibt, und denen, die zur Erfassung elektromagnetischer Prozesse notwendig sind, scheint ein fundamentaler Unterschied zu bestehen; für die diskreten Teilchen des atomaren Aufbaus der Materie reicht die Vorgabe einer endlichen Zahl von Größen zur Festlegung des Zustandes eines Systems, während in der elektromagnetischen Theorie ein Satz kontinuierlicher Funktionen für diesen Zweck gebraucht wird. Es war der Dualismus zwischen Teilchen und Feldern, der Einstein unangenehm auffiel und der ihn die Frage stellen ließ, ob die Maxwell-Theorie vielleicht nur ein Bild des statistischen Durchschnittsverhaltens von Größen liefert, wohingegen die elementaren Vorgänge der Emission und Absorption des Lichtes diskontinuierlicher Natur sind und dem Teilchenbegriff näher liegen als dem Feldbegriff.

Hier sei eine kurze Zwischenbemerkung eingefügt: Viel später, in seiner Autobiographie[16], bestätigt Einstein die Vermutung, daß die Idee eines ontologischen Monismus für ihn immer schon leitenden Charakter besessen hat. Lorentz hatte in der Elektrodynamik eine Veränderung eingeführt, die von Einstein als grundlegende Verbesserung angesehen wurde. Nicht die *Materie*, sondern der *Raum* ist bei Lorentz Träger des Feldes. Auf der atomistischen Materie sitzen nurmehr die Ladungen und das Feld befindet sich zwischen den materiellen Ladungsträgern. Jedoch empfand Einstein es als unbefriedigend, daß dennoch selbst *innerhalb* der elektromagnetischen Theorie der Begriff des materiellen Massenpunktes *und* der des kontinuierlichen Feldes als primitive Terme verwendet wurden:

„Betrachtet man diese Phase der Entwicklung der Theorie kritisch, so fällt der Dualismus auf, der darin liegt, daß materieller Punkt im Newtonschen Sinne und das

---

14 Vgl. Dokumente der Naturwissenschaft, Hrsg. A. Hermann, Bd. 7, Stuttgart 1965, S. 13.
15 Jon Dorling: Einstein's Introduction of Photons. Argument by Analogy or Deduction from the Phenomena, Brit. J. Phil. Sci. 22 (1971), S. 1–8.
16 A. Einstein, Autobiographisches, a.a.O., S. 13.

Feld als Kontinuum als elementare Begriffe nebeneinander verwendet werden. Kinetische Energie und Feldenergie erscheinen als prinzipiell verschiedene Dinge. Dies erscheint um so unbefriedigender, als gemäß der Maxwellschen Theorie das Magnetfeld einer bewegten elektrischen Ladung Trägheit repräsentierte. Warum also nicht die *ganze* Trägheit? Dann gäbe es nur noch Feldenergie, und das Teilchen wäre nur ein Gebiet besonders großer Dichte der Feldenergie. Dann durfte man hoffen, den Begriff des Massenpunktes samt den Bewegungsgleichungen des Teilchens aus den Feldgleichungen abzuleiten — der störende Dualismus wäre beseitigt."[17]

Da der ontologische Dualismus im Rahmen einer linearen Theorie, die das Suppositionsprinzip verwendet, nicht aufgehoben werden kann, ist wohl eine Wurzel von Einsteins Vorliebe für nichtlineare Theorien, in denen nicht nur das Verhalten der einzelnen Grundelemente, sondern auch deren Wechselwirkung beschrieben werden kann, in seinem metaphysischen Vereinheitlichungsbestreben zu suchen.

Zu seiner Lichtquanten-Hypothese gelangt Einstein[18] unter Verwendung dreier theoretischer Gesetze: des *Wahrscheinlichkeitsansatzes* $W = (v/v_0)^n$ [wenn n Teilchen im Volumen v_0 sind, dann ist die Wahrscheinlichkeit, daß zu einem bestimmten Zeitpunkt alle n im Teilvolumen v sich aufhalten, gleich W], des *Wienschen Spektralgesetzes* $\rho(r) = \alpha r^3 \exp(-h\nu/kT)$ [das den Grenzfall des Planck-Gesetzes für große Werte von ν/T darstellt] und der *Boltzmann-Formel* für die Beziehung von Entropie und Wahrscheinlichkeit $S = k \cdot \log W$ [die natürlich die statistischen Basisannahmen, wie etwa den Stoßzahlansatz, mit hereinbringt]. Aus diesen theoretischen Elementen gewinnt er nach einer Reihe von logischen Schritten einen Ausdruck für die Wahrscheinlichkeit, daß die gesamte Strahlungsenergie zu einem beliebigen Zeitpunkt im Teilvolumen v enthalten ist, $W = (v/v_0)^{E/h\nu}$. Aus der strukturalen Analogie der beiden Wahrscheinlichkeitsausdrücke $W = (v/v_0)^n$ und $W = (v/v_0)^{E/h\nu}$ schließt er auf die (semantisch referentielle) Identität der beiden Exponenten: $E = nh\nu$. Es ist richtig, daß Einstein in dem Schlüsselsatz seiner Arbeit noch die fiktionalistische Redeweise für die Lichtquanten benutzt: „Monochromatische Strahlung von geringer Dichte (...) verhält sich in wärmetheoretischer Beziehung so, wie wenn sie aus voneinander unabhängigen Energiequanten von der Größe $R\beta\nu/N$ [$= h\nu$] bestünde."[19] Die anschließenden Erklärungen vorher unverstandener Effekte (die Wellenlängenabhängigkeit der austretenden Elektronen beim Photoeffekt, die Stokesche Regel der Fluoreszenzstrahlung, die Auslösung sekundärer Kathodenstrahlen der ursprünglichen Geschwindigkeit) stärkten aber bald seine Überzeugung von der Richtigkeit der autonomen Existenz der $h\nu$.

17 A. Einstein: Autobiographisches, in: P. A. Schilpp (Hrsg.): Albert Einstein ..., a.a.O., S. 13 f.
18 Für Details vgl. Martin J. Klein: Einstein's First Paper on Quanta, The Natural Philosopher 2 (1963), S. 57–86.
19 A. Einstein: Über einen die Erzeugung ..., in: Dokumente der Naturwissenschaft, Bd. 7, a.a.O., S. 37.

Daß Photonen neue theoretische Entitäten sui generis sind, die einen eigenen Platz in der physikalischen Ontologie beanspruchen, wurde noch deutlicher, als Einstein die Frage der statistischen Schwankungen in einem Strahlungsfeld untersuchte.[20] Hier zeigte es sich, daß die von Planck[21] befürwortete restriktivere Deutung, die Photonen nur für den Emissions- und Absorptionsprozeß verwenden und ihr Auftauchen auf epistemische Gründe wie die weitgehende Unkenntnis der Wechselwirkung von Materie und Strahlungsfeld schieben will, nicht ausreicht. Man muß die durchgängige Existenz der Photonen annehmen und zugleich auch akzeptieren, daß Strahlung immer in Vielfachen von $h\nu$ vorkommt. Andernfalls ist die Schwankungsformel für die Energie, $(\epsilon^2)^{1/2} \, d\nu = \left(h\nu + \dfrac{c^3 \rho}{8\pi\nu^2}\right) \pi v d\nu$ unverständlich, die Einstein für einen Spiegel ableitet, der in einem Strahlungsraum frei beweglich aufgehängt ist. Dieses Resultat ist in zweierlei Hinsicht bemerkenswert: Es zeigt, daß die Schwankungen einerseits aus jener Kompenente bestehen, die aus der klassischen Wellentheorie folgt; der Strahlungsdruck schwankt, weil die Wellenbündel miteinander interferieren. Andererseits gibt es noch einen weiteren Anteil, der auf die Reflexion der Lichtquanten zurückgeht, und erst beide Teileffekte verleihen dem Spiegel die mittlere Energie $\dfrac{1}{2}kT$. ,,Diese Betrachtung zeigte in einer drastischen und direkten Weise, daß den Planckschen Quanten eine Art unmittelbare Realität zugeschrieben werden muß, daß also die Strahlung in energetischer Beziehung eine Art Molekularstruktur besitzen muß, was natürlich mit der Maxwellschen Theorie im Widerspruch ist.[22] Die Schwankungsformel ist aber noch in einer anderen Hinsicht interessant, sie gibt nämlich den ersten Hinweis auf das Phänomen der Dualität, das später den Ausgangspunkt für die zahlreichen Deutungen der Quantentheorie wurde, da in dem Schwankungsausdruck offenbar Elemente des Teilchen- und des Wellenbildes zugleich in einer nichteliminierbaren Weise verwendet wurden.

Die angeführten Beispiele aus Einsteins frühem physikalischem Werk erwecken den Eindruck, daß durch seine Methodologie doch nicht jener Bruch hindurchgeht, wonach der junge Theoretiker aufgrund des Einflusses durch die herrschende Wissenschaftsphilosophie als Phänomenalist, Operationalist oder Positivist zu charakterisieren ist, während mit der Wende zur Allgemeinen Relativitätstheorie der kritische Realismus, das Objektivitätsbewußtsein und der spekulative Sinn zum Tragen kommen, die den späten

---

20 A. Einstein: Zum gegenwärtigen Stand des Strahlungsproblems, Phys. Zs. 10 (1909), S. 185–193.
21 M. Planck: Die Gesetze der Wärmestrahlung und die Hypothese der elementaren Wirkungsquanten, in: ders.: Die Theorie der Strahlung und der Quanten, Halle 1913, S. 77–94.
22 A. Einstein: Autobiographisches, a.a.O., S. 19.

Denker kennzeichnen. Dieser vermeintliche Umschwung in der erkenntnistheoretischen Position wurde zumeist nicht nur konstatiert, sondern auch negativ vermerkt, vielleicht sogar oft insgeheim mit dem Scheitern von Einsteins spätem feldtheoretischen Programm verbunden. In dieser negativen Weise nahm es vor allem Bridgman auf:

> „In seiner Überzeugung von der Möglichkeit, jedes spezielle Koordinatensystem zu überwinden, in seiner Überzeugung, daß er hier einen Weg zum Erfolg eingeschlagen hat, und schließlich in seiner Behandlung des physikalischen Vorgangs als eines elementaren und nicht weiter analysierbaren hat er in die allgemeine Relativitätstheorie gerade jenen unkritischen, vor-Einsteinschen Gesichtspunkt gebracht, von dem er uns in seiner speziellen stark überzeugt hat, er enthalte die Möglichkeit des Mißerfolges."[23]

In der gleichen Weise sehen es aber auch heute noch viele Theoretiker:

> „Der Begründer der ‚dualistischen' Betrachtungsweise war Albert Einstein, und zwar der junge Einstein, der nicht spekulierte wie in späteren Jahren, sondern mit ungeheurem Scharfsinn die Erfahrung analysierte und daraus unwiderlegliche Folgerungen zog."[24]

Ist diese These vom methodologischen Bruch wirklich korrekt? Es ist wahr, die ersten fünf Paragraphen des Aufsatzes „Zur Elektrodynamik bewegter Körper", der sog. kinematische Teil seiner grundlegenden Arbeit zur speziellen Relativitätstheorie, weisen eine operationalistische Sprache auf. Aber in der kurzen Einleitung teilt uns Einstein einiges über seine heuristischen Prinzipien mit, das eine ganz andere Erkenntnishaltung verrät. Ihn störten vor allem Asymmetrien in der Maxwell-Theorie, die kein Gegenstück in der Erfahrung zu haben scheinen und die auftauchen, wenn man die Theorie auf bewegte Systeme überträgt. Das ist der Fall bei der Wechselwirkung zwischen einem Magneten und einem Leiter, wo trotz gleicher relativer Bewegungssituation die Theorie eine andere Antwort gibt, je nachdem, ob der Magnet oder der Leiter relativ zum absoluten Raum, hier repräsentiert durch den Äther, ruht oder nicht. Zwar führt er auch ein Experiment, nämlich die gescheiterten Versuche, „eine Bewegung der Erde relativ zum ‚Lichtmedium' zu konstatieren"[25], als Grund für die Vermutung an, daß weder in der Mechanik noch in der Elektrodynamik ein absolutes Bezugssystem ausgezeichnet werden kann. Entscheidend ist jedoch der Schritt, in dem Einstein die Vermutung, daß die Grundgesetze beider fundamentalen physikalischen Disziplinen in allen zueinander gleichförmig bewegten Bezugs-

---

23 P. W. Bridgman: Einsteins Theorien vom methodologischen Gesichtspunkt, in: P. A. Schilpp (Hrsg.): Albert Einstein, a.a.O., S. 242.
24 M. Born/W. Biem: Dualismus in der Quantentheorie, Phil. Nat. **10**, 4 (1968), S. 411.
25 A. Einstein: Zur Elektrodynamik bewegter Körper, in: ders.: Das Relativitätsprinzip, Darmstadt 1974, S. 26. — Historisch genaue Analysen haben ergeben, daß es nicht das Michelson-Experiment war, das hier die entscheidende heuristische Rolle gespielt hat, sondern daß Einstein an das Phänomen der Aberration und Fresnels Mitführungshypothese gedacht hat. Vgl. G. Holton: Einstein, Michelson and the 'Crucial' Experiment, Isis **60** (1969), S. 133–197.

systemen gelten, zum Prinzip erhebt und daraus zusammen mit dem Postulat von der bezugssystemunabhängigen Vakuumlichtgeschwindigkeit eine neue widerspruchsfreie Elektrodynamik deduktiv aufbaut. In der Retrospektive hat Einstein seinen Ansatz als Lösung eines logischen Dilemmas rekonstruiert.[26] Drei Annahmen sind miteinander logisch unvereinbar:

(1) Die Koordinaten zweier Inertialsysteme werden durch die Galilei-Transformation umgerechnet.
(2) Die Gesetze sind unabhängig von der Wahl des Inertialsystems.
(3) Die Lichtgeschwindigkeit besitzt in jedem Inertialsystem den gleichen, konstanten Wert.

Wie man weiß, bestand seine Lösung des Dilemmas darin, Annahme (1) zu verändern und anstelle der Galilei- die Lorentz-Transformation zu verwenden. Dies verlangte, da die Elektrodynamik von sich aus schon Lorentz-invariant ist, noch eine Umgestaltung der Mechanik: Hier waren es in erster Linie Symmetrieüberlegungen zu einer einheitlichen Transformationsgruppe, der die Grundgesetze der beiden fundamentalen physikalischen Disziplinen genügen sollten; im Gefolge dieser Symmetrieüberlegungen traten dann Konsequenzen auf, die sich auf der Phänomen-Ebene prüfen ließen.

„Bei der gegebenen physikalischen Interpretation von Koordinaten und Zeit bedeutet dies nicht etwa nur einen konventionellen Schritt, sondern involviert bestimmte Hypothesen über das tatsächliche Verhalten bewegter Maßstäbe und Uhren, die durch Experimente bestätigt bzw. widerlegt werden können."[27]

Methodisch bestand Einsteins Verfahren der Theorienkonstruktion also in einer postulatorischen Setzung von intuitiv gar nicht evidenten Prinzipien (vor allem (3) läuft jeder unmittelbaren Einsicht zuwider) und der anschließenden Ausarbeitung deduktiver Konsequenzen, die er um des besseren Verständnisses willen, aus didaktischen Gründen also, in die operationale Sprechweise kleidet. Für die letzte Behauptung kann zuerst einmal der psychologische Grund angeführt werden, daß es naheliegend ist, derart ungewohnte Zusammenhänge über altvertraute Begriffe wie Raum und Zeit in eine möglichst anschauliche und leicht vorstellbare Form zu bringen. Daß es sich beim kinematischen Teil von Einsteins großer Arbeit zur speziellen Relativitätstheorie um eine didaktische Einkleidung handelt, läßt sich aber auch inhaltlich stützen dadurch, daß der Gesamtgehalt der speziellen Relativitätstheorie ohne Sinnverlust in eine nicht-operationale Sprache übertragbar ist.[28] Wäre eine solche Umformulierung nicht möglich, wäre also die operationale Sprechweise ein uneliminierbarer Bestandteil des physikalischen Gehaltes, so würde daraus ein schweres Hindernis für die Anwendbarkeit der Theorie resultieren. Sie wäre nämlich nur anwendbar auf eine Welt, in der es allerorts verteilte

---

26 A. Einstein, Autobiographisches, a.a.O., S. 21.
27 A. Einstein: Autobiographisches, a.a.O., S. 21.
28 Vgl. W. Rindler: Special Relativity, Edinburgh 1960.

Beobachter mit starren Stäben und isochronen Uhren gäbe, eine Welt, die sich sicherlich wesentlich von der, in der wir uns befinden, unterscheidet. In der Tat, so zeigte sich später, kann man aber ohne weiteres über die Gleichzeitigkeit von Ereignissen hier und etwa auf dem Sirius reden, ohne einen Beobachter, der auf dem Sirius sitzt und dort Lichtblitze aussendet, einzuführen, von dessen Existenz wir nichts wissen.[29] Als biographischen Grund für die obige Behauptung kann man die Tatsache ansehen, daß Einstein selbst Bridgmans normative Verallgemeinerung aus der didaktischen Hilfsformulierung der speziellen Relativitätstheorie abgelehnt hat:

„Damit ein logisches System als physikalische Theorie betrachtet werden könne, ist es nicht notwendig zu verlangen, daß alle ihre Aussagen selbständig ‚operationally' gedeutet und ge‚tested' werden können; dies ist de facto noch von keiner Theorie geleistet worden und kann auch gar nicht geleistet werden. Damit eine Theorie als physikalische Theorie betrachtet werden könne, ist nur nötig, daß sie überhaupt empirisch prüfbare Aussagen impliziert."[30]

Überdies haben sich später noch mehr Gründe gefunden, warum man die spezielle Relativitätstheorie nicht als Theorie ansehen sollte, deren semantischer Bezugsbereich in Maßstäben und Uhren besteht.[31] Einmal gilt die Theorie nicht nur für die Makrowelt, in der es Meßgeräte gibt, sondern auch in der Welt der Elementarteilchen, wo es aus nomologischen Gründen keine Maßstäbe und Uhren geben kann. Wenn man mit der operationalen Vorschrift ernst machte, dann müßte die Theorie sprachliche Elemente enthalten, die den Mechanismus und die Funktionen der Instrumente beschreiben können. Dies ist in der speziellen Relativitätstheorie genausowenig realisiert, wie in der Quantenmechanik, wo auch kein syntaktischer Platz für den allmächtigen Beobachter und das Instrument vorhanden ist. Dennoch enthält der Operationalismus einen berechtigten Kern: Annahmen über das Funktionieren von Geräten dienen zwar nicht dem Ausdruck dessen, was die Theorie über die Welt zu sagen hat, sind aber notwendig, wenn man jene Kausalketten verfolgt, die bei Testvorgängen ablaufen und die den Wahrheitswert von Behauptungen über den Realitätsausschnitt der Theorie fixieren. Daß die Bedeutungsfindung ein vom Prüfprogramm logisch unabhängiger Prozeß ist, hat Törnebohm sehr präzis dadurch formuliert, daß er den ontologischen Bezug als Abbildung auffaßt.[32]

---

29 J. J. C. Smart: Between Science and Philosophy, N. Y. 1968, S. 140. Zu dieser Einsicht war auch schon Reichenbach gekommen: „In einer logischen Darstellung der Relativitätstheorie kann der Beobachter völlig ausgeschaltet werden". (H. Reichenbach: Die philosophische Bedeutung der Relativitätstheorie, in: P. A. Schilpp (Hrsg.): Albert Einstein, a.a.O., S. 193).
30 P. A. Schilpp (Hrsg.): Albert Einstein als Philosoph und Naturforscher, Teil II, a.a.O., S. 504.
31 H. Törnebohm: Aspects of the Special Theory of Relativity, in: E. Laszlo and E. B. Sellon (eds.): Vistas in Physical Realism, New York 1976, S. 31–62.
32 H. Törnebohm: a.a.O., S. 32.

Eine Abbildung über den Bereich X, der Teil der Welt ist, ist eine X-ologische Abbildung; eine Abbildung über Instrumente, die Information über X hervorbringen (Meßdaten), ist eine X-ometrische Abbildung. Im Fall der speziellen Relativitätstheorie handelt es sich nun um einen Atlas von X-ologischen Karten, wo für X die raumzeitlichen Eigenschaften und Folgen von Ereignissen einzusetzen sind. Damit ist der Bereich der speziellen Relativitätstheorie in nichtoperationaler Weise fixiert, raumzeitliche Ereignisse und ihre kausalen Verknüpfungen existieren auch dann, wenn gerade kein Beobachter mit Lichtblitzen Uhren synchronisiert und starre Stäbe transportiert. Die Verwendung solcher Geräte läßt nur an bestimmten diskreten Stellen das System X-ologischer Karten als Testinstanz manifest werden. In einer objektivistischen Sprache läßt sich nun auch Einsteins in philosophischer Hinsicht revolutionärstes Ergebnis, die Relativierung des Gleichzeitigkeitsbegriffs, formulieren. Die Gleichzeitigkeit von Ereignissen a, b, c ist eine Äquivalenzrelation $G(x, y)$ derart, daß $G(a, a)$, $G(a, b) \rightarrow G(b, a)$ und $G(a, b) \wedge G(b, c) \rightarrow G(a, c)$. Die Relativierung von $G(x, y)$ besteht darin, daß die Transitivität für relativ zueinander bewegte Bezugssysteme nicht mehr gilt, bzw. auf den Fall eingeschränkt wird, da das Bezugssystem, in dem $G(a, b)$ gilt, mit dem, wo $G(b, c)$ gilt, zusammenfällt.[33] In dieser Form ist diese Aussage der Relativität der Gleichzeitigkeit zwar objektiv formuliert, aber natürlich nicht testbar, will man wissen, ob sie wahr ist, muß man sie einer geochronometrischen Reinterpretation unterziehen, in der dann etwa zur Durchführung des Experiments von Hafele-Keating ganz konkrete Typen von Atomuhren in bewegten Systemen die Rolle von Testträgern übernehmen.[34]

III. Die philosophische Behandlung theoretischer Entitäten und Einsteins wissenschaftliche Praxis

Wir sind im vorstehenden Einsteins Anweisung gefolgt, die epistemischen Grundsätze eines Physikers nicht seinen eigenen Reflexionen zu entnehmen, sondern in dieser Hinsicht seine Werke zu Rate zu ziehen. Es ist jedoch reizvoll, die darin zu Tage tretenden Erkenntnisstrukturen ebenso wie seine eigene Rekonstruktion derselben in Hinblick auf unser Grundproblem mit dem zu vergleichen, was von philosophischer Seite in jenen anni mirabiles als die genuine wissenschaftliche Methode dargeboten wurde. Dabei fällt auf, daß die Frage des Status der theoretischen Begriffe in der Frühzeit des logischen Empirismus nicht im Brennpunkt des Interesses stand.

---

33 K. R. Popper: Intellectual Autobiography, in: P. A. Schilpp (ed.): The Philosophy of Karl Popper, La Salle (Ill.) 1974, S. 77.
34 Vgl. dazu R. Sexl/H. K. Schmidt: Raum-Zeit-Relativität, Hamburg 1978, S. 39.

Zu sehr war man beschäftigt, die Loslösung der Philosophie von einer als dunkel empfundenen Metaphysik zu betreiben und dies erklärt den rigoristischen Zug der Wissenschaftsphilosophie der Vorkriegszeit; es läßt auch verständlich werden, daß die Vertreter des Wiener Kreises in ihrer frühen Zeit zwar die hochentwickelten Naturwissenschaften als Leitbild der Strenge und als Vorbild für die Konstruktion von Theorien ansahen, daß aber die Einzelwissenschaftler selbst in der eigenen Sicht und vor allem in der Praxis oft viel liberaler waren, sowohl was die Handhabung von Sinnkriterien für begriffliche Konstrukte und theoretische Aussagen als auch die Zulassung von nichtempirischen Randbedingungen bei der Auswahl von Theorien betrifft. Es ist sinnvoll, hier den Entwicklungsgang des bedeutendsten Vertreters des logischen Empirismus mit dem der methodischen Selbstreflexion Einsteins zu kontrastieren.

Man vergleiche etwa Einsteins Äußerung von 1933[35] mit dem Programm, das dem logischen Aufbau der Welt zugrunde liegt[36]:

„Wir haben nun der Ratio und der Erfahrung ihren Platz im System einer theoretischen Physik zugewiesen. Die Ratio gibt den Aufbau des Systems; die Erfahrungs-Inhalte und ihre gegenseitigen Beziehungen sollen durch die Folge-Sätze der Theorie ihre Darstellung finden. In der Möglichkeit einer solchen Darstellung allein liegt der Wert und die Berechtigung des ganzen Systems und im Besonderen auch der ihm zugrunde liegenden Begriffe und Grundgesetze. Im übrigen sind letztere freie Erfindungen des menschlichen Geistes, die sich weder durch die Natur des menschlichen Geistes noch sonst in irgendeiner Weise a priori rechtfertigen lassen."

Im ersten Fall erfolgt die begriffliche Rekonstruktion der Welt durch eine freie Wahl von Basistermen mit ihren Verknüpfungen, die im Nachhinein ihre Rechtfertigung durch die empirische Bewährung finden müssen, im anderen Fall wird eine als sicher angesehene Wahrnehmungsbasis (rock bottom of knowledge) vorausgesetzt, von der auch durch logische Konstruktionsvorschriften das gesamte höher organisierte Wissen aufgebaut werden soll. Machs Sensualismus, Russells logischer Atomismus und Wittgensteins These, daß alle komplexeren Aussagen Wahrheitsfunktionen der Elementaraussagen sind, hatten zu diesem Konzept beigetragen.[37] Erst später setzte sich im Wiener Kreis eine liberalere Form des Empirismus durch und damit auch ein anderes Verständnis der Beziehung zwischen den epistemologisch abstrakten Schlüsseltermen der wissenschaftlichen Theorien und den Begriffen der empirischen Basis, die sich auf beobachtbare Eigenschaften materialer Dinge beziehen.[38] Es bestand zwar nach wie vor das methodische Ideal

---

35 A. Einstein: Zur Methode der theoretischen Physik, in ders.: Mein Weltbild, Amsterdam 1934, S. 179.
36 R. Carnap: Der logische Aufbau der Welt, Berlin 1928.
37 R. Carnap: Intellectual Autobiography, in: P. A. Schilpp (ed.): The Philosophy of Rudolf Carnap, La Salle (Ill.) 1963, S. 57.
38 R. Carnap: Testability and Meaning, Phil. Sci. 3, 4 (1936), S. 419–471; 4, 1 (1937), S. 1–40.

der Reduktion, aber die zugelassenen Verbindungen zwischen Beobachtungsbegriffen und theoretischen wurde immer indirekter. An die Stelle der expliziten Definitionen traten die Reduktionssätze, aber auch sie reichten bald nicht mehr aus, um eine definitorische Ersetzbarkeit von theoretischen Termen zu ermöglichen. Etwas später kann man einen weiteren Schritt in Richtung der Aufwertung unbeobachtbarer Größen feststellen.[39] Carnap rekonstruiert eine wissenschaftliche Disziplin als Kalkül, dessen Axiome die Grundgleichungen dieses Gebietes sind. Er behandelt den Kalkül dann aber als nicht direkt interpretiert, sondern als Netz theoretischer Grundbegriffe, die durch Axiome verbunden werden (freely floating system). Mittels der Grundbegriffe können neue Begriffe definitorisch eingeführt werden und erst einige von diesen lassen sich mittels semantischer Regeln mit Observablen verknüpfen. Dies ist zweifellos die Vorform des Zweisprachenmodells, wo eine voll gedeutete empirische Beobachtungssprache eine theoretische Sprache, die das Netz der abstrakten Terme bildet, durch Korrespondenzregeln partiell verständlich macht.

Das Zweisprachenmodell zeigte sich schon deshalb als nicht recht tragfähig, weil die Dichotomie von Beobachtungs- und theoretischen Termen einen stark konventionellen Charakter besitzt. So führt etwa eine kontinuierliche Linie von der Betrachtung der Gegenstandswelt durch normales Fensterglas, durch Brillen mit 2 Dioptrien, durch ein normales Mikroskop zu dem Gebrauch des Elektronen- und Feldionenmikroskops, in dem sogar einzelne Atome sichtbar werden. Es ist jedoch äußerst willkürlich, den auf solche Weise beobachteten Objekten oberhalb eines bestimmten Auflösungsvermögens des Instrumentes Begriffe mit theoretischem und darunter solche mit empirischem Status zuzuordnen, zumal man bereits Elemente einer optischen Theorie braucht, um begründen zu können, daß das Sehen durch ebenes, schwach geschliffenes Glas, ja sogar das Sehen mit dem unbewaffneten Auge verläßliche Informationen über die materiale Objektwelt liefert. Aber auch aus theoretischen Überlegungen heraus ergeben sich Argumente gegen eine eindeutige Klassifikation der beiden Begriffsgruppen.[40] Die gegenwärtige Valenztheorie behauptet einen stetigen Übergang von sehr kleinen Molekülen (H_2) über mittelgroße (Fettsäuren, Polypeptide, Viren) zu extrem großen (wie Diamanten, Plastik-Polymere). Die Objekte der letzten Gruppe sind direkt beobachtbar, obwohl echte einzelne Moleküle. Mit welchem Willkürakt, so muß man fragen, könnte man eine Grenze ziehen zwischen einem großen Proteinmolekül, das man nur mit dem Elektronenmikroskop beobachten kann, und einem Polymer, das im optischen Mikroskop sichtbar

---

39 R. Carnap: Foundations of Logic and Mathematics, International Encyclopedia of Unified Science 1, 3, Chicago 1939.
40 G. Maxwell: The Ontological Status of Theoretical Entities, Minnesota Studies. Vol. III, 1962, S. 9.

ist? Hier zeigt sich die Unsinnigkeit des klassifikatorischen Schnittes wie auch der Behauptung, daß den unsichtbaren Mikrobestandteilen nur ein fiktiver, syntaktischer Auxiliarstatus zukommt, sehr deutlich.

In bezug auf Einsteins eigene Arbeit gibt es ein Beispiel, das klar die zeitliche Abhängigkeit und die geringe Tragkraft der Einteilung spiegelt. Als Einstein seine Gravitationstheorie konstruierte, gab es sicher nichts epistemisch Abstrakteres als den Riemannschen Krümmungstensor $R^{\alpha}_{\beta\gamma\delta}$. Inzwischen haben sich Methoden gefunden, die auf die gleiche Weise, wie ein elektromagnetisches Feld über die Verwendung von Probeladungen getestet d.h. mit der Beobachtungsebene gekoppelt wird, auch die Krümmungseigenschaften der Raumzeit mit unmittelbar sichtbaren Erscheinungen kausal verbindbar machen. Will man die Raumkrümmung in der Nähe eines Ereignisses wissen, beobachtet man das Verhalten zweier benachbarter Testteilchen und gewinnt über die geodätische Deviation,

$$\frac{D^2 \xi^\alpha}{D\tau^2} + R^{\alpha}_{\beta\gamma\delta} \frac{dx^\beta}{d\tau} \xi^\gamma \frac{dx^\delta}{d\tau} = 0,$$

die die Relativbeschleunigung der beiden Testteilchen beschreibt, direkt die Krümmung. Es gibt auch bereits ein eigenes Meßgerät, das Gravitationsgradiometer, mit dem man statische und langsam veränderliche Krümmungseigenschaften beobachten kann. Schnelle Veränderungen der Krümmung werden durch Gravitationswellen-Antennen getestet.[41] Sicher ist eine Reihe von theoretischen Schritten zu vollziehen zwischen der Torsion der orthogonalen Arme des Gradiometers und der Beobachtungsaussage: „Die Riemannsche Krümmung, die von einem 2 km hohen Berg in 15 km Entfernung hervorgebracht wird, ist ca. $10^{-30} cm^{-2}$". Aber diese Schritte sind grundsätzlich nicht von anderer Art als diejenigen, die zwischen einer Aussage über eine Beobachtung mit einer 2-Dioptrien-Brille und dem zugehörigen Makroobjekt liegen. In diesem Falle sind die theoretischen Schritte der geometrischen Optik zu entnehmen.

In der Mitte der 50er Jahre wurde die Überzeugung auch unter Philosophen immer stärker, daß theoretische Sätze niemals in eine Beobachtungssprache übersetzbar sind, daß man im Gegenteil die Freiheit in der Begriffsbildung und die damit verbundene erklärende und prognostische Kraft gröblichst einschränken würde[42], wollte man irgendeine Art der empiristischen sprachlichen Reduktion verlangen. So nimmt es nicht wunder, wenn man in der Spätzeit bei Carnap den Satz lesen kann: "The prodigious growth of physics since the last century depended essentially upon the possibility of referring to unobservable entities like atoms and fields."[43]

---

41 Ch. Misner et al.: Gravitation, San Francisco 1973, S. 400.
42 R. Carnap: The Methodological Character of Theoretical Concepts, Minneapolis 1956.
43 R. Carnap: Intellectual Autobiography, a.a.O., S. 80.

Es ist sicher nicht ohne Bedeutung, wenn man Einsteins Vorstellung von der Rolle der theoretischen Begriffe aus viel früherer Zeit daneben stellt: „Die logisch nicht weiter reduzierbaren Grundbegriffe und Grundgesetze bilden den unvermeidlichen, rational nicht erfaßbaren Teil der Theorie. Vornehmstes Ziel aller Theorie ist es, jene irreduziblen Grundelemente so einfach und wenig zahlreich als möglich zu machen, ohne auf die zutreffende Darstellung irgendwelcher Erfahrungsinhalte verzichten zu müssen."[44]

Liest man den etwas unscharfen Passus „rational nicht erfaßbar" im Sinne von „empirisch nicht aufbaubar, aber dennoch mit einer starken funktionalen theoretischen Rolle versehen", kommt man zu dem Schluß, daß Einstein sowohl in seiner wissenschaftlichen Praxis als auch in seiner methodologischen Reflexion den langen semantischen Liberalisierungsprozeß — allerdings ohne die notwendigen Begründungsschritte — vorweggenommen hat.

Eine der Kernfragen bei der Diskussion über den Sinn von theoretischen Begriffen betrifft die Weise, in welcher diese abstrakten Terme sich auf reale Entitäten beziehen können. Wieder war es Carnap, der hier eine folgenreiche Unterscheidung in die Diskussion einführte. Dabei betrifft diese sowohl solche nichtempirischen Entitäten, wie sie in faktischen Theorien auftauchen (z.B. Elementarteilchen, Felder) als auch die abstrakten Gegenstände der Formalwissenschaften (z.B. Klassen, Propositionen, Zahlen). Danach muß man genau zwischen zwei Arten von Existenzfragen unterscheiden; diejenigen, die mit der Einführung eines bestimmten sprachlichen Rahmens verbunden sind (sog. externe Fragen) und jene, die *innerhalb* oder genauer *nach* Zulassung einer bestimmten Sprachform vorgenommen werden (interne Fragen).[45] Ontologische Ansprüche sind nur innerhalb des Sprachrahmens validierbar, während über die Einführung des Sprachrahmens selbst nur mit pragmatischen Argumenten entschieden werden kann. Die Frage etwa, ob es in Cygnus X−1 ein schwarzes Loch gibt, ist demnach eine sinnvolle ontologische Frage, weil sie sich auf ein Element des Denotationsbereiches eines bereits eingeführten sprachlichen Rahmens bezieht, während es keine Antwort auf die Frage der Existenz der Dingwelt an sich geben kann; diese ist metaphysisch und falsch gestellt. Man kann zwar Argumente für die Einführung eines realistischen Sprachrahmens finden, diese sind aber immer nur pragmatischer und nicht kognitiver Natur. Theoretisches Wissen kann etwa die Wahl einer Dingsprache (Reismus) beeinflussen, aber es wäre ein Fehlschluß, die Effizienz und die Einfachheit und Fruchtbarkeit einer realistischen Sprechweise im Alltagsleben und in der Wissenschaft für eine Entscheidung der externen Frage nach der faktischen Wahrheit des Rahmens

---

44 A. Einstein: Mein Weltbild, a.a.O., S. 180.
45 R. Carnap: Empiricism, Semantics and Ontology, Revue Int. Phil. (Brüssel) 4, 11 (1950), S. 20−40.

selbst auszunützen. In Einklang mit Carnaps Ansatz der Toleranz gegenüber Sprachformen, aber auch deren Unentscheidbarkeit hat Quine ein klares Kriterium angegeben, mittels dessen man die Existenzvoraussetzungen einer Theorie herausfinden kann. Wenn wir die Satzformeln einer Theorie in kanonischer Notation mit Quantoren ausdrücken, dann stellt die Menge der Objekte, zu deren Existenz wir uns bekennen, den Wertebereich dar, über den die gebundenen Variablen laufen. Ontologische Fragen sind letztlich nur durch Entscheidungen zu fällen, und nur in regional abgegrenzten Bereichen haben Existenzaussagen kognitiven Sinn: ,,Über untergeordnete Theorien und ihre Ontologien zu sprechen, *ist* sinnvoll, aber nur relativ zu der Rahmentheorie mit ihrer eigenen, vorgängig angeeigneten und letztlich unerforschlichen Ontologie."[46]

In diesem relativierten Sinn war es seit dem Toleranzedikt Carnaps und Quines Freigabe ontischer Entscheidungen dem Wissenschaftler nicht mehr verwehrt, den theoretischen Termen einen Bezug zuzugestehen, der über das Sichtbare wesentlich hinausgeht.

H. Feigl wies in seiner bedeutenden Arbeit von 1950[47] deutlich auf die Überschußbedeutung (surplus meaning) hin, die ein theoretischer Begriff in der Menge der Objekte besitzt, die nicht empirisch zugänglich sind. Damit war klar, daß eine Theorie über viel mehr sprechen kann (factual reference) und die Bezugsobjekte von ganz anderer Art sein können als die Menge der Testinstanzen (empirical evidence), im Einklang mit dem im ersten Abschnitt erwähnten Grundpostulat des hypothetischen Realismus. Das klassische Beispiel hierfür sind die Aussagen über die Vergangenheit, wo das Bezugsobjekt aus nomologischen Gründen (die Welt, in der wir leben, enthält keine kausalen Schleifen) unzugänglich ist. Eine glaziologische Hypothese z.B. macht die Aussage, daß die letzte Vereisungsperiode, das sog. Gschnitz-Stadium, vor ca. 9 000 Jahren stattfand. Diese Hypothese zielt in ihrem Behauptungsgehalt auf ein längst verschwundenes Objekt, den damaligen Gletscherhochstand, wird aber durch endlich viele diskrete Beobachtungen von Gletscherschliffen und Moränenablagerungen geprüft. Natürlich muß eine kausale Verbindung zwischen den Spuren aus der Vergangenheit und dem vergangenen Ereignis selbst angenommen werden. Im Beispiel etwa ist dies die Dynamik der Moränenentstehung; diese läßt sich aber wiederum in der Gegenwart testen; denn wir können an gegenwärtig vorgehenden Gletschern das Aufschieben des Gesteins und das Entstehen von Schliffen direkt beobachten.

Aber auch über den Bereich der Vergangenheitsaussagen hinaus erwies es sich als sinnvoll, klar zwischen Referenz- und Evidenzrelation zu trennen. Hier war zweifellos Einsteins Gravitationstheorie bahnbrechend. In ihrer

---

46 W. V. O. Quine: Ontologische Relativität, Stuttgart ²1975, S. 73.
47 H. Feigl: Existential Hypotheses, Phil. Sci. 17 (1950), S. 35—62.

kosmologischen Anwendung macht sie Aussagen über die großen transempirischen Raumzeitbereiche, wird aber dann an wenigen lokalen Stellen geprüft. Gerade am Funktionieren einer solchen Theorie wird es deutlich, wie stark dabei das positivistische Gebot überschritten wird, allein das sinnlich Gegebene in die Bezugsklasse wissenschaftlicher Terme einzuschließen. Man darf allerdings den Sinn der Überschußbedeutung auch nicht überziehen. Ein mathematischer Formalismus kann ein gewisses Eigenleben entwickeln, bei dem nicht sämtliche Konsequenzen als real existent interpretierbar sind. Dies ist sicher bei den unendlich vielen Welten der Fall, die in der Folge der Extension der Reissner-Nordstrøm- und der Kerr-Metrik auftauchen.[48] Die Abgrenzung zwischen der surplus meaning und der runaway ontology eines Formalismus zu finden, ist keineswegs eine einfache Aufgabe. Hier werden sicher z.T. auch nichtempirische Kriterien philosophischer Natur maßgebend mitwirken müssen. Wenn man einmal von dieser Schwierigkeit absieht, nimmt es nicht wunder, wenn Einstein zur Zeit der Konstruktion seiner Allgemeinen Relativitätstheorie mit ihrem großen Bestand an theoretischen Begriffen (Metrik, Affinitäten, Krümmungsausdrücken) auch in seinem erkenntnistheoretischen Selbstverständnis jene deutliche Wendung zum hypothetischen Realismus mitmacht, der seiner wissenschaftlichen Praxis schon von jeher entsprach.[49] Der Sachzwang, der bei der Konstruktion der Allgemeinen Relativitätstheorie zur immer stärkeren Verwendung von epistemisch abstrakten Objekten führte, hat sicher auch Einsteins metatheoretische Reflexionen beeinflußt, wie etwa schon in seiner Stellungnahme zu Mach (1922) sichtbar wird:

"Mach's system studies the existing relations between data of experience; for Mach, science is the totality of these relations. That point of view is wrong, and, in fact, what Mach has done is to make a catalogue, not a system."[50]

Einstein verhält sich hier deutlich ablehnend gegenüber Machs Deskriptivismus; dessen Erkenntnisideal der universellen Zustandsbeschreibung ist ja nicht in erster Linie durch nomologische Grundstrukturen, sondern durch eine vollständige Aufzählung von Ereignissen gekennzeichnet, aus denen die Gesetzesmuster, welche die Ereignisabläufe regieren, auf keinen Fall entnommen werden können. Der Grund für das damals vorherrschende Ideal der vollständigen und ökonomischen Beschreibung lag in der für notwendig erachteten Beschränkung auf Beobachtungsbegriffe; fast alle Gesetze aber,

---

48 Vgl. S. W. Hawking/G. F. R. Ellis: The Large-Scale Structure of Spacetime, Cambridge 1973, S. 149 ff.
49 G. Holton: Einstein, Mach and the Search for Reality, Daedalus 97 (1968), S. 636–673.
50 A. Einstein: Theory of the affine field, Nature 112 (1923), S. 448–449. Vgl. dazu auch seinen Beitrag zu „Théorie de la relativité". Soc. franç. phil. Bull. 22 (1923), S. 111 ff.

mit Ausnahme der niedrigstrangigen empirischen Generalisationen, enthalten bereits theoretische Elemente. Es ist bemerkenswert, daß zu einer Zeit, da die Wissenschaftsphilosophie sich noch allergrößte Mühe mit der Elimination der theoretischen Entitäten gab, Einstein deren unverzichtbaren Status bereits lange eingesehen hatte: „Demgegenüber sehe ich keine ‚metaphysische' Gefahr darin, das Ding (Objekt im Sinne der Physik) als selbständigen Begriff ins System aufzunehmen in Verbindung mit der zugehörigen Zeit-räumlichen Struktur."[51]

Natürlich haben Einsteins Argumente nie die ausgefeilte Form der erkenntnislogischen Deduktionen, wie sie später von Philosophen durchgeführt worden sind, aber immerhin ist es bemerkenswert, daß er in seiner intuitiven Weise durchaus auf dem richtigen Weg war.

Erst relativ spät wurde klar, daß die Verfahren von Ramsay[52] und Craig[53] doch nicht in der Lage sind, eine ontologische Entscheidung über die Existenz unbeobachtbarer *Entitäten* herbeizuführen, auch wenn mit bestimmten Einschränkungen theoretische *Terme* eliminiert werden können.[54] Man kann dies einsehen, wenn man einmal die bereits als zweifelhaft erkannte Trennung des Vokabulars V einer Theorie T in einen theoretischen V_T und einen Beobachtungsteil V_0 voraussetzt. Wenn A die Axiomenmenge von T ist, dann kann man die Konjunktion der Axiome von A als Satz der Form $F(\Phi_1, \Phi_2, \ldots \Phi_n)$ ansehen, wobei die Φ die theoretischen Prädikate von A sind, also zu V_T gehören. Will man nicht über Prädikate quantifizieren, kann man den Satz auch in der mengentheoretischen Schreibweise als $F'(K_1, K_2, \ldots K_n)$ schreiben, wobei die K_i eine Klasse von m-tupeln bilden, von denen das m-stellige Prädikat Φ_i wahr ist. Das Ramsay-Verfahren besteht nun darin, $F'(K_1, K_2, \ldots K_n)$ durch $\exists X_1, \exists X_2, \ldots \exists X_n F'(X_1, X_2, \ldots X_n)$ zu ersetzen, wobei die Konstanten $K_1 \ldots K_n$ zugunsten gebundener Variablen verschwunden sind. In einem solchen Ramsay-Satz von T wird z.B. nicht mehr das Prädikat $\Phi_K =$ „ist ein Elektron" verwendet bzw. $K_k =$ „die Klasse der Elektronen", sondern nur der Ausdruck „es gibt ein X_k derart, daß ...". Hierdurch wird nun V_T eliminierbar, an die Stelle einer Theorie über Elektronen (z.B. Dirac-Theorie) tritt eine Ersatztheorie über abstrakt gekennzeichnete Klassen von Dingen, so daß die Relationen zwischen den konkreten Elementen und die zwischen den abstrakten Klassen

---

51 A. Einstein: Bemerkungen zu Bertrand Russells Erkenntnis-Theorie, in: P. A. Schilpp (ed.): The Philosophy of Bertrand Russell, La Salle (Ill.) 1971, S. 290.
52 F. P. Ramsay: Foundations of Mathematics, London ²1978, S. 233–241.
53 W. Graig: Replacement of Auxiliary Expressions, Phil. Rev. 65 (1956), S. 38–55.
54 C. G. Hempel: The Theoretician's Dilemma, Minnesota Stud. Phil. Sci., Vol. II, Minneapolis 1958, S. 37–98; G. Maxwell: The Ontological Status of Theoretical Entities, Minnesota Stud. Phil. Sci., Vol. III, Minneapolis 1962, S. 3–27; J. J. C. Smart: Between Science and Philosophy, New York 1968, S. 145. Wir folgen hier dem Gedankengang Smarts.

isomorph aufeinander abgebildet werden können. Dennoch bleibt es dabei, daß, wenn die ursprünglich realistisch formulierte Theorie über die Existenz von Elektronen redete, dem ein Ramsay-Pendant von der Form „... $\exists K_k$ ... $(\exists X)$ $X \in K_k$" entspricht, das dieselbe ontologische Last trägt. Damit kann der Ramsay-Satz ebenso wie auch die Originaltheorie instrumentalistisch oder mit existentiellem Anspruch gedeutet werden: "The device of the Ramsay sentence cuts no metaphysical ice one way or the other."[55]

Für das Craig-Theorem, bei dem eine Theorie T durch eine andere T' ersetzt wird, die nichts von dem Vokabular von T enthält, sondern nurmehr über sprachliche Ausdrücke von T redet, gilt eine ähnliche ontologische Indifferenz. Abgesehen von der praktischen Schwierigkeit, daß die empirische Äquivalenz von T und T' nur dann vorhanden ist, wenn man in T' unendlich viele Axiome verwendet, besteht noch der grundsätzliche Einwand, daß beide Eliminationsmethoden nur auf bereits existierende Theorien angewendet werden können. Es müssen also zuerst Theorien *mit* theoretischen Termen *und* Bezug auf unbeobachtbare Entitäten geschaffen werden, um dann durch eines der logischen Verfahren in eine phänomenalistische Vorhersagemaschine verwandelt zu werden. Selbst wenn man dieses Verfahren bei allen hochentwickelten Theorien, so wie etwa den Relativitätstheorien, für möglich hielte, so bliebe immerhin doch der Erfolg der entsprechenden Ersatztheorien T' nicht weiter hinterfragbar. Niemand könnte die Frage beantworten, *warum* eine bestimmte black box-Verknüpfung T' von Datenmengen erfolgreich ist; die naheliegende realistische Antwort, daß das deshalb der Fall ist, weil die Objekte, über die T redet, existieren, ist dem Phänomenalisten ja verwehrt.

Einstein hat ja glücklicherweise alle diese Umwege der „Theoriendemontage" nicht mitgemacht und ist auf einem ziemlich direkten Weg zu der erkenntnistheoretischen Überzeugung durchgedrungen, daß es keinen metaphysischen Schaden stiftet, wenn man theoretischen Termen eine reale Bedeutung zubilligt.[56]

Nun sollte man allerdings noch den Einwand bedenken, daß Einstein sich gerade mit diesem erkenntnistheoretischen Ansatz in ein Forschungsprogramm hineinmanövriert hat, das sich trotz aller Anstrengungen in seinen späten Jahren als eine wissenschaftliche Sackgasse entpuppt hat. Seine Einwände gegen die Quantenmechanik, die in der späteren Zeit nicht mehr die Konsistenz, wohl aber die Vollständigkeit der Theorie betrafen, sind eindeutig mit dem Realitätskriterium forschungslogisch verbunden, wie er es am deutlichsten in seiner Arbeit mit Podolsky und Rosen formuliert hat.[57] Weil

---

55 J. J. C. Smart, a.a.O., S. 147.
56 A. Einstein: Physik und Realität, Journal of the Franklin Institute 221, 3 (1936), S. 313–347, v. a. § 1.
57 A. Einstein/B. Podolsky/N. Rosen: Can quantum-mechanical description of physical reality be considered complete? Phys. Rev. 47 (1935), S. 777–780.

die Quantenmechanik nur als statistische Theorie über Ensembles deutbar ist, nicht aber als vollständige Theorie der Einzelvorgänge, er den Weg der verborgenen Parameter aber nicht gehen wollte, blieb nur das Programm einer einheitlichen Feldtheorie, das nach fast durchgängiger Auffassung der heutigen Theoretiker jedoch unerfüllbar ist. War deshalb, so muß man fragen, Einsteins erkenntnistheoretischer Ansatz mit dem eingeschlossenen ontologischen Anspruch, den er bis zuletzt aufrechterhielt, eine irreführende Leitidee? Nun, die Wende in der Deutung der Quantenmechanik in der Mitte der 60er Jahre hat er nicht mehr erleben können. Hier wurde von philosophischer Seite[58], aber auch von Physikern[59] gezeigt, daß die Quantenmechanik ohne Eingriff in ihre formale Struktur und ohne Verlust in bezug auf ihre Aussagekraft ebensogut auch in eine realistische Wissenschaftsphilosophie einbettbar ist, ohne daß allerdings ihr grundlegender probabilistischer Charakter verändert worden wäre. Dabei gehen diese Ansätze von einem objektiven Wahrscheinlichkeitsverständnis aus, das gewährleistet, daß sich die Quantenrevolution zwar in nomologisch-objektwissenschaftlicher Hinsicht, nicht aber in epistemischer Beziehung abgespielt hat. Die von der Kopenhagener und der orthodoxen Interpretation befürwortete und von Einstein so vehement abgelehnte idealistische Wende in der Erkenntnistheorie der Quantenmechanik ist also demnach nicht konstitutiv mit dem Aussagegehalt der Theorie verknüpft.

In den zahlreichen Analysen der Einsteinschen Wissenschaftsphilosophie wurde sehr oft bemerkt, daß seine Auffassung zu keinem Zeitpunkt so homogen und so logisch kohärent war, daß man sie eindeutig mit einem scharf definierten „ismus" abkürzen könnte. Daß dies auch für seine explizit transphänomenalistische Phase zutrifft, zeigen Äußerungen, die über einen semantischen Realismus, wie er im Postulat des 1. Abschnitts definiert wurde, wesentlich hinausgehen.

„Nach unserer bisherigen Erfahrung sind wir nämlich zu dem Vertrauen berechtigt, daß die Natur die Realisierung des mathematisch denkbar Einfachsten ist. Durch rein mathematische Konstruktion vermögen wir nach meiner Überzeugung diejenigen Begriffe und diejenige gesetzliche Verknüpfung zwischen ihnen zu finden, welche den Schlüssel für das Verstehen der Naturerscheinungen liefern. In einem gewissen Sinne halte ist es also für wahr, daß dem reinen Denken das Erfassen des Wirklichen möglich sei, wie es die Alten geträumt haben."[60]

Dieser Passus suggeriert eine quasiplatonistische Ontologie, wie man sie charakteristischerweise auch beim späten Heisenberg findet. Der Zusatz

---

58 K. R. Popper: Quantum Mechanics without the observer, in: M. Bunge (ed.): Quantum Mechanics and Reality, New York 1967; M. Bunge: Philosophy of Physics, Dordrecht 1974.
59 G. Ludwig: Zur Deutung der Beobachtung in der Quantenmechanik, in: L. Krüger (Hrsg.): Erkenntnisprobleme der Naturwissenschaft, Köln 1970, S. 428–434.
60 A. Einstein: Mein Weltbild, a.a.O., S. 183.

"quasi" ist wichtig, weil keiner der beiden großen Theoretiker auf der Suche nach einer einheitlichen Rekonstruktion der Natur letzten Endes auf eine Validierung durch die Erfahrung verzichten konnte und wollte. Der hier zum Ausdruck kommende Rationalismus betrifft die Überzeugung von der Existenz einer letztlich einfachen mathematischen Grundstruktur der Welt, welche mit ausreichend schöpferischer formaler Phantasie für den Menschen auch erfaßbar ist. So spiegelt sich in dem obigen Zitat nicht ein Apriorismus wider, der die methodologische Unabhängigkeit einer bestimmten synthetischen Satzklasse von Testbarkeitsforderungen verteidigt, sondern die ontologische Überzeugung von einer gesetzesartigen Strukturiertheit des Universums, dessen Komplexitätsgrad im Prinzip immer noch eine Rekonstruktion seiner fundamentalen Muster durch Gesetzesformeln erlaubt. Es ist naheliegend, daß für die Konstruktion einer unitären Theorie der Materie, sei es auf dem reinen feldtheoretischen, sei es auf dem quantenfeldtheoretischen Wege, eine besonders starke ontologische Voraussetzung über die nomologische Strukturiertheit der Natur gemacht werden mußte.

Findet so diese rationalistische Komponente der Einsteinschen Epistemologie einen natürlichen Platz in einer analytischen Konzeption von Wissenschaft, zumal auch keine synthetische Erkenntnis a priori zugelassen wird, so steht es etwas anders mit seinem im Zusammenhang mit seiner einheitlichen Feldtheorie geäußerten neoleibnizianischen Ziel, nicht nur das Grundgesetz der Natur mathematisch zu rekonstruieren, sondern zugleich zu verstehen, warum die Natur diese und keine andere Struktur besitzt.[61] Das Erstreben dieses Ziels wird gelegentlich mit bestimmten religiösen Basisüberzeugungen Einsteins in Verbindung gebracht.[62] Aber es läßt sich auch ein durchaus verständlicher säkularer Sinn aus dieser Absicht herausschälen. Wenn es tatsächlich auf irgendeinem Wege gelänge, eine Theorie zu finden, die alle Wechselwirkungen umfaßt, so wäre diese fundamentale Dynamik zwar in der Lage, alle Teilprozesse der Natur auf hypothetisch-deduktivem Wege zu erklären, aber es bestünde keine Möglichkeit, das Grundgesetz der Fundamentaltheorie noch einmal zu hinterfragen, um eine Antwort auf die Frage zu finden, warum die Natur ausgerechnet diese und keine andere Grundstruktur besitzt — es sei denn, man gäbe sich mit "anthropischen" Antworten vom Dicke-Carter-Wheeler-Typ zufrieden, wonach das kognitive Element selbst und deshalb der Mensch die Erklärung für das Regieren einer bestimmten nomologischen Strukturiertheit bietet. Will man nicht Zuflucht zu einer solchen idealistischen Umkehrung der Erklärungsrichtung nehmen, und es gibt gute Gründe, es nicht zu tun[63], dann wird man

---

61 A. Einstein: Über den gegenwärtigen Stand der Feldtheorie. Festschrift für Aurel Stodola, Zürich 1929, S. 126–132.
62 G. Holton: Mach, Einstein and the Search for Reality, a.a.O., S. 659.
63 B. Kanitscheider: Probleme und Grenzen eines naturalistischen Weltbildes. Unveröff. Mskr.

zu dem Schluß kommen, daß eine vollständige Reduktion des kontingenten Elements in der Erkenntnis — die die Randbedingungen und die Gesetze des Universums als logische Notwendigkeit erweisen müßte — unmöglich ist. Wenn so auch Einsteins höchstes wissenschaftliches Ziel aus erkenntnislogischen Gründen unerreichbar erscheint, so bedeutet dies jedoch nicht, daß Reduktion von Kontingenz, wachsende Nomologisierung und das Bestreben, so weit als möglich die Erklärungshierarchie zurückzuverfolgen, nicht ein fruchtbares Forschungsprogramm darstellen.

In der Gegenwart ist das Verständnis für ein so hohes Erkenntnisideal der Wissenschaft nicht überall vorhanden. Sie wird unter viele pragmatische Zwänge gesetzt; technische Nutzbarkeit, ökonomische Dienlichkeit für gesellschaftliche Interessen, instrumentelle Auswertbarkeit für die menschliche Orientierung werden von den Ergebnissen verlangt. Das reine kognitive Ziel zu verstehen, warum die Natur gerade so nomologisch strukturiert ist, wie wir sie vorfinden, wird als esoterischer epistemischer Luxus bezeichnet, der nicht mit den Interessen der menschlichen Lebenswelt verknüpft ist. Ein Rückblick auf Einsteins Erkenntnishaltung lehrt, daß die größten geistigen Errungenschaften gerade nicht unter einer solchen pragmatischen Restriktion und kognitiven Amputation zustandegekommen sind und daß die engeren Ziele der pragmatisch-technisch-lebensdienlichen Nutzbarkeit nur dann von der Wissenschaft wirklich erfolgreich angesteuert werden können, wenn sie nicht als Motive bei der Suche nach den fundamentalen Gesetzesstrukturen der Natur wirken.

Einsteins Bedeutung in Physik, Philosophie und Politik

Carl Friedrich v. Weizsäcker

Stellen wir uns vor, es werde in einigen Jahrtausenden noch Menschen geben, die sich für die dann lange vergangenen Phasen menschlicher Geschichte interessieren, und fragen wir, welcher Name unseres Jahrhunderts die beste Chance habe, ihnen noch bekannt zu sein. Gewiß hat uns Zeitgenossen die Politik am meisten geschüttelt. Aber ihre Krisen und deren Träger werden dereinst überschattet sein von den Krisen und, wenn Gnade uns beisteht, Lösungen, die jetzt auf uns zukommen. Sollten Lösungen gefunden werden, so werden der Zukunft unsere radikalen Politiker zu inhuman, unsere humanen Politiker nicht radikal genug scheinen; vielleicht wird von den Großen unseres Jahrhunderts nur Gandhi vor ihrem Urteil bestehen. An die Kunst unserer Zeit wird man sich vielleicht als an einen Seismographen unserer Erdbeben erinnern. Die Erdbeben werden ausgelöst durch den technischen Fortschritt, und dieser ist ermöglicht durch die Wissenschaft. Die Wissenschaft ist jedoch am größten, und auch letztlich am wirksamsten, wo sie nicht technische Weltveränderung, sondern Wahrheit sucht. Der berühmteste Wissenschaftler unseres Jahrhunderts aber ist Einstein.

Würden auch wir Wissenschaftler unter uns ihn so als unseren Repräsentanten anerkennen? Betrachten wir seinen außerordentlichen Ruhm als verdient? Als Physiker hat er eine Chance, denn die Naturwissenschaft ist unter den Wissenschaften der erste Träger des neuen Weltbildes, und die Physik ist die Grunddisziplin der Naturwissenschaft. Die Physik hat im Anfang unseres Jahrhunderts zwei revolutionäre Schritte getan, die Relativitätstheorie und die Quantentheorie. Die eine der beiden Theorien ist Einsteins Werk, an der anderen war er in ihrer ersten Phase neben Planck und Bohr gleichrangig beteiligt. Einstein ist vielleicht auch deshalb der würdige Repräsentant unserer Zunft, weil er im Grunde dieser Zunft nie ganz angehört hat. Auf seine Umwelt wirkte er als naives Genie. Dabei war eben seine Naivität, die Natürlichkeit seiner Fragen, der Kern seiner Genialität. Er stellte jede Frage direkt, gewiß nicht in Verachtung des Wissens der Zunft, aber nie aus dem gängigen Schema der Fragen der Zunft heraus. Antworten konnten auch andere, er war ein Meister des Fragens. Und ein gleichsam unbewußter Meister: Er konnte nicht anders als direkt fragen.

Die Herausgeber dieses Bandes haben mir das Thema als Aufgabe gestellt; ich habe die Formulierung nur unerheblich verändert. Es handelt sich nicht darum, seine Arbeiten im einzelnen zu würdigen, sein Leben nachzuerzählen, sondern zu verstehen, wie sie die geistige Bewegung seines Jahrhunderts teils tragen, teils spiegeln. Unter diesem Aspekt möchte ich nun zunächst die Trennung zwischen Physik und Philosophie aufheben. Einstein war Physiker und nicht Philosoph. Aber die naive Direktheit seiner Fragen war philosophisch. Im angestrengten, aber doch glatten Gang der Wissensakkumulation durch „normale Wissenschaft" ist das Philosophieren ein Störfaktor, denn, wie Kuhn sagt, diese Wissenschaft folgt jeweils einem Paradigma, das nicht in Frage zu stellen für sie zu den Erfolgsbedingungen gehört. In den Krisen und ihren revolutionären Lösungen aber ist die Frage unerläßlich: „Was meinen wir eigentlich mit dem, was wir sagen?", und das ist, wie Sokrates uns gelehrt hat, die philosophische Frage. Es gilt aber auch das Umgekehrte. Nicht nur bedarf die wissenschaftliche Zunft der Erschütterung durch philosophisches Fragen, ebenso bedarf die philosophische Zunft der Erschütterung durch wissenschaftliche Antworten. Ich erinnere mich noch aus meiner Jugend, wie der Apriorismus der akademischen Philosophie durch die Relativitätstheorie herausgefordert und für die, welche sehen konnten, zerschmettert wurde. Weniger historisch erfolgreich, aber ebenso bedenkenswert ist die tiefe Fremdheit des reifen Einstein gegen die seitdem siegreiche empiristische Wissenschaftstheorie. Allenfalls der philosophische Realismus hat ein, freilich beschränktes, Recht, sich auf Einstein zu berufen. Wir werden allen diesen Fragen begegnen, wenn wir Einsteins großen wissenschaftlichen Schritten folgen.

Die spezielle Relativitätstheorie hat Einstein wie eine reife Frucht gepflückt. Der Ursprung der Frage war eine Erfahrung: der Michelson-Versuch. Die mathematische Beschreibung dieser Erfahrung haben Lorentz und Poincaré geleistet. Einsteins Beitrag war, technisch gesehen, die simple Herleitung der Lorentz-Transformation aus zwei ganz allgemeinen Postulaten. Etwas philosophischer kann man sagen: Einstein erntete den verdienten Ruhm für die Entdeckung, daß diese Transformation nicht eine Komplikation, sondern eine Vereinfachung war, nicht ein Problem bedeutete, sondern die Lösung eines Problems, das die Physiker vorher gar nicht als Problem verstanden hatten.

Das Problem der Relativität der Bewegung war freilich den Philosophen seit der Antike klar. Aristoteles vermied kunstreich die Nötigung zur Einführung des Raumbegriffs, indem er Ort und Ortsveränderung eines Körpers nur relativ zu anderen Körpern definierte; ein Verfahren, das in einer endlichen Welt, in deren Mitte die Erdkugel steht, zum Ziel führt. Die in der Neuzeit wieder aufgenommene Lehre der Atomisten von der unendlichen Welt ließ das Problem wiederentstehen. Newton schlug als Lösung die von ihm erfundene metaphysische Entität des absoluten Raumes vor. Es ist bewundernswert, mit welchem Respekt Einstein von diesem Lösungsversuch Newtons spricht. Einstein gehörte zu jenen seltenen Revolutionären, die wirklich etwas verändern; sie können es, weil sie die innere Logik der vorangegangenen Lösung begriffen haben, die zu überwinden ihr Schicksal ist. Einstein folgte aber nicht einfach dem mechanischen Relativismus, den Leibniz und Mach gegen Newton ins Feld geführt hatten. Er blieb dem physikalischen Problem seiner Zeit treu. In der Optik und Elektrodynamik hatten die Physiker ein materielles Substrat, den Äther, postuliert, das für das Problem der Relativität der Bewegung eine auch im unendlichen Weltall mögliche Wiederherstellung der (ihnen freilich kaum mehr bekannten) aristotelischen Lösung versprach. Vielleicht heißt mechanische Bewegung eigentlich Bewegung gegen den Äther? Diese Lösung zerstörte der Michelson-Versuch, und deshalb erschien er als Kalamität. Einstein wagte zunächst, dieses Ergebnis als Geschenk anzunehmen, den Äther als Scheinlösung eines Scheinproblems zu verwerfen, und zur Relativität der Bewegung zurückzukehren. Aber die Erfahrung der Nahewirkung, schärfer gesagt der Konstanz der Lichtgeschwindigkeit, stellt ihn nun vor ein anderes Problem, das außer Kant wohl noch niemand auch nur erwogen hatte, das der Relativität der Gleichzeitigkeit. Kant[1] führte das „Zugleichsein" entfernter Ereignisse auf die Wechselwirkung zurück, die er als Fernwirkung verstand. Einstein (der diesen Passus bei Kant schwerlich gekannt hat) löste dasselbe Problem, dem Wissen seiner Zeit gemäß, umgekehrt auf: da Wechselwirkung mit endlicher Geschwindigkeit fortschreitet, ist Gleichzeitigkeit entfernter Ereignisse möglicherweise kein objektiver Tatbestand. Ihre in der Lorentz-Transformation enthaltene Relativität ist nun keine Kalamität mehr, sondern die Lösung eines zuvor gar nicht gesehenen Problems.

Was ist, erkenntnistheoretisch gesehen, hier geschehen? Einstein hat eine Forderung an die Theorie gestellt und eingelöst, die man die Forderung semantischer Konsistenz nennen kann. Heisenberg hatte in einem ihm denkwürdigen Gespräch[2] mit Einstein 1925 angenommen, Einstein habe so, wie er selbst in seiner damals neuen Arbeit zur Quantenmechanik, die Beschränkung der Theorie auf beobachtbare Größen gefordert. Einstein korrigierte ihn mit dem Satz „Erst die Theorie entscheidet darüber, was man beobachten kann." Die Theorie muß die Erfahrung, die ihren mathematischen Grössen erst einen physikalischen Sinn gibt, so interpretieren, daß die interpretierte Erfahrung nunmehr — wenn die Theorie richtig ist — den Gesetzen der Theorie genügt; erst diese Forderung gestattet die empirische Überprüfung der Theorie. In diesem Sinne spricht Einstein in seinen späteren Jahren von theoretischen Begriffen als freien Schöpfungen des Menschen, so z. B.: „Das Begriffssystem ist eine Schöpfung des Menschen samt den syntaktischen Regeln, welche die Struktur der Begriffssysteme ausmachen. Die Begriffssysteme sind zwar an sich logisch gänzlich willkürlich, aber gebunden durch das Ziel, eine möglichst sichere (intuitive) und vollständige Zuordnung zu der Gesamtheit der Sinnen-Erlebnisse zuzulassen; zweitens erstreben sie mög-

---

1 Kritik der reinen Vernunft, A 211 f., B 256 f.
2 W. *Heisenberg*, Der Teil und das Ganze, München 1969, S. 92.

lichste Sparsamkeit in bezug auf ihre logisch unabhängigen Elemente (Grundbegriffe und Axiome) d. h. nicht definierte Begriffe und nicht erschlossene Sätze."[3]

In direkter Einfachheit fassen diese Sätze die methodologische Erfahrung eines Forscherlebens zusammen und distanzieren diese Erfahrung von den Meinungen aller philosophischen Schulen. Einsteins Auffassung ist nicht aprioristisch: die Begriffssysteme sind ihm „an sich logisch gänzlich willkürlich". Sie ist nicht im traditionellen Sinne empiristisch: die Übereinstimmung mit der Erfahrung ist zwar ein nachträgliches Kriterium, aber nicht der Ursprung der Begriffe. Sie ist nicht realistisch im üblichen Sinne, denn eine „reale Außenwelt" wird hier nicht vorausgesetzt, sondern nur „die Gesamtheit der Sinnen-Erlebnisse"; auf ihr Verhältnis zum Realismus komme ich später zurück. Sie ist nicht konventionalistisch: die Begriffssysteme sind „an sich willkürlich, aber gebunden ...". Das, was in unseren Begriffen wirklich als konventionell erkannt werden kann, wird von Einstein eben durch den Begriff der Relativität beschrieben. Die Relativitätstheorie — die spezielle wie später die allgemeine — ist für ihn die Angabe der objektiven Gesetze, welche die Transformation der verschiedenen legitimen Beschreibungsweisen des Geschehens ineinander beherrschen. Einstein ersetzt auch nicht alle diese Philosophien durch eine neue. Er bleibt Physiker, der sagt, was er erfahren hat und offen läßt, was er nicht weiß. Ebensowenig aber verachtet er die Philosophie; das philosophische Fragen ist ihm unerläßlich.

Die allgemeine Relativitätstheorie ist Einsteins eigenste Leistung. Unter allen bekannten großen Theorien der Physik ist sie die einzige, bei der man zweifeln kann, ob sie bis heute überhaupt gefunden worden wäre, wenn derjenige nicht gelebt hätte, der sie in der Tat gefunden hat. Dies läßt sich sagen, unbeschadet der gleichzeitigen unabhängigen Auffindung der Grundgleichungen durch Einstein und Hilbert;[4] denn die Fragestellung der dieser Auffindung vorangehenden Jahre war Einsteins Werk. Freilich ist, wohl aus demselben Grunde, die wahre Beziehung dieser Theorie zum Rest der Physik bis heute nicht wirklich klar. Die Theorie ist wie eine uneingelöste Anzahlung auf etwas noch Unbekanntes; so hat Einstein selbst sie empfunden.

Dies spiegelt sich in ihren heute noch ungelösten philosophischen Problemen. Das sind nicht diejenigen ihrer Züge, die zu Anfang die Philosophen schockiert haben, wie die Krümmung des Raums, die Verknüpfung von Geometrie und Erfahrung und spezifischer von Geometrie und Dynamik. Damit knüpfte Einstein an die geometrische Tradition des 19. Jahrhunderts an, zumal an die Gedanken von Riemann; er verschaffte diesen Gedanken eine Re-

---

3 *P. A. Schilpp* (ed.), *Albert Einstein*, Philsopher-Scientist, Evanston, Illinois, 1949, S. 12. Dtsch. Albert Einstein als Philosoph und Naturforscher, Kohlhammer, Stuttgart, Reprint Vieweg, Braunschweig/Wiesbaden 1979, S. 4.
4 Vgl. *J. Mehra, Einstein, Hilbert,* and the theory of gravitation, in *J. Mehra* (ed.), The Physicists's Conception of Nature, Dordrech, Reidel, 1973.

sonanz, die selbst die Philosphen aufmerken ließ. Sein eigener Beitrag lag in der Verknüpfung von zwei anderen Gedanken, dem philosophisch-abstrakten der allgemeinen Relativität und dem physikalisch-konkreten des Äquivalenzprinzips. Um diese zu verknüpfen, brauchte er die Riemannsche Geometrie. Das Äquivalenzprinzip war einer der Geniestreiche naiv-direkter Fragestellung. Wenn zwei Größen — hier die träge und schwere Masse — empirisch immer gleich sind, so muß es doch eine Theorie geben, die sie als wesensidentisch erweist. Mit der allgemeinen Relativität aber beginnen die ungelösten Fragen. Einstein hatte den philosophischen Instinkt, daß hier etwas Wesentliches liege, und formulierte das Gesuchte als das heuristische Prinzip der allgemeinen Kovarianz der Grundgleichungen. Er mußte lernen, daß diese Forderung immer erfüllbar ist, und formulierte sein Prinzip dahin um, die richtigen Gleichungen müßten in allgemein kovarianter Formulierung besonders einfach herleitbar sein.

Was aber heißt hier Einfachheit und wie ist sie gerechtfertigt? Einstein maß dem Prinzip hohe erkenntnistheoretische Bedeutung bei, gerade in der Kritik am Empirismus. „Noch etwas anderes habe ich aus der Gravitationstheorie gelernt: Eine noch so umfangreiche Sammlung empirischer Fakten kann nicht zur Aufstellung so verwickelter Gleichungen führen. Eine Theorie kann an der Erfahrung geprüft werden, aber es gibt keinen Weg von der Erfahrung zur Aufstellung einer Theorie. Gleichungen von solcher Kompliziertheit wie die Gleichungen des Gravitationsfeldes können nur dadurch gefunden werden, daß eine logisch einfache mathematische Bedingung gefunden wird, welche die Gleichungen völlig oder nahezu determiniert. Hat man aber jene hinreichend starken formalen Bedingungen, so braucht man nur wenig Tatsachen-Wissen für die Aufstellung der Theorie; bei den Gravitationsgleichungen ist es die Vierdimensionalität und der symmetrische Tensor als Ausdruck für die Raumstruktur, welche zusammen mit der Invarianz bezüglich der kontinuierlichen Transformationsgruppe die Gleichungen praktisch vollkommen determinieren."[5]

Liest man diese Sätze als heutiger Physiker, so wird man geneigt sein, das Beispiel sogar noch zu verschärfen. Als das „wenige Tatsachen-Wissen", auf das Einstein hier zurückgreift, erscheint die Vierdimensionalität und die Brauchbarkeit des Tensorbegriffs, der Rest ist dann Riemannsche Geometrie. Was Einstein damit faktisch einführt, ist die lokale Invarianz gegen die Lorentzgruppe (die inhomogene, die man heute Poincaré-Gruppe nennt). Also macht Einstein von zwei Gruppen zugleich Gebrauch: der Poincaré-Gruppe als lokaler und der ihr zugeordneten kontinuierlichen Gruppe als globaler Gruppe. Dies noch zu begründen, ist eine der uneingelösten Forderungen an die bisherige Physik. Ferner gibt es natürlich noch immer unendlich viele mögliche Feldgleichungen, die Einsteins Forderungen genügen; die seinen sind unter diesen nur als die einfachsten eindeutig ausgezeichnet. Diese Aus-

---

5 l.c. *Schilpp*, S. 88.

zeichnung nahm er so ernst, daß er das von ihm selbst erfundene „kosmologische" Zusatzglied in der Gleichung später radikal verwarf. Schließlich wußte Einstein von Anfang an, daß man eigentlich nicht eine Theorie des Raums allein, sondern des Raums und der Materie suchen mußte. Die Ungelöstheit des Problems der Materie konnte er durch die Invarianzforderung überspielen: in der genäherten Theorie sollte die Materie nur in der Gestalt ihres Energietensors auftreten. Sieht man alle diese Fragen, die in den sechs Jahrzehnten seit 1915 ungelöst geblieben sind, so erscheint es fast wie ein Wunder, daß Einstein damals die Aufstellung einer einfachen und empirisch erfolgreichen Gravitationstheorie geglückt ist. Personalisiert wird man eben darin ein Zeichen seines Instinkts für das Einfache, seines Genies sehen. Philosophisch aber muß man bedenken, daß der Physik seither nicht einmal eine deutliche Formulierung dafür gelungen ist, was der Kern der Fragen ist, die hier unbeantwortet auf uns warten. Uns fehlt hier − wie einst vor der speziellen Relativitätstheorie − nicht die Antwort, sondern die Einfachheit der Fragestellung.

Man muß zugeben, daß Einstein selbst in seinen letzten vier Lebensjahrzehnten diese Einfachheit der weiterführenden Fragestellung nicht mehr geglückt ist. Dies, mehr noch als das entsetzliche politische Geschehen, war der Schatten der Tragik, der über Einsteins zweiter Lebenshälfte lag. Eben aber aus dem Bemühen, ihn dort zu verstehen, können wir lernen.

Einstein faßte das Problem der Theorie von Raum und Materie als das Problem einer einheitlichen Feldtheorie auf. Er kritisierte an Newton, daß bei ihm der Raum wie eine „Mietskaserne" ist, in welche die materiellen Körper wie wechselnde Mieter einziehen. Mach wollte den Begriff der Materie als denkökonomische Beschreibung von Empfindungen akzeptieren, den Begriff des Raumes als metaphysische Erfindung verwerfen. Einstein, der von Mach ausging, wurde zur entgegengesetzten Auflösung des Dualismus von Raum und Materie geführt. Die Forderung der Einfachheit bei allgemeiner Kovarianz zwang ihm eine nichtlineare Feldgleichung der Gravitation auf. Auch hier hoffte er, aus der scheinbaren Kalamität und Komplikation die einfache Lösung eines vorher nicht wahrgenommenen Problems zu machen. Die Lösungen nichtlinearer Differentialgleichungen enthalten Singularitäten. Diese Singularitäten könnten die Feldlinien der materiellen Massenpunkte sein. Ist das richtig, so bleibt als Aufgabe der fundamentalen Physik nur, eine allgemeine Feldtheorie zu entwerfen. Einstein kannte nur zwei fundamentale Felder: das der Gravitation und das des Elektromagnetismus. Nach jahrzehntelangen Versuchen endete er bei dem schon älteren Gedanken, einen Feldtensor beliebiger Symmetrie zugrundezulegen und ihn in einen symmetrischen Gravitationstensor und einen schiefsymmetrischen Elektromagnetismustensor zu zerlegen. Niemals aber gelang ihm die Herleitung einer realistischen Darstellung der Materie.

Philosophisch hat Einstein hier den, wie ich vermuten möchte, für unser Jahrhundert oder das nächste historisch fälligen Gedanken einer abschließenden Theorie der Physik gehabt. Mit dem Gedanken einer solchen Theorie hatte ihn freilich in seiner Jugend schon die Physik des 19. Jahrhunderts empfangen, von ihm selbst in seinem Alter ironisch so dargestellt: „Am Anfang (wenn es einen solchen gab) schuf Gott Newtons Bewegungsgesetze samt den notwendigen Massen und Kräften. Dies ist alles; das Weitere ergibt die Ausbildung geeigneter mathematischer Methoden durch Deduktion."[6] Dieses Weltbild der Massenpunktmechanik mit Fernkräften ist faktisch am Aufkommen der Feldphysik gescheitert. Einsteins Vorstellung war, nun die Feldphysik zur endgültigen einheitlichen Theorie zu gestalten. Was aber war die philosophische Schwäche des Weltbilds der Massenpunkte? Nicht nur, daß es die Wirklichkeiten des Bewußtseins, der Affekte, der Werte nicht beschrieb. Das tut auch Einsteins Entwurf nicht. Aber man mußte immanent nicht bloß Newtons Bewegungsgesetze, sondern eben auch Massenwerte und Kraftgesetze als „am Anfang von Gott geschaffen", d. h. als unverstandene Fakten akzeptieren. Einstein hoffte natürlich, die Feldtheorie werde im Prinzip fähig sein, alle diese Daten ohne Einführung irgendeiner willkürlichen Konstanten zwingend abzuleiten. Nicht daß Einstein dies faktisch nicht zu leisten vermochte, war der Kern seiner Tragik. Die mathematische Komplikation nichtlinearer Differentialgleichungen hat auch seitdem vieler Lösungsversuche gespottet, so in Heisenbergs spätem Versuch, die einheitliche Feldtheorie quantentheoretisch wieder aufzunehmen. Nach der Überzeugung unserer jüngeren Generation lag die Tragik darin, daß keine klassische Feldtheorie, sondern nur eine Quantentheorie eine Chance hatte, das Problem zu lösen.

Denn in Einsteins zweiter Lebenshälfte machte die Quantentheorie unter der Leitung von Bohr und Bohrs Schule ihren Siegeslauf. Einstein hatte in der Frühphase dieser Theorie das entscheidende Verdienst an der Radikalisierung ihrer Probleme. Für die Lichtquantenhypothese allein erhielt er den auch durch sie allein schon verdienten Nobelpreis. Einstein hat den Dualismus von Welle und Teilchen zum Thema gemacht. Die Bohrsche Komplementarität beider Begriffe in einer statistischen Theorie aber konnte er nicht als Lösung anerkennen. Er mußte nach dramatischen Debatten mit Bohr ihre Widerspruchsfreiheit zugeben, aber er blieb bei seinem Urteil: „Die Heisenberg-Bohrsche Beruhigungsphilosophie — oder Religion? — ist so fein ausgeheckt, daß sie dem Gläubigen einstweilen ein sanftes Ruhekissen liefert, von dem er nicht so leicht sich aufscheuchen läßt."[7] Wir jüngeren waren natürlich überzeugt, daß gerade Einsteins klassischer Glaube ein Ruhekissen sei. In Bohrs Institut fiel nach der Lektüre eines Zeitungsartikels über Einsteins revolutionäre politische Ansichten die Äußerung: „Ist es nicht sonderbar, daß Einstein nur in der Physik so konservativ ist?" Wer hatte recht?

6 *Schilpp* l.c. S. 18.
7 Brief an *Schrödinger*, Mai 1928. Zitiert nach *B. Hoffmann* und *H. Dukas, Albert Einstein.* Schöpfer und Rebell. Deutsch bei Fischer 1978, S. 223.

Einstein wollte ein klassisches, reales Feld zugrundelegen, und hoffte, letztlich die Teilchen mit ihren Quantenbedingungen durch klassische, reale Singularitäten dieses Feldes zu erklären. Die Quantentheoretiker faßten das Schrödingerfeld als Wahrscheinlichkeitsfeld der Teilchen, also nicht als faktisch, sondern als Ausdruck von Möglichkeiten für Eigenschaften der Teilchen auf; damit opferten sie zugleich den Bahnbegriff, also den klassischen Begriff des Teilchens. Der empirische Erfolg lag bei der Quantentheorie. Aber wir sollten Einstein darin rechtgeben, daß das Problem letztlich durch grundsätzliches Denken aufgeklärt werden muß. Einstein suchte zur Klärung die deutlichste Formulierung der Diskrepanz in der Realitätsvorstellung beider Seiten. Er fand sie in dem berühmten Gedankenexperiment von Einstein, Podolsky und Rosen, dem Rückschluß auf den Zustand eines Systems S_2 durch eine Messung an einem von ihm räumlich jetzt getrennten, in der Vergangenheit aber verbunden gewesenen System S_1. Was hier klargemacht wird, ist die Tragweite des quantentheoretischen Begriffs der Reduktion der Schrödingerwelle durch die Messung. Dem logischen Widerspruch in der Beschreibung dieses Experiments „kann man nur dadurch ausweichen, daß man entweder annimmt, daß die Messung an S_1 den Realzustand von S_2 (telepathisch) verändert, oder aber daß man den Dingen, die räumlich voneinander getrennt sind, unabhängige Realzustände überhaupt abspricht. Beides scheint mir ganz inacceptabel."[8] Die quantentheoretische Auflösung des scheinbaren Paradoxons ist in der Tat Einsteins zweite „inacceptable" Alternative: auch räumlich getrennte Objekte haben keine objektiv unabhängigen „Realzustände", sofern die Beobachtungssituation das ausschließt. Das auch für den Quatentheoretiker verbleibende Empfinden eines Paradoxons dürfte daher rühren, daß die heutige Quantenfeldtheorie räumliche Distanzen wie klassische Größen behandelt. Eine konsequente quantentheoretische Beschreibung müßte vermutlich das ganze metrische Feld und alle mit seiner Hilfe definierten raumzeitlichen Koordinaten als eine bloß im klassischen Grenzfall existierende Konstruktion ansehen. Dies aber ist bisher nicht durchgeführt.

Was aber ist die Philosophie hinter Einsteins Urteil, die quantentheoretische Lösung sei „inacceptabel"? Aus seinen vorhin zitierten Gedanken über die Bildung der physikalischen Begriffssysteme ist es nicht herzuleiten; diese Gedanken hätte sich z. B. Heisenberg in seinen jüngeren Jahren fast unverändert zu eigen machen können. Einsteins darüber hinausgehender „Realismus" spricht sich z. B. in den Sätzen aus: „Die Physik ist eine Bemühung das Seiende als etwas begrifflich zu erfassen, was unabhängig vom Wahrgenommen-Werden gedacht wird. In diesem Sinne spricht man vom ‚Physikalisch-Realen'."[9] Einstein verstand seine Gegner nicht nur als „Empiristen", welche die Gesetze nicht bloß zurecht an der Erfahrung prüfen, sondern diese – was aussichtslos ist – auch aus der Erfahrung allein herleiten wollten. Er verstand

---

8 *Schilpp*, l.c., S. 84.
9 *Schilpp*, l.c. S. 80.

sie auch als „Positivisten", die nichts anderes als real anerkannten als was wahrgenommen wird. Er mag damit ein herrschendes Vorurteil, oder vielleicht nur eine herrschende Denkbequemlichkeit richtig beschrieben haben. Seinem bedeutendsten wissenschaftlichen Gegner (und persönlichen Freund) Bohr tat er damit aber gewiß Unrecht. Bohrs Denken kreiste gerade um die Frage, unter welchen Bedingungen wir das Wahrgenommene durch ein „objektives", „unzweideutiges" Modell des Geschehens beschreiben können; er überzeugte sich nur von den Grenzen dieser Möglichkeit. Ich vermute, daß diese Fragen philosophisch erst voll geklärt werden können durch die Analyse des wesentlich zeitlichen Charakters aller Erkenntnis. Einsteins Realitätsbegriff orientiert sich am Phänomen der Faktizität, d. h. der Vergangenheit, der Wahrscheinlichkeitsbegriff der Quantentheorie aber am Phänomen der Möglichkeit, d. h. der Zukunft.

Einsteins Entscheidung in diesem Konflikt war metaphysisch bestimmt, und er wußte das. Im Gespräch brachte er gelegentlich ein philosophisches Argument unter scheinbar spielerischer Verwendung des Namen Gottes vor: „Gott würfelt nicht" oder „raffiniert ist der Herrgott, aber boshaft ist er nicht". Wenn man ihn stellte, antwortete er direkt: „Ich glaube an Spinozas Gott, der sich in der gesetzlichen Harmonie des Seienden offenbart, nicht an einen Gott, der sich mit den Schicksalen und Handlungen der Menschen abgibt."[10]

Es war gerade die Zeitlichkeit, die er als nur subjektiv empfand. „Die Idee eines persönlichen Gottes ist ein anthropologisches Konzept, das ich nicht ernstnehmen kann. Ich bin auch nicht fähig, mir einen Willen oder ein Ziel außerhalb der menschlichen Sphäre vorzustellen. Meine Überzeugungen sind denjenigen Spinozas verwandt: Bewunderung für die Schönheit und Glaube an die logische Einfachheit der Ordnung und Harmonie, welche wir demütig und nur unvollkommen fassen können. Ich glaube, daß wir uns mit unserer unvollständigen Erkenntnis und Einsicht begnügen und moralische Werte und Pflichten als rein menschliche Probleme – die wichtigsten aller menschlichen Probleme – sehen müssen."[11] Es ist erlaubt, zu sagen, daß er damit, wie Spinoza selbst, bewußt außerhalb seiner jüdischen religiösen Tradition, aber innerhalb der von den Griechen herkommenden europäischen Metaphysik stand. Waren die Denkmittel griechisch, so war aber die besondere Art des moralischen Ernstes, in dem Spinoza wie Einstein diese Denkmittel gebrauchten, zutiefst jüdisch. In diesem Rahmen vermochte Einstein nicht bloß zu denken, sondern ein volles Leben zu leben. Vier Wochen vor seinem eigenen Tode schrieb er den Hinterbliebenen seines Jugendfreundes Besso: „Nun ist er mir auch mit dem Abschied von dieser sonderbaren Welt ein wenig vorausgegangen. Dies bedeutet nichts. Für uns gläubige Physiker

---

10 *Hoffmann* u. *Dukas*, l.c., S. 114.
11 *Hoffmann* u. *Dukas*, l.c., S. 115.

hat die Scheidung zwischen Vergangenheit, Gegenwart und Zukunft nur die Bedeutung einer wenn auch hartnäckigen Illusion."[12]

*

Während Einsteins Philosophie inhaltlich mit seiner Physik unlösbar verbunden ist, ist Einsteins politische Wirkung mit seinem wissenschaftlichen Denken eigentlich nur durch seine unverwechselbar geprägte Persönlichkeit und durch die ihm selbst immer wieder kaum erträglichen Folgen seines Ruhms verknüpft. Er hat sich über diese Distanz zur Gesellschaft offen ausgesprochen: „Mit meinem leidenschaftlichen Sinn für soziale Gerechtigkeit und soziale Verpflichtung stand stets in einem eigentümlichen Gegensatz ein ausgesprochener Mangel an unmittelbarem Anschlußbedürfnis an Menschen und an menschliche Gemeinschaften. Ich bin ein richtiger ‚Einspänner', der dem Staat, der Heimat, dem Freundeskreis, ja selbst der engeren Familie nie mit ganzem Herzen angehört hat, sondern all diesen Bindungen gegenüber ein nie sich legendes Gefühl der Fremdheit und des Bedürfnisses nach Einsamkeit empfunden hat, ein Gefühl, das sich mit dem Lebensalter noch steigert."[13] (1930). Und später an Hermann Broch als Dank für dessen „Vergil": „Ich bin fasziniert von Ihrem Vergil und wehre mich beständig gegen ihn. Es zeigt mir das Buch deutlich, vor was ich geflohen bin, als ich mich mit Haut und Haar der Wissenschaft verschrieb: Flucht vom Ich und vom Wir in das Es."[14]

Es war wohl eben diese Distanz zur Gesellschaft, welche Einstein ermöglicht hat, in seinem politischen Urteil der naiven Direktheit seines Urteils treu zu bleiben. Eben damit ist er aber den großen politischen Aufgaben der Zukunft tiefer verbunden als viele von uns, welche den politischen Vorurteilen der Gegenwart die Konzession gemacht haben, scheinbar oder wirklich an sie zu glauben, um in ihrer Mitte konkret wirken zu können.

Biographisch ist ein Blick auf seine vier nationalen Zugehörigkeiten notwendig, die deutsche, schweizerische, amerikanische, jüdische. Schon als Schüler ertrug er die in Deutschland traditionelle autoritäre Denk- und Handlungsweise nicht. Viel glücklicher war er, trotz vieler Not junger Jahre, in der währschaften Liberalität der Schweiz. Er war aber nach dem ersten Weltkrieg bereit, den ihm zugefallenen Ruhm in den Dienst der Verständigung seiner deutschen Heimat mit ihren Kriegsgegnern zu stellen. Es war stets das Miterleben mit den Leidenden, was seine Loyalitäten bestimmte. Er wurde den Deutschen solidarisch, als sie 1919 unter der Feindschaft der Welt litten. Er wurde den Juden solidarisch, als er den steigenden Antisemitismus erlebte. Nicht durch die persönlichen Angriffe auf ihn, so sehr in diese schmerzten, sondern durch die Unmenschlichkeit des Empfindens gegen die Juden, welche die spätere Unmenschlichkeit des Handelns zur Folge hat-

---

12 *Hoffmann* u. *Dukas*, l.c., S. 303.
13 *Hoffmann* u. *Dukas*, l.c., S. 296.
14 *Hoffmann* u. *Dukas*, l.c., S. 298

te, hat Deutschland ihn von sich gestoßen; und hier, Deutschland gegenüber, hat er nie verziehen. Das akademische Amerika bot ihm die letzte, stille Heimat, in vollendeter Liberalität. Das politische Amerika hat er, als es den jeder Großmacht vorgeschriebenen Weg zum Imperialismus ging, schmerzlich und erfolglos kritisiert; er war in ihm so fremd wie überall in der Welt der Mächte.

In seinen politischen Überzeugungen war er schon früh Pazifist − die einzige natürliche Haltung für einen Menschen seiner Unabhängigkeit von der Gesellschaft. Sein Pazifismus war aber keine fixierte Doktrin; er war naiv-direktes rationales Urteil über die Folgen der Machtkonkurrenz. So konnte er auch die Pazifisten schockieren, als er den bewaffneten Widerstand gegen Hitler als notwendig bezeichnete. Den von Szilard verfaßten Brief an Roosevelt, den er unterschrieb, und der die Entwicklung der Atombombe einleitete, haben ihm viele Menschen verübelt, und wie hätte er selbst über die Folgen glücklich sein können? Es war sein Schicksal, daß man ihn in vielen Dingen um Hilfe bat, die er nicht immer genau durchschauen konnte. Aber an den entscheidenden Stellen war er selbst es, der direkt reagierte und entschied, nicht die, die ihn in Anspruch nahmen. Er sah die engagierte Vernunft in Szilards Argument − soll Hitler allein diese Waffe haben? − und er fügte sich einem historischen Prozeß ein. Sein Leiden an der Politik war das, was eigentlich seine politische Stimme glaubwürdig machte. Kurz vor seinem Tode unterschrieb er das von Bertrand Russell initiierte Manifest, das die Pugwash-Bewegung einleitete. Politisch gesehen wurde diese Bewegung zu einem nicht ganz unwichtigen Instrument inoffizieller Diplomatie, einem Gesprächsforum, in dem Wissenschaftler, vom offiziellen politischen Auftrag entlastet, einiges vordiskutierten, was nachher die Politiker übernehmen konnten. Moralisch war die Bewegung wichtiger, wenn auch im direkten Zusammenhang wirkungsloser. Sie war eine der Stellen, an denen Wahrheiten hörbar wurden, die im Machtkonflikt unterdrückt werden müssen. Denn im Machtkampf kann man die Wahrheit nicht sagen, und doch wird in letzter Instanz der geschichtliche Machtkampf durch die Wahrheit entschieden − auch wo die Wahrheit und somit der Ausgang tragisch ist.

Einstein und der Zionismus

Banesh Hoffmann

Im Jahre 1911 stand der vierunddreißigjährige Einstein vor einem Dilemma. Anläßlich des Angebotes eines Lehrstuhls an der Deutschen Universität in Prag sollte Einstein ein offizielles Formular ausfüllen. Eine der Fragen bezog sich auf seine religiöse Zugehörigkeit. Sie schien damals einfach zu beantworten. Als Sohn jüdischer Eltern, die zwar nicht die strengen Regeln der jüdischen Religion befolgten, war sich Einstein bewußt, Jude zu sein. Da er aber keiner jüdischen oder anderen Religionsgruppe offiziell angehörte, beantwortete er die Frage mit „konfessionslos".

Er mußte jedoch bald erfahren, daß diese Antwort ernste Konsequenzen haben konnte. Um Professor an der Deutschen Universität in Prag zu werden, mußte er seine Treue zu Kaiser Franz Joseph beeiden. Wenn ein Kandidat aber an keinen offiziell anerkannten Gott glaubte, konnte er auch nicht einen für den Kaiser annehmbaren Treueeid ablegen. Die ersehnte Professur war dadurch gefährdet.

Dieses Problem war zwar ernst, doch fand Einstein eine geistreiche Lösung. Er bat den zuständigen Beamten seine Religionszugehörigkeit in den Formularen zu ändern. Dies wollte der Beamte jedoch nicht ohne weitere Beweise durchführen. Einstein fragte darauf den Beamten, aus welchem Grund er ihn als „konfessionslos" eingetragen hatte, worauf der Beamte sich – wahrscheinlich bereits verärgert – auf Einsteins eigene Angaben berief. Damit schien ihm der Fall abgeschlossen. Aber Einstein antwortete, daß er, Albert Einstein, nun feierlich erkläre, hebräischen Glaubens zu sein. Da es für den Beamten keine andere logische Möglichkeit gab, änderte er „konfessionslos" auf „mosaisch", wie die offizielle Bezeichnung für den jüdischen Glauben lautete.

„Mosaisch" traf eigentlich nicht ganz zu. Einstein war tatsächlich ein tief religiöser Mann. Er stellte jedoch wiederholt fest, daß er nicht an einen personifizierten Gott glaube. Er glaubte eher an den immanenten Gott des Philosophen Spinoza und es ist erwähnenswert, daß dieser jüdische Philosoph von seinen Glaubensgenossen exkommuniziert worden war. Einstein beantwortete im Jahre 1947 eine briefliche Anfrage bezüglich seiner Ansichten über die Existenz eines höchsten Wesens folgendermaßen:

„Die Idee eines personifizierten Gottes scheint mir ein anthropologischer Begriff zu sein, den ich nicht ernst nehmen kann. Ich glaube, daß ich mir auch einen Willen oder ein Ziel außerhalb der menschlichen Sphäre nicht vorstellen kann. Meine Ansichten sind denen von Spinoza ähnlich. Ich be-

B. Z. Mosessohn, A. Einstein, C. Weizmann und M. Ussishkin an Bord der „Rotterdam"
bei der Reise nach Amerika im Jahre 1921.
(Bildarchiv Preußischer Kulturbesitz, Berlin)

wundere die Schönheit und glaube an die logische Einfachheit der Ordnung und der Harmonie, welche wir demütig und nur unvollständig begreifen. Ich glaube, daß wir uns mit unserem unvollständigen Wissen und Verstehen zufrieden geben müssen. Moralische Werte und Verpflichtungen sollten als rein menschliches Problem behandelt werden — und zwar als die wichtigsten aller menschlichen Probleme".

Als Kind besuchte Einstein zusammen mit seiner Schwester Maja die örtliche katholische Volksschule und später das Luitpold Gymnasium, wo Religionsunterricht im eigenen Glauben und die Teilnahme an der Messe verpflichtend war. Auch zu Hause erhielten die Kinder Privatunterricht über den jüdischen Glauben.

Die Erfahrung zeigte ihnen auch allmählich, was es bedeutete jüdisch zu sein, wie der folgende Ausschnitt eines Briefentwurfes Albert Einsteins aus dem Jahre 1920 zeigt. Er war damals rund vierzig Jahre alt und auf der Höhe seines Ruhmes. Es ist bemerkenswert, wie stark sich ihm einige Kindheitsgeschehnisse eingeprägt haben.

„Die Lehrerschaft der Volksschule war liberal und machte keine konfessionellen Unterschiede. Unter den Gymnasiallehrern waren einige Antisemiten, hauptsächlich einer, der den Reserveoffizier herauskehrte. Unter den Kindern war besonders in der Volksschule der Antisemitismus lebendig ... tätliche Angriffe und Beschimpfungen auf dem Schulweg waren häufig, aber meist nicht gar so bösartig gemeint. Sie genügten aber, um ein lebhaftiges Gefühl des Fremdseins schon im Kinde zu festigen".

Der junge Einstein war vom jüdischen Religionsunterricht so beeindruckt, daß er bald auf eine formalrituelle Art religiös wurde. Er weigerte sich Schweinefleisch zu essen und bedauerte, daß seine Eltern nicht den jüdischen Bräuchen folgten. Diese Phase dauerte jedoch nicht lange, wie er im Alter von siebenundsechzig Jahren in seiner kurzen Autobiographie schrieb:

„... eine tiefe Religiosität, die aber im Alter von zwölf Jahren bereits ein jähes Ende fand. Durch Lesen populärwissenschaftlicher Bücher kam ich bald zu der Überzeugung, daß vieles in den Erzählungen der Bibel nicht wahr sein konnte. Die Folge war eine geradezu fanatische Freigeisterei, verbunden mit dem Eindruck, daß die Jugend vom Staate mit Vorbedacht belogen wird; es war ein niederschmetternder Eindruck. Das Mißtrauen gegen jede Art Autorität erwuchs aus diesem Erlebnis ... eine Einstellung, die mich nicht wieder verlassen hat".

Es ist erwähnenswert, daß Einstein vierzig Jahre nach dieser vernichtenden Erfahrung sagte: „Um mich für meine Autoritätsverachtung zu bestrafen, hat mich das Schicksal selbst zu einer Autorität gemacht".

Nach dem Bruch mit der Bibel scheint sich Einstein viele Jahre lang nur wenig mit dem Judentum beschäftigt zu haben. Während er an der Deutschen Universität in Prag lehrte, kam er zwar in Kontakt mit Zionisten, blieb aber anscheinend ohne Interesse für ihre Ideen. Aus Prag wurde er bald an die Eidgenössische Technische Hochschule in Zürich berufen, wo er auch studiert hatte, und wo er seinerzeit die Aufnahmeprüfung nicht bestanden hatte. Bereits 1914 nahm er dann bekanntlich eine bedeutende Stellung in Berlin als hauptamtliches Mitglied der Preußischen Akademie der Wissenschaften an. Es scheint, daß ihn auch damals jüdische Probleme nicht wesentlich interessierten.

Einen Anhaltspunkt für die folgende Entwicklung bieten zwei Zitate, die allerdings in gewissem Widerspruch zu dem zuvor erwähnten Material stehen. Beide wurden im Jahre 1929 geschrieben. In einem Artikel sagte Einstein: „Als ich vor fünfzehn Jahren nach Deutschland kam, entdeckte ich zum ersten Mal, daß ich ein Jude bin, und ich verdanke diese Entdeckung eher den Nichtjuden als den Juden". Und in einem Brief schrieb er: „Zum Zionismus kam ich erst nach meiner Übersiedlung nach Berlin im Jahre 1914, mit fünfunddreißig Jahren, nachdem ich vorher in einer gänzlich neutralen Umgebung gelebt hatte".

Wir sollten daraus keine vorschnellen Schlüsse ziehen. Einstein wurde nicht bereits 1914 Zionist. Lesen wir nochmals seine Worte: „Zum Zionismus kam ich erst *nach* meiner Übersiedlung nach Berlin im Jahre 1914 im Alter von fünfunddreißig Jahren". Tatsächlich war es wesentlich später, wie auch Kurt Blumenfeld bestätigt: „Bis 1919 hatte Einstein keine Verbindung mit dem Zionismus und mit zionistischen Gedankengängen". Kurt Blumenfeld war Propagandadirektor der zionistischen Vereinigung für Deutschland. Die deutschen Zionisten hatten eine Liste jüdischer Intellektueller aufgestellt, die sie für zionistische Ideen gewinnen wollten und Einstein war auf dieser Liste. Daher stellte sich Blumenfeld bei Einstein im Jahre 1919 vor, um mit ihm über den Zionismus zu sprechen.

Man beachte die Umstände. Zwei Jahre zuvor hatte die berühmte Balfour-Deklaration den Juden ein neues Heimatland in dem damaligen Palästina versprochen. Während die Zionisten jubelten, äußerten sich viele erfolgreich assimilierte Juden verbittert dagegen. Sie fürchteten, in dem Staat, in dem sie erfolgreich arbeiteten, zu Ausländern zu werden, sobald ein jüdischer Nationalstaat gegründet war. Was Einstein betrifft, so hatte er seine Allgemeine Relativitätstheorie im Jahre 1915 formuliert, war jedoch zu Beginn des Jahres 1919 in der Öffentlichkeit noch ziemlich unbekannt. Die Ergebnisse der britischen Sonnenfinsternis-Expedition unter Eddingtons Leitung wurden erst am 6. November 1919 offiziell bekanntgegeben. Erst dann wurde der Menschheit bewußt, daß ein bedeutendes Genie in ihrer Mitte lebte. Blumenfelds erster Besuch im Februar 1919 kam neun Monate vor Einsteins Weltruf.

Blumenfelds Aufgabe erwies sich als schwierig. Einstein war in bezug auf den Zionismus äußerst naiv. Blumenfeld bemerkte dazu: „Einstein konnte sich erst langsam und nach langen Überlegungen für die zionistische Idee erwärmen. Er trat der Bewegung erst bei, nachdem er sich überzeugt hatte, daß es sich wirklich um den Kampf um geistige Freiheit und menschliche Erneuerung handelte, und als er sicher war, daß die Eroberung von Erez Israel für das jüdische Volk durch harte Arbeit erfolgte und frei von Profitsucht und Ausbeutung war".

Bereits 1920 begann Einstein für den Zionismus zu sprechen und sagte beispielsweise: „Nur wenn wir [Juden] den Mut haben, uns als Nation zu sehen, nur wenn wir Respekt vor uns selbst haben, können wir den Respekt Anderer gewinnen".

Die Änderung seiner Haltung war nicht nur Blumenfeld zu verdanken. Das Ende des ersten Weltkriegs hatte einen scharfen Anstieg des Antisemitismus mit sich gebracht und Einstein hatte selbst gesehen, welchen niederschmetternden Eindruck dies auf die Flüchtlinge machte, die aus Osteuropa nach Deutschland kamen.

Am 10. März 1921 sandte Chaim Weizmann aus England ein ausführliches Telegramm an Blumenfeld. Weizmann war der Führer der zionistischen Weltbewegung — er sollte später der erste Präsident des Staates Israel werden. Er bat Blumenfeld, Einstein zu überreden, Weizmann bei einer Reise durch die Vereinigten Staaten zu begleiten und Spenden für die zionistische Bewegung aufzutreiben. Speziell sollte Blumenfeld Einstein gegenüber die Notwendigkeit betonen, Geld für die Gründung einer hebräischen Universität in Jerusalem zu finden.

Blumenfeld gebrauchte seine gesamte Überredungskunst, jedoch ohne Erfolg. Einstein meinte: „Ich bin kein Redner. Ich kann nichts Überzeugendes hinzufügen und man benützt nur meinen Namen". Er entkräftete alle Argumente so leicht, daß Blumenfeld die Schlacht verloren gab. Als er gerade gehen wollte, kam ihm ein letzter rettender Gedanke. Er wandte sich zu Einstein und sagte: „Ich glaube nicht, daß wir in dieser Angelegenheit unsere Argumente gegeneinander abwägen können. Unsere Arbeit kann nur gelingen, wenn wir alle von einem neuen Geist der nationalen Disziplin bewegt sind .... Ich weiß nicht was [Dr. Weizmann] an meiner Stelle sagen würde. Aber ich weiß, daß er vom jüdischen Volk mit der Aufgabe betraut wurde, das zionistische Programm zu verwirklichen. Nicht Dr. Weizmann als Einzelperson, sondern in seiner Eigenschaft als Präsident der zionistischen Organisation hat mir aufgetragen, Sie zur Reise nach Amerika zu überreden und ich darf mit Recht erwarten, daß Sie ihre Erwägungen Dr. Weizmanns Entscheidung unterordnen". Zu Blumenfelds Erstaunen war Einstein einverstanden. Und so kam es, daß Einstein und Weizmann zusammen in Angelegenheiten des Zionismus nach Amerika reisten.

Weizmann war selbst ein hervorragender Wissenschafter. In seinem Bericht über die Schiffsreise erzählt er: „Einstein erklärte mir täglich seine Theorie und bei unserer Ankunft war ich völlig überzeugt, daß er sie verstand".

Einstein wurde in Amerika mit großer Begeisterung empfangen. Viele Ehrungen wurden ihm zuteil und seine Anwesenheit auf der Rednerbühne erwies sich als wesentlicher Anziehungspunkt. In einem Brief an seinen langjährigen Freund Michele Besso — dem auch die Danksagung in der berühmten Arbeit über spezielle Relativitätstheorie gilt — gibt er einen Einblick in seine Reiseerlebnisse:

„Ich habe zwei ungeheuer strapaziöse Monate hinter mir, habe aber die große Genugtuung, der zionistischen Sache viel genützt und die Gründung der Universität gesichert zu haben ... ich mußte mich herumzeigen lassen wie ein prämierter Ochse, unzählige Male in großen und kleinen Versammlungen reden, unzählige wissenschaftliche Vorlesungen halten. Ein Wunder, daß ich's ausgehalten habe. Aber nun ist es fertig, und es bleibt das schöne Bewußtsein, etwas wirklich Gutes getan zu haben und mich tapfer und ungeachtet aller Proteste von Juden und Nichtjuden für die jüdische Sache eingesetzt zu haben".

Die Reise nach Amerika verstärkte Einsteins Bindung an den Zionismus und sein Bewußtsein Jude zu sein, vertiefte sich. Von Blumenfeld angeleitet schrieb und sprach er häufig für den Zionismus. Er wehrte sich auch nicht mehr gegen die Verwendung seines Namens durch die Zionisten. Es wurde ihm bewußt, daß sein Ruhm ein einzigartiger Vorteil war, den ihm das Schicksal anvertraut hatte. Die Stimme seines Gewissens sagte ihm, daß er diesen Ruhm für den Zionismus, aber auch andere wesentliche Anliegen, einsetzen sollte. Dies war für ihn eine tiefe moralische Verpflichtung. Im Gegensatz zu vielen anderen Juden in Deutschland fühlte er starke verwandtschaftliche Bande zu den verfolgten und verarmten jüdischen Flüchtlingen aus Osteuropa. Über ihre äußere Erscheinung hinweg, ihren Hauch von Vagabundentum und ihre verborgenen Ängste sah er in ihnen nicht nur Mitmenschen, sondern jüdische Kameraden, die einen besonderen Anspruch auf sein Mitgefühl hatten. Er behandelte sie nicht wie Aussätzige, denen man ausweichen mußte. Im Gegensatz zu den assimilierten Juden Deutschlands hatten diese Flüchtlinge einen lebendigen Geist der Zusammengehörigkeit bewahrt — „ein gesundes Nationalgefühl, das durch die Zerstreuung und Atomisierung noch nicht zerstört war ...".

Auch in seinem Vortrag, den Einstein auf der Rückreise von Amerika im Jahre 1921 in England hielt, betonte er diese Anliegen:

„Als ich nach Berlin übersiedelte ... wurden mir die Schwierigkeiten bewußt, mit denen viele junge Juden konfrontiert waren. Ich sah, wie inmitten einer antisemitischen Umgebung ein systematisches Studium und damit der Weg zu einer gesicherten Existenz für sie unmöglich war. Die Ostjuden wurden zum Sündenbock für alle Übel der deutschen Tagespolitik und alle Nachwirkungen des Krieges. Die Hetze gegen diese unglücklichen Verfolgten, welche sich eben erst aus Osteuropa retten konnten, das für sie zur Hölle geworden war, wurde von Demagogen als wirksame politische Waffe verwendet. Als die Regierung eine Ausweisung dieser Juden erwog, bin ich für sie eingetreten und habe im Berliner Tageblatt auf die Unmenschlichkeit und Torheit einer derartigen Maßnahme hingewiesen. Zusammen mit einigen Kollegen, Juden wie Nichtjuden, organisierte ich Vorlesungen für die Ostjuden. Ich muß anmerken, daß wir uns dabei der offiziellen Anerkennung und Unterstützung des Erziehungsministeriums erfreuten".

„Diese und ähnliche Vorkommnisse ließen in mir ein jüdisches Nationalgefühl erwachsen. Ich bin ein nationaler Jude in dem Sinn, daß ich die Erhaltung der jüdischen Nationalität ebenso verlange, wie jeder andere. Ich betrachte die jüdische Nation als Tatsache und den Wachstum der jüdischen Selbstbehauptung als wesentlich für Juden und Nichtjuden. Dies war der Hauptgrund, warum ich der zionistischen Bewegung beigetreten bin".

In derselben Rede meint er später: „Das Hauptanliegen des Zionismus sollte die Stärkung der Würde und der Selbstachtung aller Juden der Diaspora sein. Ich war stets über das würdelose und übertriebene Anpassungsbedürfnis verärgert, welches ich bei vielen meiner Freunde beobachtete".

Einstein sah nun im Zionismus eine einzigartige wiederbelebende und vereinigende Kraft für alle Juden. In der Tradition verankert wies er in die Zukunft. Einige Monate nach seiner Rückkehr nach Amerika stellte Einstein fest: „Während der letzten 2 000 Jahre war das gemeinsame Eigentum aller Juden nur die Vergangenheit ... jetzt ist alles anders. Die Geschichte hat uns die große und noble Aufgabe gestellt, Palästina in aktiver Zusammenarbeit gemeinsam aufzubauen ... [es muß] zu einem Ort des modernen intellektuellen Lebens und zu einem geistigen Zentrum für die Juden in aller Welt werden ... Die Errichtung einer jüdischen Universität in Jerusalem bildet eines der wichtigsten Ziele der zionistischen Organisation".

Im Jahre 1922 besuchte Einstein Japan und wurde dort mit außergewöhnlicher Begeisterung empfangen. Auf der Rückreise kam er Anfang 1923 nach Palästina, wo er ebenfalls enthusiastisch begrüßt wurde. Hier hatte sein Besuch aber eine emotionelle Auswirkung, wie in keinem Land zuvor. Er wurde von allen Seiten gedrängt, sich in Jerusalem niederzulassen und schrieb in sein Reisetagebuch „Das Herz sagt ja, aber der Verstand sagt nein".

Der Höhepunkt seines Aufenthaltes war der Besuch auf dem Berg Scopus, wo die hebräische Universität erbaut werden sollte. Seine Anwesenheit brachte den Juden Palästinas ein Gefühl freudiger Erfüllung, und ihre Dankbarkeit spiegelte sich in den einleitenden Worten wider, die ihn einluden, „vom Rednerpult, das auf Sie 2 000 Jahre lang gewartet hat", zu sprechen. In diesen Worten zeigt sich die Tragödie und der Triumpf des Judentums.

Mit dem Aufstieg des Nazitums in Deutschland wurde die Stellung der deutschen Juden hoffnungslos. Als Hitler an die Macht kam war Einstein in Kalifornien. Er kehrte niemals mehr nach Deutschland zurück. Er löste vielmehr alle offiziellen Verbindungen zu Deutschland und sprach gegen die Nazityrannei mit der Eindringlichkeit und Unerschrockenheit eines alten hebräischen Propheten. In Princeton, wo er sich in Amerika niederließ, fand er Wege, um Freunde und Unbekannte vom Tod durch die Nazis zu retten.

Nach dem zweiten Weltkrieg und der Niederlage Nazideutschlands wurde er eingeladen, verschiedenen deutschen Organisationen wieder beizutreten, aus welchen er ausgetreten war. Er lehnte es aber ab. Seine Worte der Ablehnung zeigen, wie tief sein Gefühl für die jüdische Natur geworden war. Einer Organisation teilte er zum Beispiel mit: „Nachdem die Deutschen meine jüdischen Brüder hingemordet haben, will ich nichts mehr mit den Deutschen zu tun haben". Ein anderes Mal stellte er fest: „Nach dem Massenmord, den die Deutschen an dem jüdischen Volk begangen haben, ist es selbstverständlich, daß ein selbstbewußter Jude nicht mehr mit irgendeiner deutschen offiziellen Veranstaltung oder Institution verbunden sein will". Er hat nie nachgegeben.

Als Weizmann 1952 starb, wurde Einstein eingeladen sein Nachfolger als Präsident des Staates Israel zu werden. Er lehnte diese Aufforderung höflich ab, weil er für einen derartigen Posten ungeeignet sei und es ihm an Erfahrungen mangele. Dabei fügte er noch hinzu: „Diese Umstände bedrücken mich um so mehr, als die Beziehung zum jüdischen Volk meine stärkste menschliche Bindung geworden ist, seitdem ich über unsere prekäre Situation unter den Völkern volle Klarheit erlangt habe".

Im März 1955, schrieb Einstein kurz vor seinem Tod an Blumenfeld: „Ich danke Ihnen noch nachträglich, daß Sie mir geholfen haben, mir die jüdische Seele zum Bewußtsein zu bringen".

Dieser Beitrag ist die überarbeitete Version einer Rede „Einstein and Zionism" die auf der „7. Internationalen Konferenz über Relativität und Gravitation" in Tel Aviv im Juni 1974 gehalten und im Konferenzbericht veröffentlicht wurde (Wiley, New York und Israel University Press, Jerusalem, 1975). Für die Erlaubnis, Material aus dem Nachlaß Albert Einsteins zu zitieren, danke ich Herrn Dr. Otto Nathan. Frau Helen Dukas hat mich bei der Beschaffung von Dokumenten aus dem Einstein-Archiv und mit ihrer unvergleichlichen Kenntnis über Einstein unterstützt.

Entstehung und Rolle der GRG-Organisation und die Pflege internationaler Beziehungen unter Relativisten

André Mercier

Die Wissenschaftler unserer Tage und unter ihnen die Physiker, besonders die theoretischen Physiker, gleichen den Mönchen des Mittelalters in mindestens zwei Beziehungen: Sie stehen an der Front der Gelehrsamkeit, und sie reisen über große Entfernungen, um Gedankenaustausch zu pflegen. Sie streiten sich sogar manchmal über voneinander abweichende Punkte, doch besitzt die heutige Wissenschaft einen höheren Grad an Gewißheit als die Philosophie damals. Früher haben sich gelehrte Mönche hauptsächlich mit Gottesbeweisen befaßt; die theoretischen Physiker sind zu einem guten Teil mit Beweisen von Theoremen auf dem Gebiet der neuen Weltmodelle beschäftigt. Die Kosmologie hat sich aus einer theologischen in eine wissenschaftliche Disziplin verwandelt.

Im Mittelalter stellte die Kirche den einzig möglichen Rahmen dar für eine planmäßige Gestaltung der Gelehrsamkeit auf internationaler Ebene. Mit dem Erwachen der modernen Zeit erloschen allmählich die Vorrechte der Kirche, sämtliche notwendigen Weisungen sowohl hinsichtlich des praktischen Alltags als auch in Bezug auf das Verhalten in Belangen des Geistes zu erteilen. Der Staat übernahm nach und nach die Rolle, allen zu sagen, was sie zu tun haben, bis er zu jenem Riesengebilde Hegels wurde und zu jener monströsen Organisation, wie sie in so manchen kapitalistisch, kommunistisch oder nach andern Ideologien aufgebauten und funktionierenden Staaten verwirklicht ist. Doch der Staat übernahm weder die Rolle eines Rahmens für weltweite Kommunikation in geistigen Belangen, noch hat er die Menschen hervorgebracht, welche sich für das weitere Vorankommen des Wissens einsetzten, denn einerseits wurden die Staaten immer nationaler, und der Verkehr unter ihnen wurde eine zunehmend heikle Angelegenheit der Diplomatie und/oder des Krieges zwischen den Nationen; andererseits waren die neuen Gelehrten während langer Zeit Privatleute, besonders auf dem Gebiet der Philosophie, aber auch auf rein wissenschaftlichen Gebieten, – so Descartes, der die analytische Geometrie hervorbrachte, oder Pascal, welcher die Wahrscheinlichkeitsrechnung und die mechanische Rechenmaschine erfand(vgl. seinen Brief an die schwedische Königin, der ein Exemplar, das er ihr als Geschenk übersandte, begleitete, und in welchem er den Adel der Geburt mit dem Adel des Geistes verglich). Solche Gelehrte jedoch mußten ihren Lebensunterhalt verdienen, und manche unter ihnen erstrebten das Patronat eines Fürsten (wie Leonardo da Vinci oder Galileo Galilei) oder die Berufung an eine Universität (wie Newton). Die Universitäten selbst entzogen sich der mehr oder weniger intensiven Kontrolle durch die Kirche und unterstellten sich der Kontrolle des Staates. Aber die Universitäten waren und sind im Prinzip heute noch im Genuß einer geistigen Autonomie, welche Napoleon zu zerstören trachtete, was ihm jedoch nicht ganz gelang. Im 16. Jahrhundert hatte der französische König die großartige Idee, das „königliche Kollegium" (das heutige „Collège de France") zu gründen, in seiner Art das zweite „Institute of Advanced Studies" in der Welt, wenn wir als erstes das Museion setzen, welches Ptolemos Sôter zu Beginn der hellenistischen Periode (3. Jh. v. Chr.) in Alexandrien ins Leben rief.

Die Wissenschaft hat immer versucht, sich über die Grenzen der Nationen hinwegzusetzen, indem sie gewissermaßen eine unregistrierte weltweite Körperschaft der Gelehrten einrichtete und sie nach Spezialgebieten strukturierte. Weder die Kirche und ihre Würdenträger, noch die Staaten und ihre Regierungen haben dies je gerne gesehen, doch sie mußten sich damit abfinden, und als nach zwei Weltkriegen die Wissenschaft, insbesondere die Physik, im praktischen Leben der Nationen zu einer solch mächtigen Komponente in den Sektoren Technologie, Hygiene usw. anwuchs, da wurde die Wissenschaft zu einer Art nicht vernachlässigbarem neuem Machtfaktor, den man auf nationaler und internationaler Ebene statutarisch verankern mußte. Den wissenschaftlichen Unternehmen mußten Gelder zufließen in Mengen, wie man sie vergleichsweise zur Aufrechterhaltung von Armeen benötigt.

Dies konnte auf zweierlei Wegen bewerkstelligt werden. Entweder übernahmen Staatsbeamte die Organisation der Wissenschaft gemäß Regierungserlassen, oder die Wissenschaftler selber ergriffen die Initiativen und arbeiteten die Regeln ihrer beruflichen gegenseitigen Beziehungen aus.

Das Geld und die Kontrolle über seine Herkunft aber lagen nicht in den Händen der Wissenschaftler; beides befand – und befindet sich noch immer – in zweierlei Händen: jenen des Staates und jenen der Privatwirtschaft. Diese mußten also von den Wissenschaftlern dazu gebracht werden, aus vernünftigen Erwägungen heraus Geld zu geben, wenn die Initiative zur Organisation der Forschung bei den letzteren verbleiben sollte. Da nun der Mensch sowohl ein selbstsüchtiges als auch ein großzügiges Lebewesen ist, konnte erwartet werden, daß Gesellschaften und Staaten „unter Bedingungen" zum Geben bereit waren. Damit ein zufriedenstellender und der wissenschaftlichen Tätigkeit zum Vorteil gereichender Kompromiß zustandekommen konnte, mußten die Sprecher der Körperschaft über zumindest drei Qualitäten verfügen: über einen guten wissenschaftlichen Ruf, über einen hohen moralischen Stand und über großes Geschick in administrativen Angelegenheiten. So kam es, daß bedeutende Männer, welche große wissenschaftliche Institutionen aufgebaut oder betrieben und sich als unbe-

Entstehung und Rolle der GRG-Organisation 187

stechlich erwiesen hatten, einen beträchtlichen Teil ihrer Zeit, ja ihrer Karriere für die internationale Verständigung und für die Leitung und Betreuung des Wissenschaftsbetriebes aufbringen mußten, wobei einige vorwiegend mit neuen Ideen, als „Inspiratoren", andere vorwiegend als Ausführende — manchmal in beiden Funktionen zugleich — an dessen Organisation mitwirkten.

Organisation hat sich als funktionstüchtig erwiesen, wenn sie sich gleichzeitig von zwei Grundsätzen leiten läßt: Autorität und Demokratie. Diese zwei Prinzipien sind nicht widersprüchlich, wenn sie richtig angefaßt werden. Unter den „Inspiratoren" besaß Albert Einstein einen ausgeprägten Sinn für Demokratie, einmal aus natürlicher Veranlagung heraus und dann, weil er auf der Mittel- und Hochschulstufe in der Schweiz herangewachsen war, d.h. im demokratischsten Land der Welt. Unter jenen, die zugleich inspirierend und ausführend wirkten, finden wir Arthur Compton, der die letzen Jahre seines Lebens damit zubrachte, über die richtige Ethik, welche der wissenschaftlichen Tätigkeit entspräche, nachzudenken und zu schreiben. Ein dritter Mann, den ich hier nennen will, ist Niels Bohr, von welchem ich so manches hinsichtlich der obengenannten erforderlichen drei Qualitäten gelernt habe. Er und ich pflegten tiefschürfende Diskussionen zu führen, bevor die offiziellen Sitzungen im Hinblick auf die Gründung des CERN stattfanden.

In den frühen Fünfzigerjahren, als sich mir die Frage stellte, wie die Physik der Gravitation und die Relativitätstheorie zu fördern wären, versuchte ich, den moralischen und wissenschaftlichen Beistand dreier Männer zu gewinnen. Es waren dies: Einstein (damals in Princeton), Bohr (an dessen Institut ich während zweier Jahre vor dem Zweiten Weltkrieg gearbeitet hatte) und Pauli (der mein älterer Kollege an einer anderen, schweizerischen höheren Lehranstalt war). Einstein wollte in die Sache nicht praktisch einbezogen werden; sein Alter, seine unstabile Gesundheit und wohl auch seine Bescheidenheit hielten ihn davon ab, etwas zu unternehmen. Bohr war eher abgeneigt, sich irgendeiner Gruppe anzuschließen, um etwas auszuarbeiten, weil er — wie ich es sah — nicht so sehr mit allgemeiner Relativität und Gravitation sich verbunden fühlte als mit Quantenphysik und kernenergetischen Problemen (vgl. seinen Offenen Brief an die Vereinten Nationen). Pauli dagegen war beglückt von dem Gedanken, etwas zu unternehmen und erwies sich — entgegen jeder Erwartung (sein Sarkasmus in Bezug auf die meisten derartigen Unternehmungen war sprichwörtlich) — als höchst hilfreich und initiativ. Wir beschlossen, 1955 eine „Goldene Jubiläums-Konferenz" in Bern durchzuführen, wo Einstein um 1905 die (nach seinen eigenen Worten) „glücklichsten Jahre seines Lebens" verbracht hatte, und wir kamen überein, einen oder zwei, meiner Generation angehörende, auf diesem Gebiet tätigen Wissenschaftler zu konsultieren. Ich wandte mich also an meine französischen Kollegen, mit welchen ich in früheren Jahren insbesondere die von Elie Cartan in Paris gehaltenen Vorlesungen für

Fortgeschrittene besucht hatte: André Lichnérowicz und die heutige Frau M.-A. Tonnelat, welche wie wir vermuteten, ebenfalls etwas zu unternehmen beabsichtigten. Nach einigen weiteren Konsultationen in der ganzen Welt haben die Pläne zur goldenen Jubiläums-Konferenz feste Gestalt angenommen, und alle damaligen Teilnehmer werden bestätigen, daß dies eine der erfolgreichsten Konferenzen war, die jemals auf dem Gebiet der theoretischen Physik organisiert wurden: Max von Laue, welcher die Berliner Akademie vertrat, hat dies in seiner Schlußrede sogar öffentlich betont.

Es gibt spezifische Gründe dafür, hier von diesen Dingen zu berichten, und zwar nicht Gründe des Stolzes, sondern der Sachdienlichkeit in Bezug auf das Gesamtbild der früheren und der späteren Entwicklung der Gravitationsphysik. Denn jene, die ihre wissenschaftliche Laufbahn in den zwanziger oder in den dreißiger Jahren begonnen haben, erinnern sich noch deutlich, daß die Allgemeine Relativität in der Zeit zwischen den beiden Weltkriegen von den meisten Physikern für eine akademische Angelegenheit gehalten wurde, die man praktisch den interessierten Mathematikern zu überlassen hatte. In den Jahren des Zweiten Weltkriegs aber habe ich viel nachgedacht, insbesondere über die Anwendbarkeit neuer wirksamen Methoden der analytischen Dynamik, über die Frage der Quantisierbarkeit, über die Epistemologie der Raumzeit und über die Idee der Vereinheitlichung in der Physik, und ich bin dabei zum Schluß gekommen, daß die Zeit reif sei für eine ziemlich unmittelbare Expansion, ja sogar Explosion der wissenschaftlichen Arbeit auf dem Gebiet der Allgemeinen Relativitätsphysik, um diese Disziplin für die kommende Generation theoretischer Physiker zu einem Hauptanliegen werden zu lassen. Pauli war mit meinen Argumenten einverstanden. So planten wir beide — nach einem sehr genauen Entwurf — eine Konferenz, welche sich mit den von uns für wichtig gehaltenen Gebieten zu befassen hatte. Ich muß gestehen, daß wir den Aufschwung jener Forschungen, die auf den Entdeckungen im Zusammenhang mit den Singularitäten, Pulsaren oder schwarzen Löchern basierten, nicht genau voraussahen. Doch das ist nicht so wichtig. Worauf es wirklich ankam war die Anerkennung, daß sich dieses Gebiet zu einem der Hauptforschungsgebiete in der Physik entwickeln werde.

Die Franzosen waren wahrscheinlich von einer ähnlichen Voraussetzung ausgegangen.

Auf jeden Fall wurde die Wichtigkeit diesbezüglicher Anstrengung sozusagen über Nacht international offensichtlich. Zwei Jahre nach der Berner Konferenz organisierte Bryce DeWitt eine kleinere Konferenz in den Vereinigten Staaten; sie war gewissermaßen das amerikanische Spiegelbild dessen, was in Europa stattgefunden hatte. Die Franzosen andererseits bereiteten eine weitere größere Tagung vor, welche das ganze Unternehmen zu einer Tradition stempeln und ihm den Charakter einer festen Organisation bestätigen sollte.

In der Tat wurde an der Konferenz von Royaumont 1959 der endgültige Beschluß gefaßt, ein internationales Komitee mit einem Sekretariat zu bilden, welches alle Bemühungen zur Förderung des Gebiets weltweit unterstützen soll; Akademien und wissenschaftliche Forschungsräte verschiedener Länder hatten die Anstrengungen bereits unterstützt, und die IUPAP zeigte reges Interessen und wurde zu einer großen Hilfe. Das Sekretariat wurde im Institut für theoretische Physik der Universität Bern eingerichtet und mit einer Art kleinem Pflichtenheft versehen; die Professoren Lichnérowicz und Tonnelat wurden zu Mit-Präsidenten ernannt, um dem Komitee bis zur nächsten internationalen Konferenz vorzusitzen. Man beschloß, solche Konferenzen vernünftigerweise im Abstand von jeweils drei Jahren durchzuführen und schuf als Signet die Bezeichnung „GRG", welche im Englischen "General Relativity and Gravitation", im Französischen „Gravitation et Relativité Générale" besagt.

Zu Beginn und während einer Anzahl von Jahren blieb das Komitee eine Gruppe selbsternannter Leute, die sich gegenseitig als ziemlich repräsentativ für die entsprechende laufende Forschungstätigkeit und deren weltweite Verteilung betrachteten. Die IUPAP hat sich nie dagegen aufgelehnt, und die Praxis zeigte, daß es sich um eine gute Näherung handelte. Doch eine Näherung wovon? Das ist nicht leicht zu sagen. Denn im Gegensatz zu, sagen wir, Akademien wie die Royal Society u.a.m. im 17 Jahrhundert, hatte unser Komitee nicht die Zustimmung eines „Königs" erhalten, noch war es in den Genuß irgendeiner Schenkung gekommen, die ihm zum geistigen Potential auch finanziellen Halt verliehen hätte. Die Sekretariatsarbeit mußte mit lokal vorhandenem Personal und Geldmitteln ausgeführt und die Kosten für Komitee-Sitzungen durch mannigfaltige Kombinationen gedeckt werden. Eine Hilfe bedeuteten die an verschiedenen Orten durchgeführten kleinen intermediären Symposien, z.B. die Galilei-Gedenkfeier in Florenz, oder jene zur Erinnerung an die Allgemeine Theorie in Berlin organisierte Tagung (um nur zwei zu nennen). Um die Veröffentlichung eines Bulletins zu finanzieren, mußten wir kleine Subskriptionsgebühren erheben.

Auf Royaumont folgte 1962 Warschau. An jener Konferenz, die als dritte Internationale Konferenz betrachtet wurde, übernahm Leopold Infeld den Vorsitz des Komitees. Seither wurde alle drei Jahre eine Internationale Konferenz durchgeführt und „GRn" benannt, Warschau also „GR3". Es wurde nie entschieden, welche Konferenz die GR1 war: die Jubiläumskonferenz 1955 in Bern, oder jene 1957 in Chapel Hill. Royaumont war aber bestimmt GR2. Das gemahnt an die Pariser Universität, welche 1150 gegründet, 1200 vom König anerkannt und 1215 endgültig vom Papst bestätigt wurde.

Wer sagt, das Internationale Komitee für GRG sei in Warschau endgültig anerkannt worden? Die nachfolgende Geschichte wird zeigen, daß tatsächlich nichts dergleichen der Fall war! Wie dem auch sei, Infeld nahm

— trotz seiner sehr geschwächten Gesundheit — das Problem der Konsolidierung unserer Organisation sehr ernst. Insbesondere verfocht er die Ansicht, daß in Anbetracht der enormen Wichtigkeit einer Konzentration der Arbeit, deren Veröffentlichung bislang in einer Vielzahl von Zeitschriften erfolgte, welche von der reinen Mathematik über Astronomie bis zu entfernten Gebieten der Physik reichten, eine neue Zeitschrift gegründet werden müsse, die sich ausschließlich mit GRG befaßt. Er wünschte, sie selber herauszugeben, doch er war krank, und er zögerte auch deswegen, weil Warschau außerhalb des geographischen Raumes stand, in welchem das moderne „Latein" der Wissenschaft — oder sogar ihr modernes „Griechisch" (jedermann wird erraten, was damit gemeint ist) — gesprochen wird. Vor seinem Tod gab er mir mündlich gleichsam den Auftrag, den Gedanken an eine Zeitschrift trotz der widerstrebenden Haltung mehrerer Komiteemitglieder nicht fallen zu lassen. Ich habe es als meine Pflicht angesehen, der Sache nachzugehen, und die erste Nummer der GRG-Zeitschrift erschien 1970 beim Verlag Plenum Press, nachdem die Vorbereitung einen großen Arbeitsaufwand und die Mitarbeit einer Anzahl von Referenten beansprucht hatte.

In der Zwischenzeit aber hatten sich weitere Vorfälle ereignet. Einer davon war, daß GRG sich aus einer quasi rein theoretischen Disziplin zu einer beobachtenden (um nicht zu sagen experimentellen) Wissenschaft mit einem sehr weiten Horizont entwickelte. Das bedeutete eine Sensation für die andern — jedoch nicht für die relativistischen — Physiker. Die Astrophysik — ein Kapitel der Astronomie — wurde zur „relativistischen Astrophysik" — praktisch zu einem Kapitel der Physik. Sie benötigte deshalb ihre eigenen speziellen Tagungen. Die Leute in Texas planten die Errichtung einer Forschungsanstalt auf höherer Stufe. Sie beriefen ein Symposium ein, das im Januar 1963 in Dallas stattfand. Das Verfahren wurde wiederholt und führte im Gebiet der relativistischen Astrophysik zu einer Reihe, die parallel zu den Rochester Konferenzen im Gebiet der Teilchenphysik verlief. Seither wurde die Reihe als Texas Konferenzen bezeichnet, sogar dann, wenn die Konferenzen gegebenenfalls weit von Texas entfernt stattfinden (wie die „Rochester" z.B. in der UdSSR durchgeführt wurde). Die Reihe bildet eine ausgezeichnete Ergänzung zu den GRG Konferenzen, denn die letzteren decken systematisch das ganze Gebiet der GRG und können somit in die Gattung jener großen Konferenzen eingeordnet werden wie sie die IUPAP-Reglemente definieren, während im Rahmen der ersteren die Arbeit auf ein äußerst wichtiges Anwendungsgebiet am Rande der eigentlichen Physik und Astronomie konzentriert werden kann. Aus diesem Grunde haben die für GRG Verantwortlichen die Texas Konferenzen stets begrüßt und umgekehrt. Insbesondere habe ich in früheren Jahren an diesen teilgenommen und ausführliche Berichte über sie geschrieben; doch Überarbeitung und zahlreiche Pflichten haben mich in letzter Zeit daran gehindert, dies weiterhin zu tun.

Entstehung und Rolle der GRG-Organisation

Eine andere sehr wichtige Begebenheit, die natürlich nicht nur die Tätigkeit in unserem Gebiet, sondern die gesamte damalige akademische Welt betraf, war der Umstand, daß junge Leute behaupteten, das akademische „Establishment" der Alten sei unerträglich. Wir wissen nun nach 10 Jahren, daß viele der Forderungen berechtigt waren, obwohl das Establishment nicht gar so arg war. Gleichzeitig wurde eine wachsende Spannung zwischen Ideologien auf der politischen Ebene fühlbar. All dies erreichte seinen Höhepunkt um das Jahr 1968, hatte aber schon während mehrerer Jahre in der Luft gelegen. Beide Ereignisse kamen für die meisten Leute überraschend, genau so wie das Kreisen des ersten, von den Russen in den Weltraum geschossenen künstlichen Satelliten für den Mann auf der Straße eine große Überraschung bedeutete, obschon man in Physikerkreisen wußte, daß die Russen wie irgendeine andere Gruppe fähig waren, so etwas zu tun, wenn ein Beweggrund dafür vorlag.

Nach GR3 in Warschau hatten wir GR4 1965 in London, wo Hermann Bondi zum Präsidenten ernannt wurde. Dort begann sich ein leichtes Gefühl der Unzufriedenheit bemerkbar zu machen. Es zirkulierten Gerüchte: „Wozu das Komitee?", „Wer schuf es?". Doch nichts Ernsthaftes geschah, während die Fragestellung sich als erstes ernstlich darauf bezog, wie es um die offiziellen Beziehungen zwischen dem GRG-Komitee und der IUPAP bestellt sei. Der Vorschlag, das Komitee zu einer regulären Kommission der IUPAP umzubilden, stieß auf heftigen Widerstand seitens des Komitees selbst, weil – was ich für richtig halte – die Bemühungen des Komitees nicht nur darauf abzielten, die GRG innerhalb der eigentlichen Physik zu fördern, sondern die Zusammenarbeit der Mathematik, Astronomie, Physik und sogar Philosophie im GRG Gebiet zu intensivieren, wozu die IUPAP keinen ausreichend umfassenden Rahmen bot. Das Ergebnis dieser Haltung war ein Erstarken der Autonomie der gesamten Organisation sowie eine klare und weitreichende Abgrenzung ihrer Bereiche, und der Generalsekretär der IUPAP anerkannte vollauf die Vernüftigkeit unserer Argumente, ohne im geringsten das bisher gewährte Patronat einzuschränken.

Dann kam jene Periode, die zum Jahre 1968 hinführte. Sie enthielt den bewaffneten Zusammenstoß im Nahen Orient und die bewaffnete Besetzung in Europa, welche die Spaltung der Meinungen in Ost und West verursachte. Ich war damals Rektor meiner Universität und trug eine große Verantwortung in Anbetracht der studentischen Forderungen. Die Rektoren der ganzen Welt hielten damals eng zusammen. Die anfallenden Schwierigkeiten waren beträchtlich und ihre Bewältigung nicht einfach. Akademisches Leben und politische Ideologien verstrickten sich gegenseitig, es gab links und rechts, jung und alt, *tabula rasa* und Tradition, Bruch und Kontinuität; der von vielen angewandten Methode, überall die Oberhand zu gewinnen, mußte mit hartnäckiger Ruhe begegnet werden. Das Komitee wurde durch all dies erschüttert, teils auf Grund politischer und/oder ideologischer Meinungsverschiedenheiten, teils wegen eines wachsenden Gerüchts, welches ihm vorwarf, nicht demokratisch zu sein, nicht die Gesamtheit der Relativisten in der Welt zu berücksichtigen und zudem nicht gesetzlich konstituiert worden zu sein. Das Komitee hätte an diesen Vorwürfen zerbrechen können, doch Bondis feste und zugleich verständnisvolle Führung hielt die Dinge und Leute zusammen, er lieferte dadurch den Beweis, daß die Wissenschaft tatsächlich supranational und nicht durch unwissenschaftliche Erwägungen aus dem Gleichgewicht zu bringen ist, während die moralischen Grundlagen durch die Förderung des Guten und Richtigen bewiesen werden. Es ging zugleich um ein Problem der Politik und der Strategie, wie die Wissenschaft und das Richtige zu kombinieren sind.

GR5, welches 1968 in Tbilissi stattfand, wurde von diesen Ereignissen überschattet. Doch die Organisation erholte sich ziemlich rasch unter dem Vorsitz des neu gewählten Präsidenten V. A. Fock, den jedermann achtete. Der Streit über den Status des Komitees allerdings dauerte an. In den drei darauffolgenden Jahren mußte unsere Konstitution überdacht werden, denn falls die Behauptung, daß das Komitee einer soliden Grundlage entbehre, berechtigt war, dann sollte diesem Sachverhalt entgegengewirkt werden, und falls der anderen Forderung, nämlich jener nach einer Verjüngung des Komitees, nachzugeben war, in welcher Form sollte ihr denn entsprochen werden?

Dies führte zu GR6, welche 1971 in Kopenhagen tagte. Die Konferenz war ein großer Erfolg. Alle waren dort, und es herrschte ein Gefühl wissenschaftlicher Zusammengehörigkeit. Alle wußten, daß Christian Møller den Vorsitz übernehmen werde, daß eine Demokratisierung vorgesehen war, daß das Komitee eine Änderung erfahren soll. Dennoch brach ein Sturm aus; eine „Generalversammlung" war einberufen worden, um über die Konstituierung einer Internationalen Gesellschaft für GRG zu beraten, welche das alte Komitee in dessen Stellung als leitendes Organ zu unterstützen hätte. Die Idee fand Gefallen, aber die Erregung in der Versammlung war enorm. Glücklicherweise verstand es ein unerschütterter Bondi mitzuteilen, daß wir über einen neuen Präsidenten, einen Sekretär, eine Zeitschrift sowie die Grundsätze für einen Verfassungsentwurf verfügten. Die Angelegenheit endete in einem allgemeinen Gefühl der Genugtuung, nachdem diese Grundsätze angewandt wurden, um neue Mitglieder zu ernennen an die Stelle jener, die freiwillig oder durch das Los bestimmt zurücktraten.

In den Jahren zwischen GR6 und GR7 befaßten wir uns hauptsächlich mit der endgültigen Ausarbeitung des Statuts der neuen Gesellschaft, und an der GR7 1974 in Tel Aviv war der Sekretär in der Lage mitzuteilen, daß eine stattliche Zahl von Relativisten als Mitglieder beigetreten seien. Das war für ihn eine große Genugtuung, denn das bedeutete zweierlei: Erstens war die gesetzliche Grundlage unverrückbar geworden, zweitens war die finanzielle Situation der ganzen GRG Organisation gesichert.

Das ursprüngliche Internationale Komitee für GRG wurde nicht aus der Welt geschafft, vielmehr überlebte es als eine autonome internationale Körperschaft, die seither von der IUPAP offiziell anerkannt worden ist als eine der Internationalen Union angegliederte sogenannte Internationale Kommission, was ihr einen Sonderstatus verleiht; die IUPAP hat das Recht, einige Delegierte ins Komitee zu entsenden (gegenwärtig sind es vier). Dasselbe Komitee wurde aber zugleich das leitende Organ der Internationalen Gesellschaft, deren Generalversammlung 24 Mitglieder sowie einen Präsidenten (wobei der zurücktretende Präsident automatisch zum Stellvertretenden Präsidenten wird) und einen Sekretär wählt. Der Herausgeber der Zeitschrift ließ sich inzwischen von einem Kollegen ablösen, da er die große Aufgabe in Anbetracht anderer Verpflichtungen nicht mehr weiter übernehmen konnte. An der GR7 wurde Nathan Rosen zum Präsidenten der neuen Gesellschaft und des Komitees als solchem gewählt. Die Organisation der wissenschaftlichen Tätigkeit im Gebiet der GRG auf der internationalen Ebene ist seither als gesichert angesehen worden, und sie funktioniert in der Tat reibungslos und wirksam.

Zwanzig Jahre aktiven Einsatzes schien mir eine vernünftige Zeitspanne, und ich beschloß, als Sekretär zurückzutreten und mich anläßlich der GR8 in Waterloo (Ontario) ersetzen zu lassen. Die damalige Generalversammlung wählte Peter Bergmann zum neuen Präsidenten (auch er ein früherer Schüler Albert Einsteins wie der scheidende Präsident) und Alan Held, der bereits die Herausgabe der Zeitschrift übernommen hatte, zum neuen Sekretär.

Alle diese Informationen klingen vielleicht sehr administrativ. Sie sind aber nicht unwichtig im Hinblick auf das gute Funktionieren der wissenschaftlichen Forschung und der Tätigkeit insgesamt gesehen. 1979 jährt sich Albert Einsteins Geburtstag zum hundertsten Male. Das bedeutet eine Art Meilenstein, an welchem wir Wissenschaftler vom Fach sollten anhalten können, um einerseits zurückzublicken auf den bisher bewältigten Weg und andererseits die vor uns liegende Landschaft zu überschauen.

Was das Erreichte betrifft, werden Spezialisten eindrückliche Berichte schreiben über die verschiedenen Gebiete, die sich in über sieben Dekaden, vor allem nach dem Zweiten Weltkrieg, nach und nach herauskristallisiert haben. Doch eine solche Hundertjahrfeier kennzeichnet nicht nur einen wissenschaftlichen Fortschritt, sie erinnert auch an menschliche Errungenschaften, welche auf die Persönlichkeit des gefeierten Mannes zurückgehen. Diese Errungenschaften sind wissenschaftlicher, ethischer, ästhetischer und sogar unerklärlicher Natur. Die ganze Situation, in der wir uns befinden, strahlt eine Philosophie des umfassenden Verstehens aus, und weil die Umstände mich zu einem Mann geprägt haben, der als Autor, Lehrer und Inhaber internationaler Ämter sich der Philosophie zutiefst verbunden fühlt, scheint es angebracht, die Aufmerksamkeit des Lesers auf solche Punkte hinzulenken, besonders in Anbetracht der bis anhin geschilderten Erfahrungen.

Viele Wissenschaftler, die keine Gelegenheit hatten, gründlich Philosophie zu studieren, neigen zur Annahme, die Wissenschaft beherrsche die Philosophie. Nichts ist unzutreffender als das. Philosophie ist nicht ein Gegenstand wissenschaftlicher Forschung, noch ist sie selbst eine Wissenschaft, sie hat sich nur der wissenschaftlichen Errungenschaften (wie auch anderer, ihrer Natur nach von wissenschaftlicher Tätigkeit verschiedener Errungenschaften) bewußt zu sein.

Philosophie ist auch nicht, wie einige glauben, ein Ersatz für Religion, die ihrerseits altmodisch geworden sei. Der Mensch ist ein eigentümliches Wesen, denn er ist zutiefst beeindruckt von der Tatsache, daß er realisiert, daß er nicht viel weiß, insbesondere nicht, warum er hier unten auf dem mittleren Planeten ist, wo er auf seinem Weg eine solche Unordnung und so manche Hindernisse antrifft. Er ist deshalb sehr besorgt. Doch gleichzeitig ist er beim Anblick der regelmäßigen relativen Bewegungen der Himmelskörper, der Symmetrien in Kristallen und Pflanzen und vom Wesen vieler anderer Dinge fasziniert, weil sie so außerordentlich schön, gut, wahr und liebenswert sind, und die Aussichten, sie verstehen zu können und selbst einer Art Vollkommenheit näher zu kommen, erfüllen ihn mit Freude.

Es kann kein Zweifel daran bestehen, daß Albert Einstein zu jenen gehört hat, die den Druck dieser Dichotomie sehr stark fühlten. Es gibt nur zwei Wege, die aus der ursprünglichen Situation der Besorgnis in die Richtung jenes Zustands der Vollkommenheit führen, den ein jeder erreichen möchte. Der eine Weg besteht darin, sich nie vor den Steinen und dem Schmutz zu fürchten, die unseren Körper verwunden und beflecken, denn es gibt eine Stimme, die uns sagt, daß dies nicht von Belang ist. Der andere Weg besteht darin, bei jedem Schritt die erreichte Situation zu prüfen, um alle Hindernisse wegzuräumen, welche ein Verständnis des nächstmöglichen Schritts zu verhindern scheinen. Beide Wege sind da, um unsere Existenz zu beweisen und um unsere Freiheit zu begründen. Jedermann weiß, daß Descartes ausrief: Ich denke, also bin ich. Nun, denken bedeutet, vorsichtig längs des zweiten Pfades zu schreiten; ein Denker ist ein Philosoph, und Philosophie ist der zweite mögliche Weg, um unsere Existenz sichtbar werden zu lassen, vom Originalzustand unserer besorgniserregenden Unwissenheit hin zum Zustand wachsenden Verständnisses. Es ist aber weniger bekannt, daß Descartes ein Erlebnis gehabt hat, das ihn veranlaßte, auch den ersten möglichen Weg zu versuchen. Natürlich sagt das *cogito, ergo sum* kein Wort darüber aus, was bei jedem Schritt des Denkens zu tun sei. Darüber hat jeder Philosoph selbst zu entscheiden. Descartes hat sehr hart an seiner Laufbahn gearbeitet, indem er zum Beispiel die analytische Geometrie erfand, welche von allen Mathematikern anerkannt wird, andererseits aber eine Physik vorschlug, die sich als vollkommen unzulänglich erwies.

Der einige Jahre jüngere Pascal erhob nie ausdrücklich einen vergleichbaren Anspruch. Doch kann man sagen, daß sein ganzes Leben dazu diente, eine andere Behauptung zu illustrieren, die ich wie folgt formulieren möchte:

Ich (d.h. Pascal) glaube, also bin ich. Das ist es, was einen längs des ersten Pfades führt, Religion, wenn Sie wollen, d.h. der Glaube an Gott. Ein solches *credo, ergo sum* erklärt jedoch keine der Verwundungen, die jemand dadurch erleidet, daß er eine religiöse Person ist. Pascal hat sehr wertvolle Beiträge zum Fortschritt in der Mathematik, der Physik und der Theologie geleistet, und er war ein hervorragender Dichter, obgleich er in Prosa schrieb, denn sein Französisch ist eines der schönsten, die je geschrieben wurden, und er war zudem ein großer Philosoph.

Descartes hatte viele Anhänger: Spinoza, Leibniz u.a.m. Pascal stellte eher ein Beispiel und eine Inspirationsquelle dar, und Leibniz achtete ihn hoch; Anhänger aber hatte er keine.

Ich habe aus einem ganz speziellen Grund meine Beispiele nicht aus der Antike, sondern aus der sogenannten Moderne hergeholt. Seit dem Werk des Arrhenius über die Geschichte der Wissenschaft weiß man, daß die Entfaltung der modernen Wissenschaft, insbesondere der newtonschen Physik, nicht möglich gewesen wäre, hätte nicht der jüdisch-christliche Zeitbegriff jenen der Antike verdrängt. Denn Plato faßte die Zeit zyklisch auf (ein Gedanke, den möglicherweise Pythagoras der altindischen Weisheit entnommen hatte), während die Idee einer geschichtlichen Linearität den Denkern mit der Bibel zum Bewußtsein kam, samt der Idee einer Schöpfung, d.h. einer Nullzeit und, mit der christlichen Eschatologie, sogar eines Zeitendes. Die Wissenschaft hat sich nie zu einem möglichen Ende geäußert, doch ist sie auf dem neuen Zeitbegriff aufgebaut worden: der Zeit als unabhängiger Variabeln, die allem aufgezwungen und von der ausnahmslos alles abhängig gemacht wird. Das gilt sogar in der Relativitätsphysik, weil – im Gegensatz zu Äußerungen in vielen Lehrbüchern – die Raum-Zeit nicht ein (verallgemeinerter) Raum, sondern eine (verallgemeinerte) Zeit bedeutet.

Einstein bildet keine Ausnahme. Wenn ich ihn mit jemandem vergleichen sollte, würde ich sagen, er liege auf der Linie Descartes. Aber Descartes – der nicht viel zur damaligen Zeit wußte – beging den Fehler, eine Physik des Raumes ausarbeiten zu wollen, indem er diesen mit Wirbeln füllte und nicht realisierte, daß der Raum kein physikalischer Behälter, sondern eine mathematische Konstruktion ist. Einstein – der dank drei Jahrhunderten guter Physik eine Menge mehr wußte – erarbeitete eine Physik in der „Zeit" (in der Raumzeit), und sie stimmte.

Einstein ist jedoch nicht nur in der Physik Cartesianer, er ist es auch in der Philosophie, sogar noch mehr: Er ist Spinozist, was Ethik und Glaubensfragen betrifft. Ich habe mit ihm darüber weder gesprochen noch korrespondiert, doch ist dies aus seinem Leben und Werk ersichtlich und in der Tat allgemein anerkannt. Er erfühlte sogar etwas, das die eigentlichen Cartesianer (mit Ausnahme von Leibniz) nicht sehr beachtet zu haben scheinen: Er war auch zutiefst künstlerisch veranlagt in einer Weise, die zu seiner wissenschaftlichen, ethischen und sogar mystischen Gesinnungsart ganz parallel verlief, in einer Weise etwa wie die Musik von J. S. Bach sie vermittelt. Vergessen wir nicht, daß Bachs Musik auch christliche Mystik widerspiegelt. Da ich zuvor den anderen großen Physiker unseres Jahrhunderts genannt habe, möchte ich hier beifügen, daß Niels Bohr seinerseits eher mit Pascal als mit Descartes zu vergleichen ist, soweit ich dies auf Grund entsprechender persönlicher Gespräche mit ihm beurteilen kann.

Männer dieses Formats, welche innerhalb der erreichbaren Grenzen ihrer eigenen Umgebung einen Gipfelpunkt erreicht haben, sei es in intellektueller und in ethischer Hinsicht, sei es in ihrer Beziehung zur Kunst und in ihrer Kontemplation des Göttlichen, übersteigen unser Fassungsvermögen und lehren uns Bescheidenheit.

Diese Dinge sollte man sich stets vergegenwärtigen, wenn immer man etwas sozusagen „unter ihrem Patronat" oder „in ihrem Namen" ausarbeitet, organisiert und entscheidet. Einstein wußte z.B., auch wenn er es vielleicht nicht explizit ausgesprochen hat, daß Technologie zugleich einen wissenschaftlichen und einen moralischen Aspekt hat, daß weder die Moral nach wissenschaftlichen Kriterien beurteilt, noch die Wissenschaft nach ethischen Normen gemessen werden kann, sondern daß Moral und Wissenschaft sich in einem Gleichgewichtszustand zusammenfinden müssen, in einer harmonischen Bewegung, welche eine voll verantwortliche Technologie konstituieren würde. Er wußte, daß — allgemein gesprochen — Nichtwissenschaftliches mit wissenschaftlichen Argumenten weder bestätigt noch abgelehnt werden kann, denn dazu hat die Wissenschaft keine Kompetenz, weil ihre Reichweite begrenzt ist durch ihre eigene (besondere) Art und Weise, an das Wirkliche heranzutreten.

Es gibt im Deutschen ein Wort, das sich nur schwer ins Englische oder Französische übertragen läßt: das Wort „Sachlichkeit". Es sollte nicht mit „Objektivität" (objectivity, objectivité) übersetzt werden, denn objektiv ist nur jenes wissenschaftliche Vorgehen, bei welchem die Beziehung zwischen dem Gelehrten und dem Objekt seiner Erkenntnis in einer Richtung verläuft und die größtmögliche Unabhängigkeit vom Objekt erstrebt wird. Objektivität wird fälschlicherweise als Intersubjektivität definiert, denn Intersubjektivität gibt es genau so in der Kunst und in der Moral wie in der Wissenschaft. Ich habe in meinen Arbeiten das Wort „Sachlichkeit" wiederholt mit *Pertinenz* umschrieben. Seine Negation: Impertinenz bedeutet, daß man sich in Dinge einmischt, die einen nichts angehen. Es ist eben gerade nicht Sache der Wissenschaft (es ist nicht „pertinent"), sich in nicht-wissenschaftliche Dinge einzumischen. Jede wissenschaftliche Analyse eines Kunstwerks z.B. zerstört dieses vollständig als Kunstwerk. Erst auf einer höheren Ebene verwirklicht sich ein Zusammenspiel des Wahren und des Schönen, welches die Essenz einer Art Architektur bedeutet.[1]

---

1 Ich sehe davon ab, Bücher und Artikel zu diesen Punkten zu zitieren.

Die vier irreduziblen Grundwerte — Philosophen nennen sie Kardinalwerte — sind das Wahre, das Schöne, das Gute und das Sublime. Man kann aufzeigen, daß sie als Ergebnis einer kombinierten theoretischen und empirischen Unternehmung hervorgebracht werden. Wenn wir ein schönes Bild kaufen, bezahlen wir dafür, und zwar eine Quantität; doch diese Quantität ist ein Maß für anerkannte Qualität. Qualität und Quantität sind keine sich widersprechenden Gegensätze, sie widerspiegeln sich gegenseitig; es gibt keine Qualität, die nicht letzten Endes gemessen wird, und es gibt keine Quantität, die nicht das Maß irgendeiner Qualität ist. Natürlich darf Quantität nicht mit einer abstrakten Zahl oder Qualität mit einer äußerlichen Erscheinung verwechselt werden. Wert ist das Zusammenfallen von Quantität und Qualität.

In allem, was ich zur Förderung internationaler Verständigung beigetragen, was ich in der Wissenschaft und allgemein in der Philosophie erarbeitet habe, ließ ich mich durch Erwägungen wie die oben dargelegten leiten. Internationale Wissenschaftsorganisation, deren Elemente insbesondere die Konferenzen darstellen, ist nicht einfach eine Tätigkeit, die einzig nach ihren wissenschaftlichen Erträgnissen zu beurteilen ist. Sie ist eine Technik für sich, und eine Technik bedeutet immer eine Begegnung, wie eine solche zwischen Wissenschaft und Moral. Wenn z.B. in der Technologie ein Ingenieur Aquädukte baut, um vom Land her sauberes Wasser in die Häuser der Stadtbewohner zu bringen, muß er als wissenschaftliche Disziplinen Statik und Hydraulik beherrschen, er muß aber auch Verständnis haben für die Bedürfnisse der Bauern, für deren Landerträge, für die Notwendigkeit einer Verbesserung der hygienischen Möglichkeiten usw., alles Angelegenheiten moralischer Natur. Wenn man auf internationaler Ebene wissenschaftliche Zusammenarbeit organisiert, z.B. indem man zu Konferenzen einlädt, dann genügt es nicht, Manager anzuheuern, um den Erfolg zu gewährleisten; man benötigt in jeder Beziehung hochqualifizierte Fachleute. Es kommt nichts dabei heraus, wenn man z.B. einfach erklärt, eine Tagung stehe allen offen; Offenheit ist ein moralisches Kriterium der Demokratie quantitativer Natur, das aber immer wieder mißbraucht wird; die entsprechende qualitative Natur muß auf ganz besonderen Grundlagen verwirklicht werden. Manch ein Teilnehmer an internationalen Konferenzen ist sich nicht bewußt, wieviel Feingefühl die Verwirklichung einer solchen Harmonie erfordert. Es müssen Strategien entdeckt, gelernt und angewandt werden.

Das Jahr wird nicht ohne eine Anzahl Einstein Hundertjahrfeiern in der ganzen Welt vorübergehen. Auch da wieder können Stolz und Vorurteile das richtige Bild verzerren. Nicht nur die Organisatoren, auch die Nutznießer dieser Feiern sollten darauf achten, kein solches Zerrbild entstehen zu lassen.

Geschichte muß unparteiisch geschrieben werden.

Erinnerungen an Albert Einstein 1908-1930

Walther Gerlach

Erinnerungen an einen großen Fachgenossen aus eigenem Erleben ist untrennbar von der Geschichte seiner Wissenschaft und dem eigenen Werdegang.

Der erste — und wohl für mein Leben entscheidende Kontakt zu Einstein ist unpersönlicher Art. Es war Ende April 1908. Ich wollte in Tübingen Philosophie und Mathematik studieren und bat den Philosophen Erich Adickes um eine Beratung. „Mathematik ist gut, Sie sollten aber auch Physik studieren. Kant würde heute nicht von Newton, sondern von Einstein ausgehen". Ich hatte den Namen noch nie gehört, und hatte auch von Physik keine Vorstellung, während ich bei Professor Bücheler am Wiesbadener humanistischen Gymnasium besonders guten Mathematikunterricht hatte. Ich ging also in Vorlesung und Praktikum zu dem Physiker Friedrich Paschen und war derart fasziniert, daß ich den Gedanken an Philosophie spontan aufgab. Erst später verstand ich den für einen Philosophen von 1908 wohl doch erstaunlichen Rat. Der Mathematiker Alexander Brill und der Privatdozent der Physik Richard Gans hatten wohl in der „Dienstagsgesellschaft" über die erst zwei Jahre alte — heute sagt man — „spezielle Relativitätstheorie" gesprochen. Das hatte offenbar Adickes, der sich mit Kants naturwissenschaftlichen Gedanken befaßte, irgendwie beeindruckt.

Das Studium der Physik umfaßte die zweisemestrige 5-stündige „große" Vorlesung „Experimentalphysik" und ein 2 mal 4 stündiges Praktikum bei einer Semesterdauer von Ende April bis Anfang August bzw. Ende Oktober bis Anfang März. Vom 3. Semester an hörte man drei Vorlesungen über mathematische Physik (mehr Mathematik als Physik) und einstündige Spezialvorlesungen der Privatdozenten Richard Gans und Hans Happel. Von Relativitätstheorie hörte ich erstmals in einer Vorlesung von Gans im Zusammenhang mit der Massenzunahme von Kathodenstrahlteilchen mit der Geschwindigkeit. Im Rigorosum am 29.2.1912 wollte Brill von mir über Relativitätstheorie mehr wissen als ich wußte. Die physikalische Ausbildung erfolgte wesentlich im Praktikum durch Paschen und die Assistenten Gans und Paul Gmelin; wer sich der Physik widmen wollte, belegte das Praktikum mehrere Semester. Er wurde an bessere Apparate gesetzt, bekam von Paschen Sonderdrucke und Monographien zum Studieren. So wurde man frühzeitig zum Selbststudium der Originalliteratur geführt.

Die damalige Lage der Physik kann etwa so beschrieben werden: Es gab allgemein interessierende Spezialgebiete wie langwelliges Infrarot, Gasentladungen, Spektroskopie, Radioaktivität, Kanalstrahlen, die in verschiedenen Instituten bearbeitet wurden; theoretische Grundlagen waren Thermodynamik, kinetische Gastheorie, Elektromagnetismus, Elektronentheorie der elektrischen und optischen Eigenschaften der Materie. Aber so etwas wie zentrale Fragen gab es wohl nicht, sicher waren es nicht Relativität und Quantenphysik. Durch die zu Plancks Vorlesungen über die „Theorie der Wärmestrahlung" erscheinenden Arbeiten lernte ich Einsteins Lichtquantenhypothese[1] kennen, das Thema vieler Phantasien mit Ernst Back, der nach abgeschlossenem juristischem Studium zur Physik übergewechselt war und durch den Paschen-Back-Effekt bekannt wurde. An Paschens Meinung erinnere ich mich nicht. Für ihn als Spektroskopiker lag das Problem der Atome in dem — wie er so oft wiederholte — „monochromatischen ungedämpften Planckschen Oscillator". Immerhin veranlaßte er um 1912 Paul Gmelin und mich, nach einem Lichtdruck bei der selektiven Absorption von Spektrallinien zu suchen: nach einer Ablenkung eines Joddampfstrahls durch intensive Querbestrahlung. Diesen „Einsteinschen Lichtquantenimpuls" wies erst 1933 Otto Robert Frisch[2] in Absorption und Emission nach.

Nach Erscheinen des später berühmt gewordenen Versuchs von James Franck und Gustav Hertz[3] gingen Back und ich erregt zu Paschen: es sei doch der inverse lichtelektrische Effekt, nämlich die Ablösung eines Lichtquants durch ein Elektron gleicher Energie. Paschen lehnte brüsk ab, es sei ja die Beziehung zwischen Emission von Spektrallinien und Ionisation nicht geklärt. Wir versuchten, alles mit der Bohrschen Atomtheorie[4] zu verbinden, die anderswo, z.B. in Berlin, viel weniger beachtet wurde, nachdem sie im Sommer 1913 von Paschen uns mit den prophetischen Worten „das ist die Physik der nächsten 30 Jahre" empfohlen war. Ihn hatte die erste physikalische Deutung der Runge-Paschen-Ritzschen Therme und Thermdifferenzen der Seriengesetzlichkeiten der Spektrallinien beeindruckt. Er sprach aber nie mehr darüber, bis er in Sommerfelds Theorie der Feinstruktur der Spektrallinien und seinen, die damaligen Grenzen der Meßgenauigkeit weit überschreitenden Messungen die Entscheidung sah. Als er die berühmte Annalenarbeit mit dem seltsamen Titel „Bohrs Helium-Linien" 1916 abfaßte (Sommerfeld war einige Tage nach Tübingen gekommen),

---

1 *A. Einstein*, Über einen die Erzeugung und Verwandlung des Lichts betreffenden heuristischen Gesichtspunkt; Ann. d. Phys. **17**, 132, 1905.
2 *O. R. Frisch*, Experimenteller Nachweis des Einsteinschen Strahlungsrückstoßes, ZS f. Phys. **86**, 42, 1933.
3 *J. Franck* u. *G. Hertz*, Über die Erregung der Quecksilberresonanzlinien durch Elektronenstösse, Verh. d. D. Phys. Ges. **16**, 512, 1914.
4 *N. Bohr*, On the Constitution of Atoms and Molecules, Phil. Mag. **26**, 1, 1913.

fügte er seiner Bewunderung über die Theorie wiederholt die Bemerkung hinzu: „Jetzt habe ich erstmals auch die Relativitätstheorie experimentell bewiesen", über die er meines Wissens vorher nie ein Wort im Institut hat fallen lassen.

Die Entdeckung der Röntgenstrahl-Interferenzen und der Nachweis der atomistischen Kristallgitter, die anschauliche Idee und Theorie von Max Laue[5] und das übersichtliche Experiment von Walther Friedrich und Paul Knipping im Sommer 1912 erregten die Physiker mehr als andere Entdeckungen dieser Zeit wie der elektrooptische Stark-Effekt, der Atomkern von Ernst Rutherford oder die Supraleitfähigkeit durch Heike Kamerlingh Onnes. Sie belebte die Diskussion über Einsteins Lichtquantentheorie: Diese hatte man schon früher mit der Vorstellung von Röntgenstrahlkorpuskeln oder Stoßwellen und den von ihnen ausgelösten und sie anregenden energiereichen Elektronen in Verbindung gebracht. Im Einverständnis mit Paschen und Meyer versuchte ich daher nach Interferenzen von Alpha-Korpuskeln beim Durchgang durch Kristalle. Mit einer Braggschen Blende parallel gemachte Alpha-Strahlen fielen durch eine Glimmerfolie auf einen Fluoreszenzschirm, alles in einigen Zentimeter Abstand in einem evakuierten Rohr. Es gelang aber nicht, symmetrisch geordnete Scintillationen außerhalb des Strahles nachzuweisen. Bei dieser Gelegenheit machte Edgar Meyer den Vorschlag, eine Grundfrage von Einsteins Theorie des Photoeffektes zu prüfen: ob die Ablösung eines Elektrons spontan mit der Absorption von Licht oder erst nach einer, die Strahlungsenergie aufnehmenden Akkumulationszeit erfolge[6]. In einem Ehrenhaft-Millikan-Kondensator wurden ultramikroskopische Metallteilchen mit scharf begrenztem Ultraviolett bestrahlt[7]. Es ergaben sich zwischen Beginn der Bestrahlung und der ersten beobachteten Ladungsänderung Verzögerungszeiten von Bruchteilen bis zu vielen Sekunden, welche bei vielfacher Wiederholung mit demselben Teilchen um einen Mittelwert schwankten, dessen Größe von verschiedenen Versuchsbedingungen abhängig war. Die Ladungsänderungen betrugen ein oder wenige Elektronladungen. Unabhängig von uns hatte H. Joffe in Röntgens Institut gleiche Versuche durchgeführt. Wir trugen unsere Ergebnisse und mögliche Deutungen auf der Frühjahrstagung der Physikalischen Gesellschaft 1913 in Zürich vor. Bei dieser Gelegenheit lernte ich Einstein kennen. Mit

---

5 *W. Friedrich, P. Knipping* u. *M. Laue*, Interferenzerscheinungen bei Röntgenstrahlen, Sitzungsberichte der Bayer. Akad. d. Wiss. 1912, Seite 303. Theorie: M. Laue, ebenda, S. 363.

6 *P. Debye* u. *A. Sommerfeld*, Theorie des lichtelektrischen Effekts vom Standpunkt des Wirkungsquantums, Ann. d. Phys. 41, 873, 1913.

7 *E. Meyer* u. *W. Gerlach*, Über den photoelektrischen Effekt an ultramikroskopischen Metallteilchen, Arch. d. Genève (4) 35, 398, 1913. Ann. d. Phys. 45, 177, 1914. Ann. d. Phys. 47, 227, 1915.

einigen der damals uns vorbildlichen Physikern war ich schon früher zusammengetroffen, mit Heinrich Rubens, Carl Runge, Johannes Stark, Pierre Weiß, Willy Wien. Der damals 34jährige Einstein war ganz anderer Art. Ich weiß wohl, daß die Erinnerung an Empfindungen früher Jahre heikel, gar suspekt ist: Beispiele liefern manche Autobiographien. Etwas anders liegt es wohl bei der Erinnerung an ein Ereignis, das überraschend unerwartet menschlich und wissenschaftlich eine neue Sicht erschloß, an einen Eindruck, der sich in vielen Jahren auch bei nur sporadischem Zusammentreffen mit Einstein bestätigte.

Es war meine erste wissenschaftliche Tagung, auf der ich auch selbst vortragen sollte, und ich war gespannt und erregt. Man zeigte mir Einstein: unauffällig, etwas lässig in Haltung und Kleidung saß er in dem für heutige Verhältnisse recht kleinen Auditorium, in welchem fast jeder jeden kannte. Er unterbrach gelegentlich einen Vortrag mit einer gezielten Frage, er sprach gelegentlich in einer Diskussion mit etwas leiser Stimme mit leichtem süddeutschen Dialekt, auch in der Improvisation klar formuliert. An den folgenden Tagen traf man sich beim Essen oder in den Pausen in kleinerem Kreise, einmal auch im Hause eines Mäzens, wobei er Geige spielte. Mir fiel seine völlige Anspruchslosigkeit auf — „Sei ein Mann, iß Schübli und rauche Stumpen" sagte man damals in Zürich — und so war er. „Ich fahre vierter Klasse und komme auch dahin, wohin ich will". Er sprach so unbefangen, daß man seine eigene Befangenheit schnell vergaß, sich stets durch Fragen vergewissernd, ob er die Ansicht des andern richtig aufgefaßt habe. Alles schien ihn zu interessieren, er „dachte laut nach", eine Ablehnung formulierte er wohlwollend, ihre Schärfe oft durch eine witzige Bemerkung mildernd. Frei von Vorurteil kam es ihm immer einzig und allein auf die Sache an. Jede Überheblichkeit, gar Selbstgefälligkeit — wann und wo auch immer — war ihm fremd, in ihr sah er die Wurzel des von ihm verabscheuten Nationalismus. Hierüber sprach er so freimütig, wie ich es nur noch im Herbst 1914 von meinem Lehrer Friedrich Paschen hörte.

Einzelheiten sind mir aus einer längeren Unterhaltung zusammen mit Edgar Meyer über unsere Versuche in Erinnerung. Dabei kamen die damals viel diskutierten „Subelektronen" des Wiener Physikers Felix Ehrenhaft und dessen, mit der Lichtquantenfrage zusammenhängende „Photophorese" zur Sprache. Er verlangte Einzelheiten über unsere Ablehnung der Subelektronen[8]. Unsere Versuche zeigten eindeutig die Atomistik der elektronischen Ladung; die Absolutwerte schwankten aber von Teilchen zu Teilchen in weiten Grenzen. Wir schlossen hieraus auf die Nichtgültigkeit der zu ihrer Berechnung benutzten Stokes'schen Formel. Zu unseren Versuchen über die Verzögerungs- oder Akkumulationszeit beim Photoeffekt meinte

---

8 *E. Meyer* u. *W. Gerlach*, Über das Elementarquantum der Elektrizität, Ann. d. Phys. **48**, 718, 1915.

er, daß es sich wohl doch, wie von uns auch schon erwähnt, um einen sekundären Effekt handelt. Eine Ionisation des umgebenden Gases durch das abgelöste Elektron war ausgeschlossen. Es hätten sich aber durch Anlagerung abgelöster Elektronen an neutrale Gasmoleküle Ionen bilden können, welche – durch Brownsche Bewegung oder auch elektrische Kräfte in kurzer Zeit zu dem Teilchen zurückgeführt – die Beobachtung einer erfolgten Auslösung eines Elektrons verhinderten und so eine Akkumulationszeit vortäuschten. Einige Zeit später erhielten wir von Einstein ein Briefchen (auf einem Zettel geschrieben) mit einigen Formeln und der Frage, ob sich unsere Hypothese beweisen ließe. Wir haben daher die Verzögerungszeit am gleichen Teilchen bei Verminderung des Gasdrucks der umgebenden Atmosphäre auf etwa ein Zehntel gemessen und die erwartete starke Abnahme unserer Verzögerungszeit festgestellt. Diese Beobachtungen waren dann die Grundlage für die Untersuchung der Stokes'schen Formel.[9]

Bei den Unterhaltungen in Zürich machte mir Einstein den Vorschlag, die damals noch bestehende Schwierigkeit bei seiner Lichtquanten-Deutung des Photoeffekts zu klären. Er mußte die Arbeit eines Lichtquants in zwei Teile aufteilen, in die kinetische Energie des fortfliegenden Elektrons und eine nur vom bestrahlten Metall abhängige Größe etwa gleicher Größenordnung. Hier hatte die ablehnende Kritik Plancks eingesetzt. Einstein habe für das Versagen der einfachen Beziehung (Lichtquant gleich Elektronenenergie) gleich eine zweite Hypothese zur Hand gehabt. Nach Einstein war die Differenz dieser Zusatzgröße bei zwei Metallen gleich dem Kontaktpotential zwischen diesen. Dieses sollte ich mit Hilfe des von ihm schon 1908 entwickelten „Einsteinschen Multiplikator"[10] messen. Paschen war damit so sehr einverstanden, daß er den nicht billigen Apparat bei dem Baseler Mechaniker Habicht kaufte. Trotz allen Mühens gelang es aber nicht, reproduzierbare Ergebnisse zu erhalten. Heute versteht man den Fehlschlag: Damals waren eben reine Metalloberflächen nicht erhältlich.

Die Beobachtung der Brownschen Bewegung bei den genannten Versuchen mit ultramikroskopischen Teilchen und Einsteins entscheidende Arbeit[11] (sowie deren gerade erschienene Erweiterung durch Smoluchowski) veranlaßten mich zu dem Versuch, die Schwankungen einer Drehwaage zu messen (versilbertes Glimmerplättchen an sehr dünnem Quarzfaden hängend).

9 *E. Meyer* u. *W. Gerlach*, Über die Gültigkeit der Stokesschen Formel, Festschrift für J. Elster und H. Geitel, Verlag Vieweg 1915, Seite 196.
10 *A. Einstein*, Eine neue elektrostatische Methode zur Messung kleiner Elektrizitätsmengen, Phys. ZS. 9, 216, 1908.
11 *A. Einstein*, Über die von der molekularkinetischen Theorie der Wärme geforderte Bewegung von in ruhenden Flüssigkeiten suspendierten Teilchen, Ann. d. Phys. 17, 549, 1905. – Bez. der benutzten Methode s. M. von Smoluchowski, in Vorträge über kinetische Theorie der Materie, Göttingen 1914.

Die wegen Wiedereinberufung zum Militär abgebrochenen Versuche wurden erst 1926 mit wesentlich verbesserten Hilfsmitteln wiederaufgenommen[12] und führten in ihrer Fortführung durch Eugen Kappler[13] zur ersten absoluten Messung der Avogadro-Loschmidtschen Zahl.

Erst nach dem Weltkrieg traf ich wieder mit Einstein zusammen. Noch als Physiker der Farbenfabrik Bayer in Elberfeld nahm ich an der Versammlung der Naturforscher und Ärzte in Bad Nauheim teil, mit der noch die Jahrestagung der Physiker verbunden war. Eine Disputation zwischen Einstein und Philipp Lenard über die „allgemeine" Relativitätstheorie war vorgesehen. Lenard kannte ich nur aus der Literatur, weil seine frühen Arbeiten über Elektronenstrahlen uns als experimentelle Musterleistungen galten. Um so mehr war auch ich erstaunt, daß er sich an der kürzlich entfachten widerlichen Agitation gegen Einstein beteiligte, zumal die englische Sonnenfinsternisexpedition von 1919 einen doch recht zuverlässigen, wenn auch nur qualitativen Nachweis einer Ablenkung des in Sonnennähe vorbeilaufenden Sternlichtes ergeben hatte. Die Einstein-Lenard-Diskussion fand unter Max Planck am 23. September 1920 im großen Kursaal von Bad Nauheim statt. Nur der kleinere Teil der zahlreichen Zuhörer war Physiker. Lenard berief sich immer wieder auf den undefinierten Begriff der Anschaulichkeit; Einstein stellte entsprechend kritische Fragen; erregte Abgleitungen ins Persönliche versuchte Planck schnell zu dämpfen; das Auditorium war in Ablehnungs- und Zustimmungsäußerungen sparsam. Eine sichere Erinnerung an Einzelheiten der gegensätzlichen Argumente habe ich nicht – sie sind viel zu oft nachher gedruckt und zitiert worden. Aber der Eindruck, mit dem ich die Sitzung verließ, ist mit Sicherheit unverwischt geblieben: Es war unfruchtbar, für Lenard blamabel. Das von Einsteins Gegnern erstrebte Tribunal hatte nicht stattgefunden, die Sensation, von der später hie und da geschrieben wurde, war ausgeblieben. Vielleicht ist bemerkenswert, daß die Angelegenheit im Briefwechsel Born–Einstein nur nebensächlich vorkommt. Gewiß war diese Nauheimer Diskussion ein nicht alltägliches Ereignis, aber sie war wissenschaftlich fruchtlos. Ideologische und persönliche Motive sind bei Überlegungen über Möglichkeit und Bedeutung einer neuen Denkweise in den Naturwissenschaften fehl am Platz. Von Bestätigung oder Nichtbestätigung durch physikalische Experimente zur allgemeinen Relativitätstheorie konnte ja noch keine Rede sein. Die Gegnerschaft wurde immer unsachlicher. Nur sehr wenige der namhaften Physiker machten sich durch offene Unterstützung – so die mit Recht ihrer Arbeiten wegen berühmten Nobelpreisträger Philipp Lenard und Johannes Stark – oder mit

---

12 *W. Gerlach* u. *E. Lehrer*, Über die Messung der Brownschen Bewegung mit Hilfe einer Drehwaage, Naturwiss. 15, S. 15, 1927.

13 *E. Kappler*, Versuche zur Messung der Avogadro-Loschmidtschen Zahl aus der Brownschen Bewegung einer Drehwaage, Ann. d. Phys. 11, 233, 1931.

dem Vorwand wissenschaftlicher Vorsicht mitschuldig. Es kam zu einer Flut von Artikeln und Broschüren gegen die Relativitätstheorie, vorwiegend von Philosophen, welche „Raum und Zeit" gepachtet hätten, so und auch schärfer äußerte sich Einstein. Nach meiner Erinnerung hatte Lenard in Nauheim keine Einwände gegen die spezielle Relativitätstheorie erhoben. Physiker wie Peter Paul Ewald und Max Laue vergeudeten manche Zeit mit Versuchen zur Klärung der Mißverständnisse, wobei Ewald in einem Referat schon auf den Begriff „relativ" hinwies: Wie einst Newton so mache Einstein physikalisch begründete absolute Aussagen.

Die Physik ging über Irrungen und Wirrungen hinweg. Geblieben war in meiner Generation der Schatten, den sie über die sonst so glückhaften Zwanziger Jahre warfen, und ein Argwohn gegen alle Philosophie.

Im Herbst 1920 hatte ich den Lehrauftrag für „Höhere Experimentalphysik" im Institut von Richard Wachsmuth in Frankfurt übernommen, und wurde von Max Born und Otto Stern zu ihren Atomstrahlversuchen im Theoretischen Institut herangezogen. Ich hatte aus meiner Tübinger Zeit Erfahrungen mit den Dunoyerschen optischen Atomstrahlversuchen und begann mit einem magnetischen. Da machte Stern[14] sofort auch den veröffentlichten Vorschlag, die Frage der sogenannten Richtungsquantelung durch ein im Prinzip einfaches Experiment zu untersuchen: die Ablenkung oder Aufspaltung eines Silber-Atomstrahls in einem inhomogenen magnetischen Feld. Mangels fast aller Hilfsmittel in der beginnenden Inflationszeit unterstützte uns Born aus dem Honorar, das er durch Vorträge über die Relativitätstheorie erhalten hatte. Wegen der großen Schwierigkeiten wurde oft diskutiert, ob der Versuch sich überhaupt lohne. Niels Bohr und Max Born erwarteten den Nachweis der extremen Richtungsquantelung, Arnold Sommerfeld höchstens ein halbklassisches Ergebnis, Peter Debye hielt einen experimentellen Nachweis mit einem magnetisch-mechanischen Versuch für nicht möglich; Fritz Haber gab uns eine größere Geldsumme aus der Hoshi-Stiftung zur Weiterarbeit ohne den Mut zu verlieren. Stern und ich pflegten stets zu sagen „die Sektion wird es zeigen", wobei Stern mehr zu einer klassichen als der quantenhaften Auffassung neigte. Born hatte Einstein unterrichtet, der uns nach den ersten aussichtsvollen Ergebnissen Geld für einen starken Magneten beschaffte und mit seinem Optimismus half. Als dann der Versuch[15] geglückt war, schrieb er an Born[16] die durch denselben damals entstandene Problematik kennzeichnenden Zeilen: „Das Interessan-

---

14 *O. Stern*, Ein Weg zur experimentellen Prüfung der Richtungsquantelung im Magnetfeld, ZS f. Phys. 7, 249, 1921. Lit. über R. Qu. siehe A. Sommerfeld, Atombau und Spektrallinien 1921.
15 *W. Gerlach* u. *O. Stern*, Der experimentelle Nachweis der Richtungsquantelung im Magnetfeld, ZS f. Phys. 9, 349, 1922, Ann. d. Phys. 74, 673, 1924.
16 *M. Born*, Albert Einstein – Max Born Briefwechsel, S. 103 Nymphenburger Verlag 1960.

teste aber ist gegenwärtig das Experiment von Stern und Gerlach. Die Einstellung der Atome ohne Zusammenstöße ist nach den jetzigen Überlegungsmethoden durch Strahlung nicht zu verstehen; eine Einstellung sollte von Rechts wegen mehr als 100 Jahre dauern. Ich habe mit Ehrenfest eine kleine Rechnung darüber angestellt. Rubens hielt das experimentelle Ergebnis für absolut sicher".

In dieser Zeit schlug mir Einstein vor, mich mit einem ganz anderen Problem zu befassen, der — übrigens schon in Michael Faradays Diary experimentell bearbeiteten — Frage, ob bewegte Materie (oder eine Änderung ihres Bewegungszustandes) ein magnetisches Feld erzeugt. Gedacht war an Messungen längs von Strömen oder Wasserfällen. Ich sollte für einige Zeit meine akademische Arbeit aufgeben. Hierzu konnte ich mich nach längerem Hin und Her nicht entschließen.

Damals wies bei irgend einer Unterhaltung Einstein darauf hin, daß die Flamme einer brennenden Kerze bei freiem Fall verschwinden müsse, da sie auf Konvektion und damit auf der Erdbeschleunigung beruht. „Deshalb wird eine — gasgefüllte — Glühlampe beim Herunterfallen heller" antwortete ich. Diese zwei Versuche[17] habe ich seit Frankfurt regelmäßig in Vorlesungen und vielen Vorträgen gezeigt. Die in einem großen geschlossenen Glasballon brennende Flamme zieht sich beim Fallen sofort auf eine leuchtende Zone um den Docht zurück, während ein in einem Glasballon schwach leuchtender Glühdraht beim freien Fall heller wird.

In den 20er Jahren traf ich Einstein gelegentlich in Berlin. Ich entsinne mich noch an eine Episode in einem Kolloquium im Physikalischen Institut. Er machte von sich, man machte von ihm kein Aufsehen. Es war eigentlich wie einst in Zürich, nur das Auditorium war größer, und er saß in der ersten Reihe. Walther Nernst trug vor, Einstein unterbrach mit einem Einwand, der zu einer etwas gereizten Diskussion zwischen beiden führte. Der Leiter — vielleicht Heinrich Rubens — brach sie ab mit der Bitte, die Herrn möchten sich nach Abschluß von Nernsts Vortrag unterhalten. Nernst sprach weiter, während Einstein den Kopf sinken ließ, wie üblich eine Locke drehend. Plötzlich reckte er sich auf, hob Kopf und Hände — er hatte ganz offensichtlich die Sache verstanden. Nernst sah es, trat von der Tafel ein paar Schritte auf Einstein zu, machte wortlos eine tiefe Verbeugung und wandte sich wieder zur Tafel.

Ein andermal saß man gemütlich beisammen. Einstein gab sich recht deprimiert: Das Patentamt habe ihm mitgeteilt, daß das Prinzip eines von ihm mit Szilard erdachten Kühlschranks bekannt sei — „ja, wenn man mir das von der Relaitivitätstheorie gesagt hätte, dann ... — ... aber ...".

---

17 W. Gerlach, Einige Vorlesungsversuche, ZS f. Phys. u. chem. Unterricht 50, 139, 1937. Jahresbericht d. Phys. Verein Frankfurt/M., 1963, S. 63.

Im Frühsommer 1926 veröffentlichte Einstein die das Problem Welle — Teilchen — Dualismus betreffende scharfsinnige und erregende Abhandlung „Über die Interferenzeigenschaften des durch Kanalstrahlen emittierten Lichts". Zur Einsicht in ihre grundsätzliche Bedeutung muß man den damaligen Stand dieser Grundfrage vor Augen haben. An der Gültigkeit der Planckschen Formel für die Schwarze Strahlung war trotz neuerlicher Einwände von Nernst nach den Messungen von Rubens und Michel nicht mehr zu zweifeln. — Einsteins Erwartung 1905, „daß Herr Planck ein neues Hypothetisches Element in der Physik eingeführt hat", hatte sich erfüllt. Mit ihm waren die vielfachen energetischen Wechselwirkungen zwischen elektromagnetischer Strahlung aller Frequenzen und Materie in allen Zuständen und mit freien Elektronen geklärt: die Emission und Absorption der Spektrallinien (in Verbindung mit Bohrs Quantenbedingung der Stabilität der Atome und Sommerfelds Theorien über „Atombau und Spektrallinien") der (mit Einsteins Äquivalenz von Masse und Energie verbundene) Compton-Debye-Effekt und der von Walther Bothe und Hans Geiger geführte experimentelle Beweis der Gültigkeit des Energiesatzes für die Umsetzung von Quantenenergie in kinetische Energie (gegen eine Theorie von Bohr, Cramers und Slater) für jeden Einzelprozeß. Verstanden war die Existenz der hochfrequenten Grenze der Röntgenspektra (verbunden mit der Präzisionsbestimmung der Planckschen Konstanten h) und die Bedeutung von Energiequanten für das thermische Verhalten der Materie bei tiefen Temperaturen. Die ersten Arbeiten zur Quantenmechanik — Born, Jordan, Heisenberg, Dirac — waren gerade erschienen, Schrödingers Wellenmechanik noch nicht. Andererseits war auf Grund mannigfacher experimenteller Ergebnisse an der Ausbreitung des Lichtes in Form langer Wellenzüge nicht zu zweifeln, die de Broglieschen monochromatischen Materiewellen waren noch nicht gesichert.

Schon einmal, genau vor 100 Jahren, gab es diesen Dualismus in der Physik des Lichtes. Der von Thomas Young (dazu François Arago und endgültig Augustin Fresnel) entwickelten transversalen Undulationstheorie stand die „gültige" Newtonsche Vorstellung von (quasi magnetisch-) polarisierten Lichtkorpuskeln entgegen, allgemein angenommen und scheinbar durch die Entdeckung der „Polarisation" von Etienne Malus gesichert. Damals forderte Jean Baptiste Biot die Erklärung der Interferenz mit Korpuskeln als vordringliche Aufgabe der Physik. Fraunhofer urteilt u.a. auf Grund der ersten absoluten Wellenlängenmessungen mit seinem Beugungsgitter in Luft und Wasser: „Die Interferenz wird immer fest stehen. Wer etwas anderes als eine Welle mit diesen Eigenschaften sich denken kann, mag es seiner Ansicht anpassen".

Dem damaligen „Entweder-Oder" stand nun das „Sowohl-Als auch" in Bohrs Prinzip der Komplementarität und gesicherten Experimenten über den Welle-Teilchen-Dualismus des Lichtes entgegen. Experimentatoren sagten damals: fragt man nach energetischen Beziehungen, so ist die Antwort

„Quanten"; fragt man nach dem Strahlungsfeld, so lautet die Antwort „Wellen". An letzterer setzte Einsteins[18] skeptische Frage an: Warum liefert das von Kanalstrahlen, also von schnell bewegten Atomen, emittierte Licht keine Interferenzen? Er zeigt aber, daß „ein Versagen der klassischen Undulationstheorie nahezu ausgeschlossen ist", und zwar auf Grund eines „ohne spezielle Annahmen, in Sonderheit auch solcher der Undulationstheorie" abgeleiteten Experiments. Licht von Kanalstrahlatomen (gleicher Geschwindigkeit!) liefert etwa im Michelsoninterferometer ein „ruhendes" Interferenzbild, wenn der eine Spiegel um einen von der Geschwindigkeit abhängenden Winkel in der Kanalstrahlrichtung gedreht wird. Mit diesem „Einsteinschen Spiegeldrehversuch" werden also Teile der Strahlung, die zu verschiedenen Zeiten von gleich bewegten Teilchen ausgehen, zur Interferenz gebracht. Die besondere Bedeutung dieser Überlegung sieht Einstein – fundamental für sein Denken, in welches ich Einblick haben durfte – darin, daß sie „zu einer bequemen Voraussage der zu erwartenden Interferenzerscheinungen führt". Schon nach 3 Monaten legte Emil Rupp[19] die experimentelle Durchführung vor, welche „die Theorie vollkommen bestätigte", wie Einstein in einem Nachsatz betonte. Die „volle Gültigkeit der Undulationstheorie (entsprechend Bohr und Heisenberg)" und die Ungültigkeit der Annahme, „daß das die Interferenz bestimmende Strahlungsfeld durch einen Momentanprozeß erzeugt sein kann, wie dies durch die Quantentheorie nahegelegt wird", – beides wurde grundlegend für den Fortgang der Physik. Willy Wien veranlaßte seinen Schüler Harald Straub zur Nachprüfung der Ruppschen Versuche. Ihr Ergebnis entsprach zwar seinem Denken, aber er war wegen einer vorangehenden Arbeit von Rupp über Phosphore skeptisch. Nach Wiens Tod oblag die Verantwortung für Straubs Versuche Eduard Rüchardt und mir. Nach mühevollen Versuchen Straubs unter Anwendung aller verfügbaren Mittel kamen wir drei zu dem Ergebnis, daß der von Einstein erdachte Versuch nicht ausführbar ist[20]. Es war – insbesondere in der von Rupp beschriebenen Weise – noch unmöglich, Kanalstrahlen solch einheitlicher Geschwindigkeit herzustellen, daß ihre Geschwindigkeit durch eine bestimmte Winkeldrehung des Spiegels kompensierbar gewesen wäre.

Rupp[21] veröffentlichte darauf erstmals „Photographien" der Interferenzen bei bewegtem Leuchten unter detaillierter Angabe von Spiegel-

---

18 A. *Einstein*, Über die Interferenzeigenschaften des durch Kanalstrahlen emittierten Lichtes. Sitzungsberichte der Preuss. Akad. d. Wiss. 1926, XXV, S. 334.
19 E. *Rupp*, Über die Interferenzeigenschaften des Kanalstrahllichtes. Sitzungsberichte der Preuss. Akad. d. Wiss. 1926, XXV, S. 341, und Ann. d. Phys. 79, 1926. Seite 1.
20 H. *Straub*, Über die Kohärenzlänge des von Kanalstrahlen emittierten Lichtes. Ann. d. Phys. 5, 1930, S. 644.
21 E. *Rupp*, Erwiderung zu der Dissertation von H. Straub „Über die Kohärenzlänge des von Kanalstrahlen emittierten Lichtes". Ann. d. Phys. 7, 1930, S. 381. Antwort auf die Bemerkung von H. Straub, Ann. d. Phys. 8, 1931, S. 293.

abständen und Linsenbrennweiten, welche Einsteins Versuchsbedingungen entsprachen. Mittlerweile traten Zweifel auf, ob eine in Einsteins Theorie vorausgesetzte und von Rupp benutzte „Abbildungsbedingung" überhaupt erforderlich ist. Von ihr erschien uns zwar das Ergebnis der Einsteinschen Überlegung unabhängig; sie war aber wesentlich für ihre experimentelle Prüfung. Außerdem fanden wir, daß in der Versuchsskizze in Einsteins Arbeit von 1926 ein Zeichnungsfehler war: Die Drehrichtung des Spiegels muß nach dem Text (und in Wirklichkeit) gerade umgekehrt sein als angegeben: Rupp hatte in seiner Versuchsanordnung den falschen Drehsinnn übernommen. Wir schrieben an Einstein, der nur kurz antwortete, er träfe mich ja in kurzer Zeit beim Solvay-Kongreß im September 1930 in Brüssel, dann könnten wir darüber sprechen.

Wir verabredeten uns dann für einen bestimmten Tag zu einer Tasse Kaffee nach dem gemeinsamen Mittagessen. Kurz vor dessen Beginn bat mich Einstein zur Seite: Er müsse sofort nach London. Der ... habe Leute eingeladen, welche Geld für die Juden zur Verfügung stellen sollten – wenn er nicht dabei reden würde, gäben sie nicht genug. Nach einigen sorgenvollen Bemerkungen über die Not des Weltjudentums und auch über Sorgen um einen neuen zionistischen Nationalismus, bat ich ihn nochmals inständig, die Bedeutung eines Überlegungsfehlers in dieser so wichtigen Arbeit für ihn und für uns nicht zu übersehen. Fast gequält sagte er nur „ich kann da nichts ändern, aber helfen muß man – grüßen Sie Rüchardt und macht mit Euren Versuchen nur weiter". Mir sind alle Einzelheiten jener Unterhaltung in einer von einem Store halbverdeckten Fensternische noch in Erinnerung: die Enttäuschung, daß unser Problem nun doch nicht durchdiskutiert war, Einsteins sorgenvolles Gesicht, sein Zweifel und die Herzlichkeit des Abschieds – es sollte der letzte sein.

Ich kam also unverrichteter Dinge nach München zurück. Aber wir konnten uns nicht zur Veröffentlichung unserer Kritik an Einsteins Arbeit entschließen, auch als kurze Zeit später Rupp zwei Bilder veröffentlichte als experimentum crucis für seinen Beweis des Spiegeldrehversuchs: Interferenzen *mit* Einsteins Abbildungsbedingung, *ohne* diese keine Interferenzen. Die falsche Drehrichtung in Einsteins und Rupps Zeichnung schien uns als Beweis für eine Fälschung nicht ausreichend. Während im Institut Versuche, geschwindigkeitshomogene Kanalstrahlen zu erzeugen, weiterliefen, gelang Rüchardt im Rahmen einer andern Arbeit eine elementare Ableitung des Einstein-Versuchs, welche die erwähnte Abbildungsbedingung endgültig ausschloß. Nun veröffentlichten wir 1935[22] unsere Korrekturen an Einsteins Ableitung und Figur mit der Erklärung, daß Rupp die Spiegeldrehversuche

---

22 *W. Gerlach* u. *E. Rüchardt*, Über die Kohärenzlänge des von Kanalstrahlen emittierten Lichtes. Ann. d. Phys. 24, 1935, Seite 124.

nicht gemacht, die Interferenzbilder gefälscht habe. Bald darauf wurde auch in einer Erklärung von C. Ramsauer der gleiche Vorwurf gegen andere Arbeiten von E. Rupp bestätigt.

1937/38 gelang es schließlich Heinz Billing[23] unter anderem mit der neuen ionenoptischen Methode, einen lichtstarken, homogenen Wasserstoffkanalstrahl herzustellen und nach dem Einsteinschen Spiegeldreh-Experiment die Interferenzfähigkeit des von verschiedenen Stellen des Kanalstrahls emittierten H-Lichts miteinander zu beweisen. Mit den unter verschiedenen Bedingungen durchgeführten Versuchen zeigte er auch — über Einsteins Theorie von 1926 hinausgehend — ihre Übereinstimmung mit Heisenbergs Unbestimmtheitsrelation von 1927. Es sei noch bemerkt, daß zur gleichen Zeit Gerhard Otting[24] in unserem Institut und H. J. Ives und G. R. Stievell in USA den relativistischen quadratischen Doppler-Effekt quantitativ bei transversaler Beobachtung homogener Kanalstrahlen nachwiesen. Man könnte sagen, daß eine so späte Bestätigung eigentlich nicht mehr nötig gewesen wäre. Ich meine aber, daß die große Bedeutung, welche Einstein 1926 diesem Versuche beigemessen hatte, die Aufwendungen hierfür rechtfertigt, ganz abgesehen davon, daß jedes quantitative Experiment in der Physik seinen Eigenwert hat.

Wir haben nie erfahren, ob die an Einstein geschickten Separata der auf seine Urheberschaft namentlich hinweisenden Annalenarbeit (1938) in seine Hand gekommen sind.

Zum 14. März 1949, dem 70. Geburtstag von Albert Einstein, lud der Oberbürgermeister von Ulm Theodor Pfizer einen größeren Kreis zu einer Gedenkstunde an den Sohn der Stadt ein. Dicht gedrängt saß man in dem alten Schuhhaussaal auf Klappstühlen und Holzbänken. Pfizer schickte einen Druck seiner und meiner Rede nach Princeton. Einstein — damals noch zurückhaltend, gar ablehnend gegenüber Versuchen, alte Beziehungen wieder zu beleben — antwortete ihm am 28. September: „Ich danke Ihnen freundlich für die Übersendung der Exemplare der Druckschrift, welche über Ihre Feier berichtet und auch für Ihren freundlichen Brief vom 17. August. Ich lasse auch Herrn Kollegen Gerlach freundlich danken für die Mühe, der er sich bei dieser Gelegenheit unterzogen hat. Wir leben ja in einer Zeit tragischer und verwirrender Ereignisse, so daß man sich doppelt freut über jedes Zeichen humaner Gesinnung".

„Die Zeit kümmmert sich mehr um Flinten- und Kanonenkugeln als um die Mondkugel", so klagte 300 Jahre früher 1634 Ludwig Kepler bei der Herausgabe der „Astronomia Lunaris" seines Vaters.

---

23 *H. Billing*, Ein Interferenzversuch mit dem Lichte eines Kanalstrahles. Ann. d. Phys. **32**, 1938, S. 577.

24 *G. Otting*, Der quadratische Doppler-Effekt, Phys. ZS **40**, 681, 1939. H. I. Ives u. G. R. Stievell, Journ. Opt. Soc. **28**, 215, 1938.

Mercer Street und andere Erinnerungen

zusammengestellt von John Archibald Wheeler

Im Jahre 1950 entstand der berühmte japanische Film Rashomon, der ein dramatisches Erlebnis in drei sehr unterschiedlichen Versionen, die den Wahrnehmungen von drei Teilnehmern entsprechen, schildert. Von dem hier gegebenen Bericht eines Besuchs bei Albert Einstein am 16. Mai des Jahres 1953 gibt es sogar vier Versionen: von John Wheeler, Marcel Wellner, Arthur Komar und O. W. Greenberg. Der Autor (J.A.W.) dankt den anderen Herren für die Erlaubnis ihre Beiträge zu publizieren und dem Nachlaß von Albert Einstein für die Genehmigung, einige Zitate aus Einsteins Schriften anzuführen.

Die erste Gelegenheit, Albert Einstein zu sehen und zu hören, hatte ich an einem Nachmittag im akademischen Jahr 1933—34. Ich arbeitete damals, kurz nach meinem Doktorat, gemeinsam mit Gregory Breit in New York. Er teilte mir mit, daß es ein kleines, privates, nicht angekündigtes Seminar von Einstein am Nachmittag geben würde. Wir nahmen den Zug nach Princeton und gingen zu einem der Gebäude der Universität, der Fine Hall. Das Thema des Seminars war die vereinheitlichte Feldtheorie, wie aus Einsteins einleitenden Worten hervorging. Sein Englisch war zwar mit Akzent behaftet, doch schön, klar und langsam. Sein Vortrag war spontan und ernst, mit hie und da einem Anflug von Humor. Ich war mit dem Thema nicht sehr vertraut, doch spürte ich, daß Einstein Zweifel an der von ihm vorgetragenen Version einer vereinheitlichten Feldtheorie hatte. Ich war von Physik Semimaren her gewohnt, daß Gleichungen der Reihe nach, sozusagen en detail, behandelt wurden. Hier sah ich zum ersten Mal die Betrachtung von Gleichungen en gros. Man zählte die Anzahl der Unbekannten und der Nebenbedingungen und verglich sie mit der Zahl der Gleichungen und der Koordinatenfreiheitsgrade. Die Gleichungen sollten nicht gelöst werden, es war vielmehr zu entscheiden ob sie Lösungen zulassen und ob diese eindeutig sind. Schon bei dieser ersten Begegnung wurde mir klar, daß Einstein sehr konsequent seine eigene Linie verfolgte, und sich nicht für die damals in den Vereinigten Staaten sehr populäre Kernphysik interessierte.

Im Jahre 1938 übersiedelte ich nach Princeton, und hatte dort Gelegenheit manchmal bei Einstein in seinem Haus in der Mercer Street vorzusprechen. Sein Studio lag im zweiten Stock mit dem Blick auf das Graduate College. Bei einer dieser Diskussionen gab ich meiner Hoffnung Ausdruck, die Strahlungsdämpfung als Wechselwirkung von Quelle und Absorber zu verstehen und Einstein erzählte mir daraufhin über seine Debatte mit W. Ritz [1]. Er war mit ihm zusammengekommen, um in einem gemeinsamen Artikel ihre gegensätzlichen Ansichten zum Strahlungsproblem darzulegen. Dabei argumentierte Ritz, daß die elementare Wechselwirkung die Irreversibilität verursacht. Einstein war dagegen der Ansicht, daß die elementaren Wechselwirkungen zeitsymmetrisch sind und die Irreversibilität durch die Asymmetrie der Anfangsbedingungen entsteht. Er wies auch auf die faszinierende Arbeit von Tetrode [2] über dieselbe Frage hin.

Besonders in Erinnerung habe ich einen Besuch den ich Einstein im Jahre 1941 machte, um ihm die Methoden der Wegintegrale zu erläutern. Dieser neue Zugang zur Quantenmechanik wurde gerade von Richard Feynman [3] entwickelt, den ich zu meinen Dissertanten zählen durfte. Ich hoffte damals, Einstein davon zu überzeugen, wie natürlich die Quantentheorie unter diesem neuen Aspekt erscheint, der sie mit den Variationsprinzipien der klassischen Mechanik aufs Engste und Schönste verbindet. Einstein hörte mir 20 Minuten lang geduldig zu. Als ich fertig war, wiederholte er seine bekannte Bemerkung: „Ich kann trotzdem nicht glauben, daß Gott würfelt" [4]. Dann sagte er noch in seiner schönen, langsamen, klaren, wohlformulierten und humorvollen Art: „Natürlich kann ich Unrecht haben, aber ich habe vielleicht das Recht erworben, Fehler zu machen."

Eines Tages fühlte ich mich veranlaßt ihn zu fragen, „Professor Einstein, Sie werden doch sicher oft eingeladen. Kommen Sie nie in die Versuchung zu reisen?" Worauf Einstein antwortete, „Ich liebe zu reisen, doch hasse ich anzukommen."

Im Herbst des Jahres 1952 hielt ich zum ersten Mal eine Vorlesung über spezielle und allgemeine Relativitätstheorie. Im Verlauf der Jahre, lernte ich dabei sehr viel von meinen Studenten über dieses Thema. Am 16. Mai 1953, nicht ganz zwei Jahre vor seinem Tod, war Einstein so freundlich, die acht bis zehn Studenten der Vorlesung und mich in sein Haus zum Tee einzuladen. (Die Erinnerungen, die drei der damaligen Studenten — Arthur Komar, Marcel Wellner und O. W. Greenberg — freundlicherweise zur Verfügung gestellt haben, folgen.) Margot Einstein und Helen Dukas servierten Tee, als wir um den Tisch saßen. Die Studenten stellten vielerlei Fragen, angefangen von der Natur der Elektrizität über die vereinheitlichte Feldtheorie, bis zum expandierenden Universum und zu Einsteins Haltung zur Quantentheorie. Einstein antwortete lang und faszinierend. Schließlich übertrumpfte ein Student die anderen mit der unerschrockenen Frage: „Professor Einstein, was wird aus diesem Haus werden, wenn Sie nicht mehr leben?" Einsteins Gesicht nahm ein humorvolles Lächeln an, und wieder sprach er in diesem wundervollen, langsamen, etwas akzentuierten Englisch, das druckreif war: „Dieses Haus wird nie ein Ort der Wallfahrt werden, wo Pilger kommen, um die Knochen des Heiligen zu sehen." So ist es auch heute. Die Touristenbusse kommen zwar und die Pilger steigen auch aus um das Haus zu photographieren — aber sie gehen nicht hinein.

Ein weiteres Treffen war mein letztes. Wir überredeten Einstein zu einem Seminar für eine kleine Gruppe (siehe die folgenden Mitschriften), bei dem das Quant ein Hauptthema war. Niemand von uns kann vergessen, wie er sein Unbehagen über die Rolle des Beobachters ausdrückte: „Wenn ein Lebewesen, wie etwa eine Maus, das Universum beobachtet, so verändert dies den Zustand des Universums?"

In der gesamten Geschichte des menschlichen Denkens gibt es keinen großartigeren Dialog als denjenigen, der jahrelang zwischen Niels Bohr und Albert Einstein über die Bedeutung der Quanten stattfand. Ihre Diskussionen sind bereits als Plastik dargestellt worden und werden sicher eines Tages in Literatur und Malerei eingehen. Unvergeßlich ist Einsteins Brief an den jungen Bohr nach ihrem ersten Treffen: „Ich studiere ihre hervorragenden Arbeiten, und wenn ich irgendwo steckenbleibe, habe ich nun das Vergnügen, Ihr freundliches junges Gesicht lächelnd und erklärend vor mir zu sehen" [5]. Es gibt kein bedeutenderes Denkmal dieses Dialogs als Bohrs Zusammenfassung in dem Buch „Albert Einstein als Philosoph und Wissenschaftler", herausgegeben von Paul Arthur Schilpp [6].

Literatur

[1] *Ritz, W.,* und *A. Einstein,* „Zum gegenwärtigen Stand des Strahlungsproblems", Physik. Zeits. 10, 323–324 (1909).
[2] *Tetrode, H.,* „Über den Wirkungszusammenhang der Welt. Eine Erweiterung der klassischen Dynamik", Zeits. f. Physik 10, 317–328 (1922).
[3] *Feynman, R. P.,* „The principle of least action in quantum mechanics", Dissertation, Princeton University, 1942; unveröffentlicht, erhältlich auf Mikrofilm von der Universität, Ann Arbor, Michigan 48106.
[4] *Einstein, A.,* Brief an Max Born, 12. Dezember 1926.
[5] *Einstein, A.,* Brief an Niels Bohr, 2. Mai 1920.
[6] *Schilpp, P. A.,* Hrg., Albert Einstein als Philosoph und Naturforscher, W. Kohlhammer Verlag, Stuttgart (1949), Vieweg Reprint, Braunschweig (1978).

Arthur Komars Erinnerungen an den Besuch der Teilnehmer einer Vorlesung über Relativitätstheorie bei Albert Einstein am 6. Mai 1953

Mitgeteilt an John A. Wheeler am 8. August 1977

Wir waren ungefähr zu acht. Wir setzten uns und tranken Tee, den Frl. Dukas brachte. Einstein sagte, daß er erfreut sei, Kontakt mit jungen Menschen zu haben. John Wheeler fragte ihn über die Einstein-Rosen-Brücke. Warum habe er sie zunächst eingeführt und dann wieder fallengelassen? Einstein antwortete, daß er zunächst glaubte, die Brücke verbinde zwei fast ebene Flächen in eindeutiger Weise. Als er jedoch entdeckte, daß sie keine eindeutige Struktur war, schien ihm die Brücke zu schwerfällig, unattraktiv und vieldeutig. Es war unklar, wie man ihre Möglichkeiten nutzen sollte. Arthur Komar wollte wissen, was Einstein von Eddingtons Ansatz zur Berechnung der dimensionslosen Naturkonstanten hielt. Einstein war an einer Theorie oder an einer Erklärung der dimensionslosen Naturkonstanten sehr interessiert, doch hatte er das Gefühl, daß es zur Zeit noch keine interessante Lösung des Problems gebe. An Fragen über das expandierende Universum, die Gravitationsstrahlung oder die Natur der Elektrizität kann sich Komar nicht erinnern. Der lebendige Ausspruch am Ende: „Dieses Haus wird nie ein Ort der Wallfahrt werden, wo Pilger kommen, um die Knochen des Heiligen zu sehen" ist ihm jedoch im Gedächtnis geblieben, ebenso wie ein Vortrag im Palmer Physical Laboratory, bei dem Einstein zwei auffallende Bemerkungen machte: (1) die Gesetze der Physik sollten einfach sein. Ein Zuhörer fragte: „Wenn sie aber nicht einfach sind?" — „Dann würde ich nicht an ihnen interessiert sein." (2) Einstein wurde gefragt, warum er die Quantenmechanik ablehne. Er antwortete, daß er den Begriff einer a priori Wahrscheinlichkeit nicht akzeptieren könne, worauf ein Zuhörer meinte: „Mit den A- und B-Koeffizienten haben Sie ja selbst die a priori Wahrscheinlichkeit eingeführt." — „Ja ich weiß, aber ich habe es seither bereut; wenn man Physik betreibt, dann sollte man seine linke Hand nicht wissen lassen, was die rechte Hand tut." Am Ende dieser Vorlesung setzte sich Einstein hin, lehnte sich zurück, seufzte und sagte: „Das ist meine letzte Prüfung."

Auszüge aus einem Brief vom 10. September 1977 von Marcel Wellner an John A. Wheeler

Meine Erinnerung an unser Treffen mit Einstein am 16. Mai 1953 ist noch immer einigermaßen lebendig. Ich glaube mich zu erinnern, daß die meisten von uns zu schüchtern waren, um ihn viel zu fragen. Sie mußten unser Sprecher sein, obwohl wir ziemlich gut vorbereitet waren. Ich lege eine Kopie des Fragebogens bei (s.u.), den Sie uns kurz zuvor gegeben hatten. Er zeigt unsere Interessen während der von Ihnen abgehaltenen Vorlesung, wobei Ihre Fragen 1 und 2 besonders wichtig erscheinen.

Sie fragten Einstein in unserem Namen, was er über das Machsche Prinzip denke. Dies muß etwas außerhalb seiner damaligen Interessen gelegen haben, denn Sie mußten das Wort „Mach" in deutscher Aussprache wiederholen. (Wie Sie sehen, habe ich vor allem ein akustisches Gedächtnis.)

Seine Antwort war etwas enttäuschend — zumindest für mich. Er sagte, daß er seine früheren Ansichten über das Machsche Prinzip nicht länger aufrecht erhalte und dieses Prinzip in der Natur vielleicht doch letzten Endes nicht verwirklicht sei.

Übungsaufgaben zur Vorlesung über Relativitätstheorie im Mai 1953
(wenige Tage vor dem erhofften Besuch bei Einstein.)

1. Formulieren Sie das Machsche Prinzip so überzeugend und klar wie möglich, ohne sich dabei auf die Einsteinsche Theorie zu beziehen. Stellen Sie abschließend die Punkte zusammen, welche noch untersucht werden sollten, um dem Prinzip eine befriedigende und logisch einwandfreie mathematische Formulierung zu geben.
2. Geben Sie drei Fragen an, die Sie an Einstein stellen möchten, und erläutern Sie diese Fragen kurz.
3. Behandeln Sie das Problem eines kleinen Testteilchens, das in einem beliebigen Punkt der Schwarzschild-Metrik mit der Anfangsgeschwindigkeit Null startet.
4. Leiten Sie die Werte für a und b im Linienelement

$$(ds)^2 = a(dr)^2 + r^2 [(d\theta)^2 + (\sin \theta \, d\psi)^2] + b(dt)^2$$

aus dem Variationsprinzip $\delta \int R \, d^4x = 0$ her.

Mercer Street

A spring afternoon,
A line of nine walk through the town,
A musty house, the shutters drawn,
A sage lives within.

His key turned the lock
For twenty years, to unify
Electric field, magnetic field,
Space-time, matter, too.

A calm beyond time,
A humble man, received his guests.
To talk, to feel the breath of youth,
To hand them the key.

The day turned to dusk.
The parting time. Advice was sought
For these young men who start the path
He lost long ago.

He shrugged, scratched his head.
Discomforted, at sea, he sent
Them out with "Who am I to say?"
Cool air cleared their heads.

Oscar Wallace Greenberg

Mercer Street

Es war an einem Frühlingsnachmittag. Neun gingen durch die Stadt. Zu einem dumpfen Haus mit geschlossenen Läden, in dem ein Weiser lebte. Elektrizität und Magnetismus, Raum und Zeit und auch Materie — den Schlüssel ihrer Einheit suchte er durch 20 Jahre.
Die Dämmerung brach ein. Der Abschied kam. Die jungen Männer suchten Rat: Wo beginnt der Pfad, den er vor langer Zeit verlor? Die Achseln zuckte er und kratzte seinen Kopf. Beunruhigt sandte er sie hinaus: „Ich kann es Euch nicht sagen." Die kühle Luft erlöste ihre Köpfe.

O. W. Greenberg

Albert Einsteins letzte Vorlesung

Zimmer 307, Palmer Physical Laboratory, Princeton University, 14. April 1954, anläßlich eines Seminars über Relativitätstheorie von J. A. Wheeler; eingeleitet von O. W. Greenberg.
Die Mitschrift wurde von J. A. Wheeler damals angefertigt.

In welchem Sinn ist die Quantentheorie nicht endgültig? Die klassische Quantentheorie gründet sich auf die Hamiltonschen Gleichungen, ähnlich wie die Elektrodynamik auf den Maxwellschen Gleichungen beruht. Warum ich [nicht an sie glaube und] ein Ketzer wurde? [Betrachten wir] Strahlung, die ein System in einen höheren Zustand bringt. Schwächt man das Feld unbegrenzt ab, so wird das System immer seltener und seltener in den höheren Zustand gehoben. Die Wahrscheinlichkeit, einen endlichen Effekt zu erzeugen, wird unbegrenzt klein. Diese Situation kann man in keinem mathematischen Schema befriedigend formulieren. Daher wird man zu einer Wahrscheinlichkeitsbeschreibung geführt. Schließlich stellt man fest, daß die Wahrscheinlichkeit selbst zu einem wesentlichen Teil der Realität wird. Es ist erfreulich, daß man [zumindest] das Coulombsche Gesetz in dem neuen Schema verwenden kann, indem man es aus der klassischen Theorie übernimmt. Ich bin ein Ketzer. Falls Strahlung [Quanten-] Sprünge hervorruft, muß sie, wie die Materie, einen körnigen Charakter haben.

Welche Bedeutung hat ψ wirklich? Ich kann nicht glauben, daß der Quantenzustand [eines Systems] eine vollständige Darstellung einer physikalischen Situation gibt. Betrachten Sie zum Beispiel eine Kugel von 1 mm Durchmesser, die man mit freiem Auge sehen kann. Sie soll sich zwischen zwei ideal elastischen Ebenen frei hin und her bewegen können. Die internen Koordinaten der Kugel wollen wir vernachlässigen. Betrachten wir einen Zustand mit bestimmter Energie (Bild 1). Vernachlässigt man die kleinen Oszillationen, so ist die Kugel mit gleicher Wahrscheinlichkeit an allen Orten. Genauer betrachtet gibt es aber Orte, wo das Ding nie sein kann. Dies steht im Gegensatz zu der normalen Newtonschen Idee der Bewegung. Zweifellos ist [die Aussage der Quantentheorie] richtig und

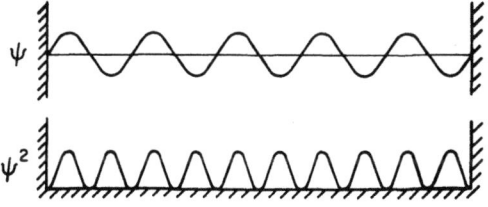

Bild 1:
„Betrachten Sie zum Beispiel eine Kugel von 1 mm Durchmesser, die man mit freiem Auge sehen kann. Sie soll sich zwischen zwei ideal elastischen Ebenen frei hin und her bewegen können."

entspricht der Wirklichkeit. Die Fourier-Analyse zeigt, daß die [Geschwindigkeit der Kugel] mit der Wahrscheinlichkeit 1/2 $v = v_0$ und mit der Wahrscheinlichkeit 1/2 $v = -v_0$ beträgt.

Als ich die spezielle Relativitätstheorie aufstellte, wußte ich, daß sie nicht vollständig war. So geht es uns mit allem, was wir machen: Mit einer Hand glauben wir, mit der anderen zweifeln wir. Einst glaubte ich, daß die Temperatur ein grundlegender Begriff sei. Heute habe ich die gleiche Ansicht über die Maxwellsche Theorie. Aber ich bin davon überzeugt, daß es keinen einfachen Ausweg gibt. Wenn man zu viele hypothetische Elemente einführt, kann man nicht glauben, auf der richtigen Spur zu sein. Daher verfiel ich auf [das Kriterium] der logischen Einfachheit, was ein verzweifelter Versuch war, auf die richtige Spur zu kommen. Ein Ereignis in meinem Leben überzeugte mich jedoch von der Brauchbarkeit der logischen Einfachheit: Es war die allgemeine Relativitätstheorie.

Man kann sie als eine Theorie sehen, die uns unabhängig von Inertialsystemen macht. Der Begriff des Inertialsystems wurde von Newton selbst und seinen wissenschaftlichen Gegnern, Huyghens und Leibniz, als überaus unklar empfunden. Für Galilei war die Beschleunigung der fundamentale Begriff, auf den sich die Mechanik gründet. Aber was ist Beschleunigung? [Um sie zu beschreiben] erfand Newton den Infinitesimalkalkül. Aber auch er gibt uns nicht die wirkliche Antwort. Einige Koordinatensysteme sind Inertialsysteme, andere sind es nicht. [Vom Standpunkt der Physik] ist ein Koordinatensystem befriedigend, wenn in ihm die Bewegungsgleichungen gelten. In der klassischen Theorie gibt es drei unabhängige Begriffe: Raum, Zeit und materielle Punkte. Das Verhalten von materiellen Punkten wird durch das Inertialsystem bestimmt. Wie der allmächtige Gott ist es jedoch selbst unbeeinflußt von allem anderen. Newton erkannte sehr klar, daß es schwierig ist, den Raum als etwas Absolutes zu betrachten. [Diese Überlegung] ist jedoch nicht der direkte Weg, auf dem ich die allgemeine Relativitätstheorie fand. Der wirkliche Weg hat eine sehr sonderbare Geschichte.

Ich sollte eine Arbeit über die spezielle Relativitätstheorie schreiben. Dabei stieß ich auf die Frage, wie ich die Gravitation behandeln sollte. [Mein Ergebnis war], daß ein Objekt mit einer anderen Beschleunigung fällt, wenn es sich bewegt, als wenn es sich nicht bewegt (Bild 2). Daher sollte ein erhitztes Gas eine andere Fallbeschleunigung aufweisen, als ein kühles. Ich fühlte, daß dies nicht richtig sein kann. Wie die Pendelexperimente zeigen, ist ja die Beschleunigung unabhängig von der Art der Materie. Soll man das Koordinatensystem ändern? Dann ändert sich auch die Beschleunigung. [Davon ausgehend] kam ich später zu einem richtigen Verständnis der Äquivalenz von schwerer und träger Masse. Kein Inertialsystem kann ausgezeichnet sein. Das war mir damals jedoch noch nicht ganz klar. Auch Mach hatte diese Idee: Nicht der Zusammenhang zwischen träger und schwerer Masse ist zu verwerfen, sondern das Inertialsystem. Rührt die Trägheit vielleicht von der Präsenz anderer Körper her? In diesem Fall

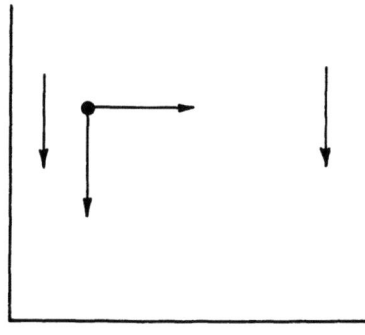

Bild 2:
„Mein Ergebnis war, daß ein Objekt mit einer anderen Beschleunigung fällt, wenn es sich bewegt, als wenn es sich nicht bewegt."

müssen Beschleunigungen relativ sein und [die Masse] muß den Widerstand dagegen angeben. Das ist eine hübsche Idee. Gibt man aber den Raum auf, so muß man eine enorme Anzahl von Abständen und unübersichtliche Konsistenzbeziehungen verwenden. Mach war sich [der Problematik] des Zeitbegriffs nicht bewußt. Es ist aber großartig, wie Mach, Jahrhunderte nach Newton, erkannte, daß man Inertialsyteme vermeiden muß und absolute Kovarianz notwendig ist.

Im Riemannschen Raumbegriff war dies noch nicht klar. Die Krümmung ist sicher absolut kovariant, aber dies war zu Riemanns Zeit noch nicht offensichtlich. Der erste, der dies klar erkannte, war Levi-Civita, der den absoluten Parallelismus und eine Möglichkeit zu differenzieren einführte. Er erkannte, daß die Möglichkeit, Inertialsysteme zu vermeiden, von der Existenz eines Γ-Feldes abhängt, welches den Parallelismus infinitesimal beschreibt. Dieser war ein großer Fortschritt. Er zeigte, wie die Relativitätstheorie zu verallgemeinern ist, um den Elektromagnetismus mitzuberücksichtigen.

Die Beschreibung der Materie [in der allgemeinen Relativitätstheorie] durch einen Tensor ist ein Lückenbüßer, etwas Vorübergehendes, wie eine „Holznase an einem Schneemann". Die [allgemeine Relativitäts] Theorie war nicht vollständig, da wir wissen, daß es nicht nur Gravitationsfelder gibt. Erst nach Jahrzehnten kam ich auf die Idee, unsymmetrische g_{ij} zu verwenden, was die Methode der logischen Konsistenz zum Extrem trieb. Dieses Einwands war ich mir bewußt. Γ ist ein Feld, ohne das keine Hoffnung besteht, Dinge in der allgemeinen Relativitätstheorie auszudrücken.

Die heutige Quantentheorie, die auf der speziellen Relativitätstheorie beruht, ist schrecklich kompliziert. Die meisten Physiker betrachten die spezielle Relativitätstheorie, sowie Elektromagnetismus und Gravitation als unwesentliche Effekte, die man erst hinzufügt, wenn die Hauptarbeit getan ist. Im Gegenteil, wir müssen sie schon von Anfang an berücksichtigen! Sonst würde unsere Vorgangsweise der Lösung eines klassischen Problems gleichen, bei der man die Erhaltung der Energie erst im Nachhinein hinzufügt. Man erwartet, ein System nur durch Quantenzahlen zu beschreiben, und diese Idee erscheint sinnvoll. Die Feldtheorie liefert uns jedoch anscheinend eine unendliche Anzahl von Quantenzahlen. Viele Gründe sprechen dafür [keine Feldtheorie, sondern] eine Theorie ohne Raum und Zeit zu befürworten. Aber niemand weiß, wie eine derartige Theorie aufzubauen ist. [Der Ausweg,] Raum und Zeit zu quantisieren, ist natürlich eine kindische Idee. Hier habe ich eine sehr ausgeprägte Meinung. [Vielmehr sollten wir] die Forderung nach einer Feldtheorie erheben, deren Lösungen singularitätenfrei sind. Wenn auch Singularitäten erlaubt sind, sind zu viele willkürliche Annahmen möglich und die Theorie wird nicht festgelegt.

Fragen:

Greenberg: Haben Sie eine andere Interpretation der de Broglie-Wellen?
Einstein: Ihre Realität ist für mich nahezu vergleichbar mit den Lichtwellen, jedoch nicht ganz. Es gibt ebensoviele Felder wie Massen, und die Schwierigkeit mit ... [Worte fehlen].
Callaway: Das Äquivalenzprinzip besagt, daß es sinnvoll ist, die Gravitation durch die Metrik zu beschreiben. Für das elektromagnetische Feld kennt man jedoch kein derartiges Prinzip.
Einstein: Ich glaube, daß der Begriff der Bewegung in einer vereinheitlichten Theorie nicht vorkommen sollte. Geodätische Linien sind nur ein provisorischer Begriff — eine Art Lückenbüßer. Außerdem widersprechen sie den Grundideen der Quantentheorie.
Greenberg: Gibt es so etwas wie Strahlung in der Gravitationstheorie?
Einstein: Dies macht mir Kopfzerbrechen. Sollte man nicht auch Gravitationsquanten erwarten? Sie sind jedoch schwierig in eine Feldtheorie einzubauen. Dies ist vielleicht ein Einwand gegen jede Feldtheorie der Gravitation. Elektromagnetische Wellen kann man in einen Behälter einschließen, Gravitationswellen jedoch nicht. In einem Fall existieren zwei Arten von Ladungen, im anderen Fall nur eine Art. Es besteht daher ein wesentlicher Unterschied zwischen den beiden Theorien. Dies gibt einem das Gefühl, daß die Gravitation nicht wahrer ist, als irgendeine andere klassische Theorie. In jeder Feldtheorie gibt es eine unendliche Anzahl von Konstanten. Der einzige Ausweg [aus dieser Vieldeutigkeit] erscheint mir, daß die Forderung der Nichtexistenz von Singularitäten die Quantenzahlen auf geheimnisvolle Art festlegt.

Carlsson:	Was halten Sie von der Bohmschen Theorie?
Einstein:	Sie ist gescheit, aber ich glaube nicht an sie. Es ist unerhört zu glauben, daß sich ein Teilchen zwischen zwei Wänden nicht bewegt.
Komar:	Warum ist eine vereinheitlichte Theorie einfacher als eine projektive Theorie?
Einstein:	Die grundlegendste Idee der Relativitätstheorie ist die Ersetzung eines Feldes durch eine affine Verknüpfung. In der Gravitationstheorie muß [diese Verknüpfung] symmetrisch sein. Daher können wir die vereinheitlichte Feldtheorie [in der die Symmetriebedingung nicht erforderlich ist] als eine Vereinfachung der allgemeinen Gravitationstheorie auffassen. Aber die Gravitationstheorie ist eine Feldtheorie, und das könnte Schwierigkeiten machen.
Callaway:	Was halten Sie vom Machschen Prinzip?
Einstein:	Mach nimmt an, daß die Materie permanent sein kann. Deshalb gibt es keinen Grund, das Gravitationsfeld von den anderen Feldern zu trennen. Wir verfügen über eine zufriedenstellende Theorie, die mit dem Machschen Prinzip in Einklang steht, falls keine Randbedingungen erforderlich sind. Ich glaubte früher, das Universum als statisch und räumlich geschlossen annehmen zu müssen. Deshalb kam es zum kosmologischen Term. Dies war jedoch eine Sünde gegen die mathematische Einfachheit. Falls die Welt expandiert, ist es aussichtslos. Die Zeit ist wichtig. Eine Begrenzung ist undenkbar. Ihre Frage steht in Zusammenhang mit der Frage nach der Bedeutung der Materie.
Molzeley:	Muß eine Feldtheorie deterministisch sein?
Einstein:	[die ersten Worte fehlen]. Das ist die Kehrseite des Determinismus, daß die Wahrscheinlichkeit nicht vorkommen darf, da sie nicht eine Eigenschaft des Systems ist. [Ende.]

Einstein und der akademische Dünkel

Wolfgang Yourgrau

Es ist mir ein Herzensbedürfnis, hier einige Erinnerungen an den größten und bedeutendsten Denker einer Zeit festzuhalten, die unvergleichbaren Fortschritt auf dem Gebiet der theoretischen Physik, Astro- und Biophysik brachte. Allerdings nicht methodisch, auch nicht in einer kniefälligen Art und Weise, sondern planlos, vage und weitschweifig. Der Leser wird es mir hoffentlich und vielleicht sogar wohlwollend verzeihen, wenn ich ihn nicht in den folgenden persönlichen Erinnerungen mit technischen Ausführungen langweile. Die zukunftsweisende Rolle, die Einstein in den kritischen Bereichen des physikalischen Denkens spielte und immer noch innehat, ist allgemein bekannt. Darüber hinaus scheute er von jeher jede Form der Heiligenverehrung oder der Vergötterung; so werde ich auch zu keinen Übertreibungen Zuflucht nehmen oder, was noch schlimmer wäre, zur Apotheose. Wie es auch immer sei: Ich vertraue darauf, daß „Dieu me pardonnera — c'est Son métier."

Als ich Einstein zum ersten Mal traf, es war im Jahr 1927 oder 1928, war ich Student. Uns Physikstudenten war natürlich sein legendärer Ruf wohlbekannt. Sogar in Nachtklubs, in Kabaretts spielten Komödianten, oft auf geschmacklose Art und Weise auf den weltfremden, abstrusen Professor an, der eher wie ein armer italienischer Musiker aussah, wie das Urbild des armen Spielmannes, als wie ein würdevoller, gesetzter deutscher Professor. Ich brauche es nicht zu betonen, daß wir Studenten gar nicht in der Lage waren, seine Vorlesungen richtig zu beurteilen, um die Originalität, Kreativität und Kühnheit seiner Theorien richtig schätzen zu können. Darüber hinaus sprach er mit starkem Ulmer Dialekt und amüsierte die ‚Puristen' unter uns wenigen Zuhörern. Seinen Vortrag hielt er mit leiser, beinahe gedämpfter Stimme; seine Vorlesungstechnik, ganz im Gegenteil zu der Schrödingers, Pringsheims, von Laues, E. Schmidts u.a. beeindruckte überhaupt nicht.

Genau genommen war Einstein kein akademischer Lehrer, der begeistern und anregen konnte. Er vermochte es nicht, in uns Neulingen Enthusiasmus zu entfachen. Obwohl er keine gute Rednergabe besaß und nur selten blumige Metaphern verwendete, fühlten wir doch stark, daß er „kanonisch" sprach — wie eine Nonne, auch eine Studentin, ihr Entzücken über den großen Mann kundtat. Seine großen traurigen Augen, die Brauen gehoben wie ein melancholischer Clown — keiner von denen, die ihn damals kennenlernten, wird ihn jemals vergessen.

Die meisten von uns hatten Mühe, auch nur den Sinn, ganz zu schweigen von der Bedeutung, seiner Aufsätze und Bücher zu begreifen. Zum Unterschied von manchen Physikbüchern, die zu viele Seiten füllen, waren Einsteins Schriften zu komprimiert, zu anspruchsvoll und zu abstrakt für unseren Geschmack. Die extrapolierte Distanz zwischen dem Lokalen und dem Globalen las sich schwieriger, weniger verständlich, weil er oft, ja fast immer, einfache und ausführliche Erklärungen vermied. Wen sollte es wundern, daß wir in unserer Frustration uns an von Laue wandten, der ein besonderes Talent für eindeutige, klare Definitionen und Erklärungen hatte. Nicht mehr als ein- oder zweimal fragte einer von uns Einstein am Ende einer Vorlesung nach der Bedeutung eines bestimmten Ausdruckes oder einer bestimmten Beziehung. Er lächelte milde, „ökumenisch" wäre vielleicht der richtige Ausdruck, und versuchte sehr geduldig uns zu „erleuchten"; uns, die noch außenstehenden Jünger. Die Ergebnisse waren enttäuschend. Wir verließen den Hörsaal völlig verwirrt, unfähig die klaffenden Löcher zwischen den fraglichen Theoremen oder Lehrsätzen zu füllen.

Jetzt, da ich kein Novize mehr im Tempel der Physik bin, bin ich mir bewußt, daß des Uneingeweihten Verlangen nach ausführlichen Definitionen keine zwingende Bedingung für das Verständnis einer physikalischen oder mathematischen Hypothese oder Theorie ist. Jemand stellte die folgende Definition des harmlosen Ausdruckes „Netz" auf: eine „Reihe sich verzweigender Zwischenräume". Seit ich diese monströse, abstruse Definition las, nahm meine Hochachtung für Hilbert und für Einstein ständig zu. Hilbert war es nämlich, der davon Abstand nahm, Entitäten wie Punkte, Quadrate und Würfel zu definieren, weder explizit noch operational. Einstein folgte Hilberts Beispiel. Einsteins Schriften zeichneten sich jedoch durch etwas Zusätzliches, ziemlich Irritierendes aus: Am Ende einer sehr komplexen Gleichung voller physikalisch oder kosmologisch anspruchsvoller Ausdrücke, Identitäten und Ungleichungen schreibt er „... wobei c die Lichtgeschwindigkeit bedeutet". So mancher Autor ahmt in diesem Punkt bedauerlicherweise zu sehr den Meister nach.

Anfangs der 30er Jahre hatte ich einen schweren Eisenbahnunfall. Nach einem Besuch bei meinem Vater und meiner Stiefmutter in Brüssel — mein Vater war Belgier, meine Mutter Deutsche — brach ein Feuer im Nachtzug nach Berlin aus. Viele Kilometer raste der Zug durch Belgien und durch einen Teil Deutschlands wie eine brennende Fackel. Reisende erlitten Rauchgasvergiftungen und verschiedene Körperverletzungen. Beinahe ohnmächtig sprang ich durch ein Zugfenster und landete schließlich im Gewerbekrankenhaus in Berlin, wo mich der Leiter, Professor Baader, 4 1/2 Monate lang behandelte.

Einstein hatte von Dr. Dinkin, einem aus Rußland geflüchteten Arzt, der ihn gut kannte und auch von einem meiner Onkels, ebenfalls Arzt, erfahren, daß ich nach dem Unfall ins Krankenhaus eingeliefert worden war.

Mein Onkel wohnte unweit der Einsteinschen Wohnung in der Haberlandstraße. Einmal, als Einsteins Hausarzt nicht erreichbar war, hatte mein Onkel ihn behandelt. So unwahrscheinlich es auch klingt, Einstein allein oder gemeinsam mit seiner freundlichen, rücksichtsvollen Frau besuchte mich mindestens zweimal jede Woche bis zu meiner Entlassung aus dem Krankenhaus.

Beide saßen sie auf unbequemen Stühlen an meinem Bettende. Einstein war scheu, befangen. Mein Kopf, die Arme und Beine steckten in unförmigen Bandagen, ich war benommen, litt unter sporadischem Doppelsehen und erbrach auch. Frau Professor war von echter mütterlicher Wärme erfüllt und berichtete regelmäßig meiner Mutter über meinen Gesundheitszustand, ja sie schrieb sogar meinem Vater nach Brüssel. Kein Verwandter, kein Freund, kein Kollege brachten mir soviel Rücksichtnahme und echte Fürsorge entgegen wie die Einsteins.

Frau Professor brachte mir in Unmengen Speisen, die ich zu meiner Enttäuschung weder essen durfte noch konnte. Unsere Unterhaltung war auf Grund meiner Verletzungen und meines körperlichen und geistigen Erschöpfungszustandes einseitig. Ich erinnere mich aber noch lebhaft, wie Einstein von Mozarts Genie schwärmte und über den Einfluß Galileis auf die Relativitätstheorie sprach. Einstein wollte nett sein und so erzählte er mir, daß ich vom Glück begünstigt wäre, weil Schrödinger mich sehr mochte. Von Professor Baader hatte er erfahren, daß ich erst mit 3 1/2 Jahren sprechen gelernt hatte und um mich zu trösten, vertraute mir der große Denker in seiner sanften Stimme an, daß auch er erst mit 3 Jahren sprechen gelernt hätte. Es war sehr erhebend, mich wenigstens durch diesen einen Charakterzug — auch wenn es ein Gebrechen war — auszuzeichnen, indem ich ihn mit ihm teilte. Merkwürdigerweise wußte er auch, daß ich viele Jahre an einem schier unheilbaren Stottern litt, und daß ich Qualen ausstand und Scham empfand, wenn ich in einem Seminar einen Vortrag halten mußte. Er versicherte mir, daß mein Stottern nachgelassen hätte, und daß Stottern und Stammeln vorübergehende Erscheinungen wären und viel leichter geheilt werden könnten als Lispeln.

Bei einem Versuch, mich aufzuheitern, riet mir Einstein, Helmholtz intensiv zu studieren und schenkte mir zwei Broschüren von Helmholtz. Nach 30 oder 40 Minuten verließen mich die Einsteins. Beim Hinausgehen legte er jedesmal einen verschlossenen Briefumschlag auf meinen Nachttisch, der 10 Mark enthielt und ein paar Zeilen, daß ich mir dafür ein Buch oder sonst etwas für mich kaufen sollte. Es werden sicherlich wenigstens 160 Mark gewesen sein, die ich auf diese Weise von ihm erhielt, und zwar in Postanweisungen. Ich war fürchterlich beschämt — warum? Meine seit Jahren geschiedenen Eltern buhlten um meine Liebe, indem sie mich mit teuren Geschenken verwöhnten. Es war in der Abteilung allgemein bekannt, daß Einstein der höchstbezahlte theoretische Physiker Deutschlands war; Planck hatte darauf bestanden. Aber mein Vater, ein wohlhabender, unabhängiger, organischer Chemiker und meine Mutter, die ebenfalls über unbeschränkte Eigenmittel verfügte, waren vernarrt in mich, in ihr einziges Kind, in ihren „Bubi", so daß ich das Leben eines geckenhaften Snobs führen konnte, elegante drei Zimmer gemietet hatte, mir einen „Diener" leisten konnte, elegante Kleider besaß und auch einen ‚Fiat'. Kurz gesagt, Einsteins Postanweisungen verursachten in mir ein höchst ungutes Gefühl; was hätte ich machen können? Das Geld zurückgeben und ihn und seine Frau dadurch vielleicht beleidigen? Ich befand mich in einem schweren Dilemma. Mehr als einmal hatte ich 10 Mark als Trinkgeld bei nichtigen Anlässen gegeben; ich besaß eine große Zahl von Büchern über Physik, Mathematik, Logik, Musik, Literatur usw. Später sagten mir Kollegen, daß ich ein Narr war, damals diese Postanweisungen in Geld umzuwechseln, um damit ‚beaucoup de petits cadeaux' (viele kleine Geschenke) für die Krankenschwestern, die mich pflegten und die Ärzte zu kaufen. Ich hätte jene Beweise der Zuneigung dieses ‚intellektuellen Giganten' der Nachwelt erhalten sollen, oder wenigstens für meine zukünftigen Kinder.

Irgendwann zwischen 1929 und 1930 bekam ich ein sehr großzügiges Forschungsstipendium der Lincoln Foundation, das um ein weiteres Jahr verlängert wurde. G.W. Young, jener englische Bergsteiger, der den Mont Blanc zweimal bestiegen hatte, einmal sogar mit einem Holzbein, trat an Einstein, von Laue und insbesondere an Schrödinger, dessen Assistent ich war, heran und erkundigte sich, ob ich ein so großzügiges Forschungsstipendium für mein Forschungsprojekt benötige. Ich hatte Glück und war ziemlich stolz auf mich. Später erst erfuhr ich, daß Einsteins Empfehlung die kürzeste gewesen war; dies geschah natürlich alles ohne mein Wissen und, um Lao Tse zu zitieren: „Die Wissenden sprechen nicht; jene aber, die sprechen, wissen nichts."

Einstein kannte keine Tücke und keine Falschheit und benahm sich nicht wie ein ‚Genie'. Keiner von uns Studenten konnte ihm jemals Arroganz, Überheblichkeit oder Eitelkeit vorwerfen. Ein spanisches Sprichwort besagt, daß ein Mensch so bedeutend ist wie die Probleme, die ihn bewegen. Einstein war wirklich sehr glücklich, daß er — vielleicht von seiner Veranlagung her — durch Unbedeutendes nicht aus der Fassung zu bringen war, aber auch nicht durch grundlose Kritik. Er war aber auch unempfänglich gegenüber Schmeicheleien jeder Art. Ich erinnere mich nur an eine Ausnahme, nämlich an seine zahlreichen Meinungsverschiedenheiten mit Nernst. Im Juni 1913 schlugen Planck, Nernst, Rubens und Warburg Einstein für die Aufnahme als ordentliches Mitglied der Königlichen Preußischen Akademie der Wissenschaften vor mit dem für damalige Zeiten riesigen Gehalt von 12 000 Mark. Natürlich wußte Einstein, daß Nernst Planck tatkräftig unterstützt hatte, damit Einstein diese für einen Wissenschaftler nach dem Nobelpreis höchste Auszeichnung erhalten sollte.

Einstein und der akademische Dünkel

Aus bitterer eigener Erfahrung spreche ich, wenn ich sage, daß der großartige Wissenschaftler Walther Nernst ein eingebildeter, eitler Mensch war und etliche der unangenehmsten Züge eines Teutonischen Professors in sich vereinigte. Ich war nicht der einzige unter den Studenten, Assistenten und Professoren, der starke Abneigung gegen den Vater des „Nernstschen Gesetzes" hegte; er selbst gebrauchte diesen Ausdruck in seinen fürchterlich langweiligen, egozentrischen Vorlesungen. Jedenfalls war es uns bekannt, daß Einstein Nernst nicht mochte; die Gründe dafür waren uns nicht bekannt.

So gebe ich denn auch mit einer gewissen boshaften Freude nunmehr eine Anekdote weiter, die Schrödinger mir erzählte. Anläßlich einer Tagung der Physikalischen Gesellschaft in Berlin gab sich Nernst päpstlich und tolerierte nicht einmal die Standpunkte anderer Sprecher, weil sie sich wesentlich von seiner Doktrin unterschieden. Es kam ihm überhaupt nicht in den Sinn, daß vielleicht beide, seine Gegner sowohl als er Unrecht haben könnten. Einstein stimmte Nernsts Argumenten nicht zu, enthielt sich aber jeder Polemik. Am Ende riß Einstein aber die Geduld wie eine Violinseite: Seine Bemerkung war markant und traf unerbittlich ins Schwarze: „Ich frage mich, ob Herr Nernst jemals fähig sein wird, die Tiefen seines Unwissens auszuloten." Zuerst herrschte Stille, dann brach die Menge in schallendes, lautes Gelächter aus. — Möglicherweise ist diese Anekdote erdichtet, viel später von Schrödinger erfunden worden, der auch für Nernst keine besonderen Sympathien hegte; genau gesagt, für keinen der ‚Nernste', die den Kosmos der Physik und der physikalischen Chemie bevölkern. Schrödinger war ein Mann mit Schöpfergabe, ein ‚artiste manqué' — wie sein wundervolles kleines Gedichtbändchen beweist, das leidenschaftliche Liebesgedichte enthält. In einem seiner Seminare zitierte er Weierstrass' anti-Nernstsche Bermerkung: „Ein Mathematiker, der nicht irgendwo auch Dichter ist, wird niemals ein vollendeter Mathematiker sein". Ich wiederhole hier bloß Einsteins sarkastische Bermerkung über Nernst, wie sie mir Schrödinger anvertraute, ohne Anspruch auf ihren Wahrheitsgehalt zu erheben. Vielleicht hatte sich Schrödinger von seiner Vorstellungskraft, seiner schöpferischen Phantasie entführen lassen; diese Bemerkung hätte genauso gut von ihm selbst stammen können.

Meine Mutter und ich waren leidenschaftliche Kammermusikliebhaber. Michael Taube leitete zu jener Zeit ein in hohem Ansehen stehendes Kammerorchester. Mutter und ich saßen immer in der 4. oder 5. Reihe. Mitten in einem Konzert — ich erinnere mich ganz genau, es war eines von Händels Concerti grossi — zeigte Mutter empört auf einen Mann, der vielleicht sechs Plätze rechts in der Reihe vor uns saß. In ihrer üblichen, d.h. überlauten Altstimme sagte sie zu mir: „Wer ist jener Mensch mit der langen, ungepflegten Mähne und dem Kragen voller Schuppen wie Schnee?" Vergeblich versuchte ich, ihre Aufmerksamkeit wieder auf die Musik zu lenken. Mutter war gebildet, belesen, eine gute Schachspielerin und sehr musikalisch — aber jener Mann in der Reihe vor uns nahm ihre ganze Aufmerksamkeit in Anspruch. Um sie zu beruhigen, flüsterte ich mit leiser, vor Ehrfurcht und Beklemmung zitternder Stimme: „Es ist Einstein, *der* Einstein, einer meiner angesehensten Professoren, ein Genie, einer der Größten ...". Es half nichts. Unbeeindruckt ließ sie nochmals ihrer Empörung Lauf in ihrer durchdringenden sonoren Stimme, ihrer unnachgiebigen Abneigung. In der Pause gab ich vor, an unerträglichen Kopfschmerzen zu leiden und verließ das Konzert. Bis heute weiß ich nicht, ob Einstein unseren kleinen „Dialog" hinter ihm gehört hatte.

Einer meiner Onkeln heiratete eine Nichte oder eine entfernte Verwandte Einsteins. Er war der Herausgeber einer großen Zeitung. Die Einsteins schickten ein kostbares Hochzeitsgeschenk, konnten aber an der Hochzeit selbst, die in München stattfand, nicht teilnehmen. Schon nach zwei Jahren wurde die Ehe geschieden, weil er ein unverbesserlicher Schwerenöter war. Einstein traf ihn später ziemlich oft bei verschiedenen Anlässen. Niemals bekundete er irgendwelches Mißfallen oder zeigte Abneigung gegen ihn. Mein unbeständiger Onkel erwartete, geschnitten oder zur Rede gestellt zu werden; nichts dergleichen geschah: Beide Einsteins behandelten ihn genau so freundlich wie vorher.

In *Faust I* wird der Mensch als „Tor des Mikrokosmos" bezeichnet. Goethe konnte ja keinen „Toren des Makrokosmos" voraus ahnen, wie es Einstein war. Der Ausdruck „Tor" hat viele Bedeutungen; manche sind sogar gleichbedeutend mit Lob, z.B. im Mittelalter oder im Werk Hermann Hesses. Im Verlauf der vergangenen 16 Jahre forschte ich gemeinsam mit meinem sehr guten Freund H.-J. Treder, der vielleicht neben Peter Bergmann der eifrigste und belesenste Einstein-Forscher ist. Jüngst zeigte mir Hans-Jürgen eine kleine Notiz in einer alten Nummer der *Annalen der Physik*. Es ist zu komisch, um es in Worten auszudrücken: Einstein informiert den Leser in seinem lakonischen Stil, daß er in seiner Doktorarbeit einige mathematische Fehler gemacht hätte, nachdem sie bereits viele Jahre zuvor *in toto* vor der Veröffentlichung dieser *Errata* angenommen worden war. Einstein machte sich hier natürlich über seine Prüfer lustig. Der „törichte Held des Makrokosmos" ist jener Mann, der als Endvierziger wie ein italienischer Virtuose aussah — manche verglichen sein Aussehen mit einem Trottoirmaler. Diese kleine Notiz in den *Annalen* legt ein beredteres Zeugnis ab für seine Größe, die Integrität jenes einzigartigen Giganten der Physik als so manches Preisgedicht, das zu Ehren dieses ‚homme célèbre' angestimmt wurde.

Viele sonderbare Erinnerungen an den akademischen Lehrer Einstein kommen mir jetzt in den Sinn, da ich versuche, die ferne Vergangenheit mir wieder zu vergegenwärtigen. Wir Studenten klagten oft darüber, daß er „Verkehr mit der Tafel" pflegte, wie wir es facettenreich ausdrückten. Er schrieb, ohne sich darum zu kümmern, ob der Inhalt seiner Aussagen für uns einen Sinn ergeben würde. Oftmals hielt er mitten im Schreiben einer Relation, eines Lehrsatzes, eines Theorems inne, verlor sich minutenlang in Gedanken und förderte dann eine völlig neue Hypothese oder Theorie zu Tage, deren aufregende Genialität sogar wir Ignoranten mitbekamen, „vergleichbar etwa mit der Explosion einer Supernova". In jenen Minuten waren wir uns seiner vielen Schwächen, seiner Schwerfälligkeit, seines fehlenden Kontaktes mit dem größten Teil der Hörer, seiner Schrullen und seines oft beinahe unhörbaren Vortrages nicht bewußt. Erst später erfuhr ich, daß er sich zu einem guten Vortragenden entwickelt hatte.

Der Leser wird meinem ‚crime de lèse-majesté' mit Nachsicht begegnen; ich war damals zu jung, um alle jene Vorzüge schätzen zu können, die Einstein bereits in jenen Tagen für die hatte, die einen offenen Verstand hatten. Aber ich war ein Mann Schrödingers, dessen Temperament, dessen Eleganz der Ausführung, dessen Humor, Charme, ganz abgesehen von seinem physikalischen Genie, mich ganz gefangen nahmen. Ich imitierte sogar seine Haltung, kleidete mich wie er, nahm sein Gehabe an und wurde eine lächerliche Kopie seiner, der Heldenverehrung verabscheute. Er behandelte mich denn auch mit beißendem Sarkasmus, als er meine schwache Parodie durchschaute, ja er bezichtigte mich sogar der Travestie, des Karikierens seiner Person. Trotzdem wurde ich sein Assistent und später auch sein jüngerer Freund. Bald erfuhr ich auch, daß Schrödinger Einstein dem Forscher, Menschen und Vorbild makelloser moralischer Haltung und Aufrichtigkeit nur höchste Anerkennung zollte.

Den 100. Todestag Friedrich Schillers nahmen die Presse, die Öffentlichkeit, die Literaten zum Anlaß für endlose Gedenkfeiern. Der Maler-Schriftsteller Morgenstern beschloß, den von ihm geliebten genialen Titanen in Max Zottuk umzutaufen. Diese dichterische Glorifikation, diese kindische Apotheose durch die Öffentlichkeit war einfach zu viel für ihn, der Schiller in der Stille liebte und verehrte und dies leidenschaftlich. Ich halte es mit Morgenstern und schlage vor, Einstein nicht länger bei seinem Namen zu nennen, sondern spiele mit der Idee, ihn auf Berthold Waldinger umzutaufen. Berthold Waldinger hätte es sich leisten können, sein Äußerliches, seine gesellschaftlichen Verpflichtungen, die akademischen Konventionen zu vernachlässigen. Er hätte seine angeborene Aversion, nahe Bindungen mit Menschen einzugehen, überwunden. Die schmückenden Beiworte „Eierkopf", „sonderbarer Kauz", „enfant terrible" hätten niemals seinen Zorn erregt, höchstens seinen feinen Sinn für Humor.

Berthold Waldinger, alias Einstein, hätte ein koboldhaftes Vergnügen gehabt an offenkundigen, abstrusen Folgen seiner Theorien. Einmal wurde Einstein, alias Waldinger, gebeten, die Quintessenz der Relativitätstheorie in einigen Worten zu erklären. Ohne Nachdenken antwortete er:

„Früher glaubte man, daß, wenn alle materiellen Objekte aus dem Universum verschwinden würden, Zeit und Raum übrigblieben. Gemäß der Relativitätstheorie verschwinden jedoch auch Zeit und Raum zusammen mit den Objekten. Das ist alles."

Born hatte unrecht, wenn er postulierte, daß „der Versuch der Natur, ein denkendes Wesen zu schaffen, fehlgeschlagen wäre". Waldinger bzw. Einstein ist der schlagendste Gegenbeweis.

Vom gefeierten Albert Einstein — *nicht* von Waldinger — glaubt man, daß er ein guter Violinspieler war; er spielte auch Klavier und Orgel. Hier stoßen Mythos und Tatsache zusammen. Zweimal mußte ich das Cello in einem Quartett spielen, das sich Freitag abends in der Pragerstraße traf, ganz in der Nähe der Einsteinschen Wohnung. Es stimmt, daß der verehrte Meister äußerst musikalisch war; er hegte eine tiefe Liebe für Mozart und eine nicht ganz so große für Bach. Doch darf man seine Musikbegeisterung, seine bewundernswerten Kenntnisse in der Musikwissenschaft nicht mit seinem Können als Geiger vermischen. Ich war sehr erleichtert, als der Cellist, für den ich eingesprungen war, wieder meinen Platz einnahm. Ich, der seinen Unterricht bei einem der führenden Cellisten Europas seit dem 6. Lebensjahr erhalten hatte und täglich 2 bis 3 Stunden übte, empfand es fast unter meiner Würde, in diesem Quartett zu spielen, das aus Einstein, meinem Onkel, dem Arzt, und aus einer alten Dame bestand, die Klavierlehrerin in einer Mädchenschule gewesen war. Das einzig brauchbare und technisch qualifizierte Mitglied war der Cellist, ein Apotheker von Beruf. Mein Onkel spielte die 2. Violine, auch die Viola — beide Instrumente erbärmlich. Ich kann nur hoffen, daß die Muse Euterpe unseren Enthusiasmus uns zugute hielt. Doch Einstein spielte anscheinend besser als „sein" alias ...

Er war ein Physiker, nicht ein Philosoph oder Mathematiker. Das war das objektive Urteil von Bertrand Russell und Karl Popper. Einmal sagte Einstein: „Seit die Mathematiker in die Relativitätstheorie eingedrungen sind, verstehe ich sie selbst nicht mehr." Der Ausdruck ‚Theorie' hatte ursprünglich die Bedeutung „leidenschaftliches, verständnisvolles Nachsinnen". Erst allmählich wurde dieses leidenschaftliche Nachsinnen immer mehr intellektualisiert, immer abstrakter. Die Wortschöpfung enthält aber immer noch ein Weniges seiner ursprünglichen Bedeutung und doch hatte Hilbert recht, „daß die Kultur der Mathematik von der theoretischen Physik herkommt."

Zum Unterschied von Schrödinger, zu dem ich mich mehr hingezogen fühlte, hatte Einstein die Seele eines Kindes, eines Spaßmachers und eines Heiligen. Trotzdem war er dem Wiener Schrödinger insofern ähnlich, als sie beide von Natur aus Bohemiens waren, unprofessionell in ihrer Einstellung zur Wissenschaft, mit einem weichen Herzen, nicht geeignet für Teamwork. Keiner fühlte sich ganz und gar einem bestimmten Land, einer Religion und nicht einmal seiner eigenen Familie von ganzem Herzen zugehörig. Sie waren Weltbürger und vielleicht standen sie deshalb so fern in ihrem Umgang mit gewöhnlichen Erdenbürgern.

Aber Einstein war scheu, er vermied das Rampenlicht, kümmerte sich niemals um die Formalitäten, die Traditionen, die Achtbarkeit der ‚Alma mater'. Nach Nietzsche sind nur Feiglinge, Lumpen, bescheiden — er hatte unrecht! Einsteins sprichwörtliche Bescheidenheit straft Nietzsches Zynismus Lüge. Schrödinger konnte arrogant sein; er *konnte* sich auch an die akademischen Spielregeln halten, wenn auch oft mit verstecktem Spott. Einstein (nicht Waldinger) war wirklich ein „Tor des Makrokosmos" — er schuf sich sein eigenes Universum. „Und die Engel werden um ihn trauern..." Spielt es eine Rolle, daß er auch manche bizarren, weltfremden Charakterzüge hatte? Irgendwie sind wir Physiker erleichtert, daß es wahrscheinlich nur ein *Uni*versum gibt; wird es immer nur einen *Ein*stein geben?

MIX
Papier aus verantwortungsvollen Quellen
Paper from responsible sources
FSC® C105338

If you have any concerns about our products,
you can contact us on
ProductSafety@springernature.com

In case Publisher is established outside the EU,
the EU authorized representative is:
**Springer Nature Customer Service Center GmbH
Europaplatz 3, 69115 Heidelberg, Germany**

Printed by Libri Plureos GmbH
in Hamburg, Germany